Hochschultext

Rolf Gutdeutsch

Anwendungen der Potentialtheorie auf geophysikalische Felder

Mit 69 Abbildungen

Springer-Verlag
Berlin Heidelberg New York Tokyo

Professor Dr. ROLF GUTDEUTSCH
Institut für Meteorologie und Geophysik
Universität Wien
Währinger Straße 17
A-1090 Wien

ISBN-13: 978-3-540-16195-0   e-ISBN-13: 978-3-642-95490-0
DOI: 10.1007/978-3-642-95490-0

INHALTSVERZEICHNIS

VORBEMERKUNGEN

Seit der Einführung der Großrechner hat eine stürmische Entwicklung
potentialtheoretischer Methoden in der Geophysik eingesetzt, was man
an dem lawinenartigen Ansteigen der Zahl jährlich zu diesem Thema er-
scheinenden Publikationen feststellen kann. Eine Vorlesung kann daher
schon aus Zeit- und Platzmangel keinen vollständigen Überblick über
den gegenwärtigen Stand der Forschung geben. Wenn man aber die neue
Fachliteratur studiert, wird man rasch herausfinden, daß die Mehrzahl
der Originalarbeiten wohlbekannte, potentialtheoretische Methoden verwendet und diese lediglich für den Großrechner adaptiert, um - unter
Umständen erstmalig - eine praktisch brauchbare Lösung zu erzielen.
Die Schwerpunktsverlagerung von der Theorie zur Computertechnik hat
zur Folge, daß man heute größere Rechenprogramme kaufen kann. Der Ge-
winn an neuen Möglichkeiten zur Arbeitszeitverkürzung stellt zwar einen
gewaltigen Fortschritt dar, der "Verbraucher" jedoch muß sich über
die möglichen Folgen einer *blinden* Anwendung solcher eingekaufter Programme im Klaren sein. Es scheint mir heute besonders wichtig, daß in
einer potentialtheoretischen Vorlesung die Grundlagen der Programme
dargestellt werden.

Hier kommt die Tatsache zu Hilfe, daß geophysikalische Potentialfelder,
wie die Schwere, das Magnetfeld, das geoelektrische Gleichstromfeld
und das Wärmestromfeld trotz ihrer physikalischen Verschiedenheit mit
ganz ähnlichen Methoden zu beschreiben sind. Grund dafür ist natürlich
die Potentialeigenschaft: so berechnet man mit Hilfe des Spiegelungs-
prinzips in der Geoelektrik die Stromverteilung im einfach geschich-
teten Boden. Das gleiche Prinzip führt selbst bei elektromagnetischen
Induktionsaufgaben zum Ziele, wie CHAPMAN und FERRARO bei der Erklärung des erdmagnetischen Sturmbeginnes gezeigt haben. Und schließlich
wird auch die klassische Lösung der magnetischen Induktionsaufgabe für
die Kugel durch die sphärische Spiegelung gegeben.

Das erste Anliegen dieser Vorlesung besteht darin den Aspekt der
gleichartigen analytischen Methoden herauszustellen. Daher erfolgt
keine Trennung in Gravimetrie, Magnetik und Geoelektrik innerhalb der
einzelnen Kapitel. Die Übungsbeispiele sind verhältnismäßig ausführlich dargestellt. Sie dienen nicht nur der Vertiefung des Stoffes sondern sind gleichzeitig integrierende Bestandteile der Vorlesung, weil
sich aus ihnen oft verallgemeinernde Schlüsse ziehen lassen. In diesem
Sinne habe ich nicht immer den geradlinigen Weg eingeschlagen, wenn
mir aus lerntechnischen Gründen der Weg über ein Rechenbeispiel ein-
sichtiger erschien.

Das zweite Anliegen ist die Vermeidung und Deutung von typischen Fehlern, welche man bei Nichterfüllung einer potentialtheoretischen Vor-

aussetzung für die Anwendung eines geophysikalischen Verfahrens machen kann (etwa bei der unerlaubten Feldfortsetzung in den massenerfüllten Raum hinein). Dieser Punkt scheint mir in vielen, neueren Arbeiten nicht genug beachtet zu werden.

Aus Platzgründen war es nicht möglich, gründlich auf spezielle wichtige Themen wie z. B. die Relaxationsmethoden zur Lösung von partiellen Differenzialgleichungen einzugehen. Wer sich damit befassen will, wird in den zitierten, zusammenfassenden Publikationen Hilfe finden.

Die Potentialtheorie wird nur insofern gebracht, wie sie für die geophysikalische Anwendung wichtig ist. Die Theorie der Kugelfunktion ist ebenfalls nicht Gegenstand der Vorlesung. Jedoch sind die wichtigsten Formeln, die im Text benötigt werden, im Anhang II zusammengestellt. Im Übrigen sei der Studierende auf die zitierten Standardwerke verwiesen.

Die Darstellung der Reduktion auf den Pol (Seite 75 ff.) stammt von Prof. Dr. A. BEHLE, Hamburg, die Übungsaufgabe auf Seite 19 von Dr. G. DUMA, Wien.

Univ. Doz. Dr. F. HASLINGER, Mathematisches Institut der Universität Wien, Univ. Ass. Dr. B. MEURERS, Dr. H. GRANSER und Frau Dr. S. WIEDMANN, Institut für Meteorologie und Geophysik, Universität Wien, haben das Manuskript kritisch durchgesehen und gute Verbesserungsvorschläge gemacht. Prof. Dr. J. UNTIEDT, Münster, hat mir freundlicherweise das Manuskript seiner Vorlesung über Potentialtheorie in der Geophysik überlassen, aus dem ich gute Anregungen entnommen habe. Frau Mag. A. SAILER hat das Skriptum geschrieben. Ihnen allen sei für ihre Hilfe herzlich gedankt.

1. HISTORISCHES ZUR ENTWICKLUNG DER BEGRIFFE DES FELDES UND DES POTENTIALS

Bevor wir vom Potential reden, müssen wir uns mit dem Begriff des Feldes befassen. In der Physik versteht man unter einem Feld die Verteilung einer physikalischen Größe, z. B. der Temperatur oder der Schwerkraft, in einem bestimmten Raumgebiet durch Angabe der drei Raum- und gegebenenfalls auch der Zeit-Koordinaten. Die Notwendigkeit für diesen Begriff entwickelte sich im 18. Jahrhundert, nachdem NEWTON (1643-1727) das Gravitationsgesetz formuliert und COULOMB (1736-1806) die Gesetzmäßigkeit der Anziehung oder Abstoßung ungleichnamiger bzw. gleichnamiger elektrischer Ladungen gefunden hatten. In beiden Fällen handelt es sich um die wechselseitige Anziehung und Abstoßung zweier materieller Punkte, wobei diese Kräfte umgekehrt proportional dem Quadrat des Abstandes zwischen diesen beiden Punkten sind. Man hatte die Vorstellung, daß das zwischen diesen Punkten liegende Medium, der Raum, als Träger dieser Kräfteübertragung anzusehen sei, auch dann, wenn er materiefreies Vakuum ist. FARADAY (1791-1867) verstand unter dem elektrischen Feld einen "veränderten Zustand des Raumes". Hierdurch wird der Gedanke nahegelegt, daß das den Raum erfüllende Medium sich in einer Art "Spannungszustand" befindet, obwohl die Analogie zu der Mechanik der elastischen Spannungen nicht besteht. SOMMERFELD (1947) hat neben anderen dieser Frage einige Aufmerksamkeit gewidmet, kommt aber zu dem Schluß, daß es wohl richtiger sei " ... einzugestehen, daß kein mechanisches oder quasimechanisches Bild der fundamentalen Tatsache der elektrischen Ladung gerecht werden kann".

Was hier für das elektrische Feld gesagt wurde, ist auch auf das Magnet- und Schwerefeld übertragbar. Wir wollen uns daher mit der o. g. Vereinbarung begnügen, daß das Feld den von ihm erfüllten Raum durch bestimmte Befähigungen vom feldfreien Raum unterscheidet. So kann man das Vorhandensein des erdmagnetischen Feldes durch die Ablenkung einer Kompaßnadel nachweisen. Das Fallen eines Steines zeigt das Vorhandensein des Schwerefeldes an. Die Neigung, die der Motorradfahrer seinem Fahrzeug beim Durchfahren einer Kurve geben muß, beweist für ihn die Existenz eines Zentrifugalfeldes. In diesen Fällen stellt sich die "Befähigung" des Raumes durch Kraftfelder dar, die auf eine Masse, eine Ladung oder einen magnetischen Pol wirken. Felder dieser Art sind Vektorfelder. Ihre vollständige Darstellung erfordert Kenntnis der drei Komponenten dieses Vektors. So bekommt man für das Gravitationsfeld $g_i = (g_1, g_2, g_3)$, das als Kraft /Masse verstanden wird, im Falle einer anziehenden Punktmasse m

$$g_1 = \frac{fm}{r^2}\left(\frac{\xi_1 - x_1}{r}\right) \qquad g_2 = \frac{fm}{r^2}\left(\frac{\xi_2 - x_2}{r}\right) \qquad g_3 = \frac{fm}{r^2}\left(\frac{\xi_3 - x_3}{r}\right).$$

Hier bedeuten f die Gravitationskonstante, ξ_i die Koordinaten des Massenpunktes und x_i die des Aufpunktes. r ist der Abstand zwischen Massenpunkt und Aufpunkt. Es fiel schon LAGRANGE (1736-1812) auf, daß die drei Komponenten sich auch als die partiellen Ableitungen eines Skalares nach den jeweiligen Koordinaten interpretieren lassen. LAPLACE (1749-1827) stellte das gleiche für ausgedehnte Massen fest. Diese Beobachtung war deswegen wichtig, weil sie den Weg zu einer übersichtlicheren mathematischen Behandlung aufzeigte. Es ist natürlich einfacher, mit einer skalaren Ortsfunktion zu operieren, als mit den drei Komponenten eines Vektors. Diese skalare Ortsfunktion wurde von GREEN (1793-1841) 1828 mit *potential function* bezeichnet.GAUSS (1777-1855) nannte sie unabhängig davon 1839 *Potential*. Im Deutschen hat sich die Bezeichnung Potential weitgehend durchgesetzt, wogegen man in Schriften des angelsächsischen Sprachraumes auch oft die Bezeichnung *potential function* findet.

2. GRUNDLAGEN

2.1 DEFINITION DER POTENTIALFELDER, DER NACHWEIS VON QUELLEN

Hier soll von Vektorfeldern mit Potential gesprochen werden.

> Ein Vektorfeld w_i hat ein Potential $U(x_1, x_2, x_3)$,
> wenn seine Komponenten in karthesischen Koordi-
> naten sich als die jeweiligen Ableitungen von U
> darstellen lassen.

$$w_i = \frac{\partial U}{\partial x_i} = \left(\frac{\partial U}{\partial x_1} , \frac{\partial U}{\partial x_2} , \frac{\partial U}{\partial x_3} \right) \qquad (2.1.1)$$

oder symbolisch

$$\vec{w} = \operatorname{grad} U \ .$$

In Polarkoordinaten r, ψ, θ (siehe Anhang II)

$$\operatorname{grad}_r U = \frac{\partial U}{\partial r} \qquad \operatorname{grad}_\psi U = \frac{1}{r \sin\theta} \frac{\partial U}{\partial \psi} \qquad \operatorname{grad}_\theta U = \frac{1}{r} \frac{\partial U}{\partial \theta} \ .$$

In Zylinderkoordinaten ρ, z, ψ

$$\operatorname{grad}_\rho U = \frac{\partial U}{\partial \rho} \qquad \operatorname{grad}_z U = \frac{\partial U}{\partial z} \qquad \operatorname{grad}_\psi U = \frac{1}{r} \frac{\partial U}{\partial \psi}$$

w_i zeigt die Richtung des stärksten Anstieges von U. Wenn U das Schwerepotential bedeutet, so stellt $\partial U/\partial x_i$ die Schwerebeschleunigung dar.
$\partial U/\partial x_i$ besitzt die Richtung der NEWTONschen Beschleunigung, die auf
den anziehenden Körper zuweist. Bei den meisten übrigen Potentialfel-
dern hat sich jedoch die Definition

$$w_i = - \frac{\partial U}{\partial x_i}$$

eingeführt. Man stellt sich vor, daß beim elektrischen Potential U im
isotropen Leiter der Strom $j = - \partial U/\partial x_i$ in Richtung des stärksten Ab-
falles, nicht des Anstieges, fließt, was zur Folge hat, daß man die

elektrische Feldstärke $E_i = - \partial V/\partial x_i$ durch den negativen Potentialgradienten bezeichnet. Diese Beschreibung hat sich generell bei Feldern eingebürgert, die als Ausgleichsvorgänge zu interpretieren sind. Jedoch verwendet man auch bei statischen Magnetfeldern H_i die Definition

$$H_i = - \frac{\partial \phi}{\partial x_i} \quad ,$$

weil man von der empirischen Tatsache Gebrauch macht, daß gleichnamige Pole einander abstoßen und nicht anziehen,wie beim Gravitationsfeld. Der Feldvektor weist hier vom Pol weg, d. h. in Richtung abfallenden Potentials. Ob man den Feldvektor als negativen oder positiven Gradienten eines Skalars definiert, hat einen physikalischen Sinn und ist daher keine reine Konvention[1].

Das Wegintegral

$$I = \int_{P_1}^{P_2} \frac{\partial U}{\partial x_i} \, dx_i = \left. U \right|_{P_1}^{P_2} = U_{P_2} - U_{P_1}$$

zwischen zwei Punkten P_1 und P_2 ist nur vom Potential an diesen Punkten, nicht vom Weg selbst,abhängig. Im Schwerefeld, wo w_i die Rolle der Schwerebeschleunigung g_i einnimmt, bedeutet das Wegintegral die Arbeit, welche gewonnen wird, um die Masse $m = 1$ von P_1 nach P_2 zu bringen. Insbesondere gilt für den geschlossenen Weg

$$\oint_C w_i \cdot dx_i = 0 \quad . \qquad\qquad (2.1.2)$$

> In einem Potentialfeld ist das geschlossene Wegintegral des Vektors gleich Null.

Stellt der Vektor eine Kraft dar, so heißt das, daß die Arbeit (Kraft mal Weg), die auf dem geschlossenen Weg aufgewandt wird, verschwindet.

Ein Potentialfeld genügt der Beziehung

$$\frac{\partial w_3}{\partial x_2} - \frac{\partial w_2}{\partial x_3} = r_1 = 0 \ , \qquad \frac{\partial w_1}{\partial x_3} - \frac{\partial w_3}{\partial x_1} = r_2 = 0 \ , \qquad \frac{\partial w_2}{\partial x_1} - \frac{\partial w_1}{\partial x_2} = r_3 = 0$$

---

[1] Ein Gedankenexperiment lehrt, daß man die Erscheinungen der Gravitation (Massenanziehung) als Spezialfall des allgemeinen Gesetzes von Massenanziehung und -abstoßung auffassen kann: Man betrachtet zwei Kugeln unterschiedlicher Dichten σ_1 und σ_2. Zwischen beiden läßt sich eine Anziehungskraft messen, sofern diese Messung in Luft bzw. Vakuum stattfindet. Führt man den Versuch jedoch in einer Flüssigkeit durch, deren Dichte σ_3 zwischen den Dichten der beiden Kugeln liegt, so beobachtet man, daß die beiden Kugeln sich abstoßen. Man könnte dieses Gedankenexperiment, welches in der Elektrostatik zur Theorie der Induktion führt, ähnlich auch in der Gravitation interpretieren. Die Natur zeigt aber, daß $\sigma_3 \ll \sigma_1, \sigma_2$ meistens erfüllt ist, was eine wesentliche Vereinfachung der Theorie zur Folge hat. Die Physik des Erdkörpers kennt nur eine Ausnahme, und zwar bei der Behandlung der Isostasie.

oder in Komponentenschreibweise

$$r_i = \varepsilon_{ijk} \frac{\partial w_k}{\partial x_j} = 0 \qquad\qquad (2.1.3)$$

$$\varepsilon_{ijk} = \begin{cases} +1 & \text{wenn } i, j, k \text{ aus einer geraden Anzahl von Permutationen aus 1, 2, 3 hervorgeht} \\ 0 & \text{für zwei gleiche Indizes} \\ -1 & \text{wenn } i, j, k \text{ aus einer ungeraden Anzahl von Permutationen aus 1, 2, 3 hervorgeht} \end{cases}$$

(Summationskonvention über k und j!). Man nennt den Vektor r_i die Rotation von w_i; symbolisch

$$\mathrm{rot}\ \vec{w} = \vec{r}\ .$$

In Worten:

> Die Rotation des Potentialfeldes verschwindet.

Beispiel 1: Hat das Vektorfeld $w_i = (x_1 x_2,\ x_2 x_3,\ x_3 x_1)$ ein Potential? Prüfung durch Anwendung von Gleichung (2.1.3):

$$\frac{\partial U_2}{\partial x_1} - \frac{\partial U_1}{\partial x_2} = 0 - x_1 \neq 0$$

$$\frac{\partial U_3}{\partial x_2} - \frac{\partial U_2}{\partial x_3} = 0 - x_2 \neq 0$$

$$\frac{\partial U_3}{\partial x_1} - \frac{\partial U_1}{\partial x_3} = x_3 - 0 \neq 0$$

Es hat kein Potential.

Beispiel 2: Man bestimme das Potential des Feldes $w_i = (x_1,\ x_2,\ x_3)$

$$U = \int w_1 dx_1 + F(x_2,\ x_3) + \int w_2 dx_2 + G(x_1,\ x_3) + \int w_3 dx_3 + H(x_1,\ x_2)$$

$$U = \frac{x_1^2}{2} + \frac{x_2^2}{2} + \frac{x_3^2}{2} + F(x_2,\ x_3) + G(x_1,\ x_3) + H(x_1,\ x_2)$$

$$\frac{\partial U}{\partial x_1} = x_1 \qquad\qquad\qquad + \frac{\partial G}{\partial x_1} \qquad + \frac{\partial H}{\partial x_1}$$

$$\frac{\partial U}{\partial x_2} = \qquad x_2 \qquad + \frac{\partial F}{\partial x_2} \qquad\qquad + \frac{\partial H}{\partial x_2}$$

$$\frac{\partial U}{\partial x_3} = \qquad\qquad x_3 \ + \frac{\partial F}{\partial x_3} \qquad + \frac{\partial G}{\partial x_3}$$

Also: $\quad U = \dfrac{x_1^2}{2} + \dfrac{x_2^2}{2} + \dfrac{x_3^2}{2} + C \qquad$ wegen $\quad F = G = H = \mathrm{const}\ .$

8

Man definiert den Fluß ϕ durch das Integral des Vektors über die Fläche F_i durch

$$\phi = \iint\limits_{F_i} w_i \, dF_i \quad . \qquad\qquad (2.1.4)$$

Unter dem Integrationszeichen steht das Skalarprodukt des Vektors w_i mit dem Flächenelement dF_i. Das ist die Normalkomponente von w_i multipliziert mit dem Betrag des Flächenelementes $|dF_i|$. Wenn $w_i = j_i$ die elektrische Stromdichte darstellt, so bedeutet ϕ die pro Zeiteinheit durch die Fläche hindurchtretende elektrische Ladungsmenge.

Wenn F_i eine geschlossene Fläche ist, nennt man ϕ = E die *Ergiebigkeit* der von dieser Fläche umschlossenen Quellen

$$E = \iint w_i \, dF_i \quad {}^2 \quad . \qquad\qquad (2.1.5)$$

Nach einem bekannten Satz der Physik läßt sich jedes Vektorfeld auf seine *Quellen* und *Wirbel* zurückführen, die sich im Raum lokalisieren lassen. Das Vorhandensein von Wirbeln ist durch Anwendung von Gleichung (2.1.2) nachprüfbar. Quellen könnte man durch Bestimmung der Ergiebigkeit nach Gleichung (2.1.5) örtlich festlegen. Es gibt aber noch mehr Methoden, die später besprochen werden sollen. Der Geophysiker kann Messungen meistenteils nur im sogenannten *Außenraum* durchführen. Das ist jener Raum, der von den natürlichen Wirbeln und Quellen des zu messenden Feldes wohl nicht erfüllt, aber doch beeinflußt ist. Im Außenraum ist das Feld sowohl wirbel- als auch quellenfrei und daher potentialtheoretisch besonders einfach zu behandeln. Wenn man jedoch die Feldursachen studieren will, muß man die Wirbel- von den Quellenfeldern klar unterscheiden. Die durch die Erdrotation und die Sonneneinflüsse in der Ionosphäre hervorgerufenen elektrischen Stromsysteme sind überwiegend Wirbelfelder. Das wichtigste Quellenfeld dagegen ist die Schwere, wobei vor allem die Massen die Quellen darstellen. Quellenfelder wendet der Geophysiker auch in der Exploration durch Gleichstrom- und Eigenpotentialverfahren an. Diese Felder haben im Außenraum wie im Innenraum den Vorteil, wirbelfrei zu sein, d. h. sie haben ein Potential. Ebenfalls ein Potential besitzt das statische, durch das Erdmagnetfeld induzierte Magnetfeld magnetisierbarer Massen im Erdinneren. Hiermit ist der Rahmen dieser Vorlesung abgesteckt.

Beispiel 3: Befinden sich Quellen des Vektors im Beispiel 2 im Innenraum der Kugel $x_i^2 = 1$?

Man schreibt:

$$w_i = x_i \qquad\qquad dF_i = x_i |x_l| \sin\theta \, d\theta \, d\psi \qquad\qquad |x_i| = 1$$

$$E = \oint x_i \, dF_i = \int\limits_0^{2\pi} \int\limits_0^{\pi} x_i x_i |x_l| \sin\theta \, d\theta \, d\psi$$

---

^{2} E wird positiv, wenn eine *Quelle*, negativ, wenn eine *Senke* von w_i von der Fläche umschlossen wird. Im ersten Fall weist w_i vorwiegend nach außen, im zweiten Fall auf die Senke zu, also nach innen.

$$E = 2\pi \int_{o}^{\pi} \sin\theta \, d\theta$$

$$E = 4\pi$$

Innerhalb der Einheitskugel liegt eine Quelle mit der Ergiebigkeit $E = 4\pi$.

2.2   VERTEILUNG VON QUELLEN

Potentialfelder besitzen Quellen, die irgendwo im Raum lokalisiert sind. Wir betrachten als Beispiel das Gravitationsfeld der Massenanziehung für Punktmassen:

Zwei Massenpunkte ziehen einander mit einer Kraft K_i an, die die Richtung der Verbindungsgeraden hat und die der Masse m_1 und der Masse m_2 proportional und umgekehrt proportional dem Quadrat des Abstandes r ist.

$$|K_i| = \frac{fm_1 m_2}{r^2}$$

Für die Masse $m_2 = 1$ erhält man $K_i(m_2 = 1)$ das Gravitationsfeld g_i der Punktmasse $m_1 = m$ in der Entfernung r; f ist die Gravitationskonstante.

$$g_i = f \, m \, \frac{\partial}{\partial x_i} \frac{1}{r} \qquad \text{mit} \quad r = |\xi_i - x_i|$$

ξ_i ist die Koordinate des Massenpunktes, x_i ist die Koordinate des Punktes, an dem das Feld berechnet wird. Wir nennen ihn den Aufpunkt.

Das Potential der Punktmasse ist

$$U = \frac{f \, m}{r} \quad . \tag{2.2.1}$$

Punktmassen sind Abstraktionen, die deswegen nützlich sind, weil alle Massenverteilungen sich annähernd wie Punktmassen verhalten, wenn man nur die Beobachtungsentfernungen groß genug wählt. So sind die KEPLERschen Gesetze Folgerungen des Gravitationsgesetzes von bewegten Punktmassen als vereinfachte Darstellung der Planeten und Satelliten.

Flächenhaft verteilte Quellen werden in der Geophysik ebenfalls als Abstraktion gebraucht. So kennt man in der Gravimetrie den Begriff der "ideellen störenden Schicht", deren auf die Fläche bezogene Dichte proportional der Schwere auf diese Fläche ist. Die magnetische Induktion $B_i = \mu \, H_i$ geologischer Störkörper ist bekanntlich ein quellenfreier Vektor, der Vektor des Magnetfeldes H_i aber nicht. Wenn Körper unterschiedlicher aber konstanter Permeabilität aneinanderstoßen,dann sitzen die Quellen des Magnetfeldes als Flächenbelegung an den Begrenzungsflächen zwischen diesen Körpern.

Das Gravitationspotential U einer Quelle mit der über die Fläche F verteilten *Flächendichte* $\mu(\xi_1, \xi_2)$ ist:

$$U = f \iint \frac{\mu(\xi_1, \xi_2)}{r} \, d\xi_1 d\xi_2 \qquad \text{mit} \quad r = |\xi_i - x_i| \qquad (2.2.2)$$

am Aufpunkt x_i; μ hat die Dimension Masse/Fläche.

Der für die Gravimetrie wichtigste Fall ist der, der *räumlich verteilten Quellen*, hier als *Volumsdichte* $\sigma(\xi_1, \xi_2, \xi_3)$ ausgedrückt.

$$U = f \iiint \frac{\sigma(\xi_1, \xi_2, \xi_3)}{r} \, dV \qquad (2.2.3)$$

σ hat die Dimension Masse/Volumen.

Beispiel 4: Ergiebigkeit der Schwerebeschleunigung g_i, einer punktförmigen Masse M. Es gilt das NEWTONsche Gravitationsgesetz $U = fM/r$. Hiernach weist der Beschleunigungsvektor δg_i radial zur Punktmasse.

In sphärischen Koordinaten:

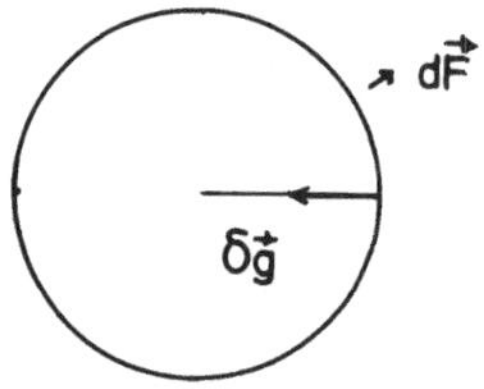

$$\delta g_i = (- \frac{fM}{r^2}, 0, 0)$$

$$dF_i = (r^2 \sin\theta \, d\psi d\theta, 0, 0)$$

$$E = - \int_0^{2\pi} \int_0^{\pi} fM \sin\theta \, d\psi d\theta$$

$$E = - 4\pi fM \qquad (2.2.4)$$

Die Ergiebigkeit des Schwerefeldes einer Punktmasse ist der Masse proportional. Diese Aussage gilt nicht nur für diesen einfachen Fall sondern für beliebige Massenverteilungen, wie später nachgewiesen werden wird (GAUSSscher Satz). Das negative Vorzeichen von E ist eine Folge davon, daß $\delta\vec{g}$ auf den Mittelpunkt der Kugel zuweist, was eine Senke des Vektorfeldes bedeutet.

Beispiel 5: Gesamtstrom I einer elektrischen Punktquelle an der Oberfläche eines Halbraumes der elektrischen Leitfähigkeit σ (Elektrode an der Erdoberfläche).

Man geht vom OHMschen Gesetz $j_i = E_i$ aus und beachtet, daß die Erdoberfläche die Begrenzung an einen Nichtleiter darstellt; darum gilt:

$$I = \iint j_i \, dF_i = \iint \sigma E_i dF_i$$

(j_i = Stromdichte, E_i = elektrische Feldstärke, I = Gesamtstrom)

$$I = E_r \sigma r^2 \int_0^{2\pi} \int_0^{\pi/2} \sin\theta \; d\theta \; d\psi \qquad \text{mit} \quad dF_i = (r^2 \sin\theta \; d\psi \; d\theta, \; 0, \; 0)$$

$$I = 2\pi\sigma E_r r^2 \qquad \text{und} \quad E_r = \frac{I}{2\pi\sigma r^2} \qquad (\text{Einheit: } Vm^{-1}) \; .$$

Berücksichtigt man ·

$$- E_i = \frac{\partial U}{\partial x_i} \qquad ,$$

so folgt

$$U = \frac{I}{2\pi\sigma r} \qquad (\text{OHMsches Gesetz für Punktquellen} \qquad\qquad (2.2.5)$$
$$\text{an der Erdoberfläche})$$

Beispiel 6: Schwerefeld im Außen- und Innenraum für die homogene Kugel mit dem Radius R und der Dichte σ

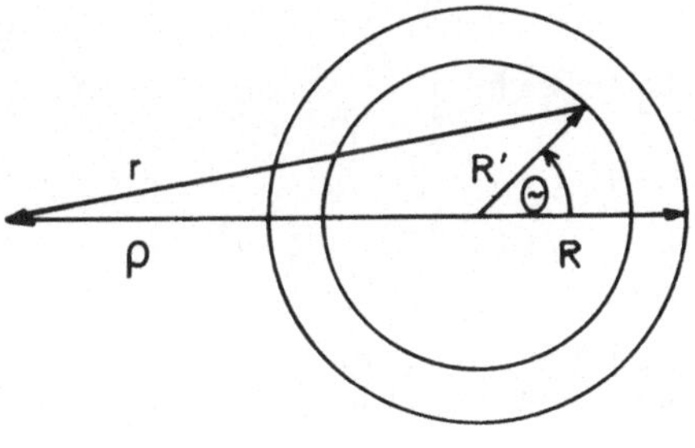

$$U = f\sigma \int \frac{dV}{r} \qquad r_i = R'_i - \rho_i$$

$$r = \sqrt{\rho^2 + R'^2 + 2\rho R' \cos\theta}$$

$$dV = R'^2 \sin\theta \; dR' \; d\theta \; d\psi$$

$$U = f\sigma \int_0^R \int_0^\pi \int_0^{2\pi} \frac{R'^2 \sin\theta \; d\psi \; d\theta \; dR'}{\sqrt{\rho^2 + R'^2 + 2\rho R' \cos\theta}}$$

$$U = - 2\pi f\sigma \int_0^R \left| \frac{R'}{\rho} \sqrt{R'^2 + \rho^2 + 2R'\rho \cos\theta} \right|_0^\pi \; dR'$$

$$= 2\pi f\sigma \int_0^R \left(\frac{R'}{\rho} (|R' + \rho| - |R' - \rho|) \right) dR'$$

$$= 2\pi f\sigma \cdot \begin{cases} \int 2R' \; dR' & \text{für } R' > \rho \\[2mm] \int \frac{2R'^2}{\rho} dR' & \text{für } R' < \rho \end{cases}$$

Lösung im Außenraum: $R' < \rho$

$$U_A = \frac{4\pi f\sigma R^3}{3\rho} = \frac{f \cdot M}{\rho} \qquad\qquad \rho > R \qquad\qquad (2.2.6)$$

> Das Schwerefeld der homogenen Kugel
> im Außenraum ist das einer Punktmas-
> se mit der Masse M im Mittelpunkt.

Man kann daher aus der Schweremessung im Außenraum wohl auf den
Schwerpunkt und die Gesamtmasse schließen, nicht aber auf die Dichte und die Größe der Kugel. (Eine große Kugel mit kleiner Dichte
ruft den gleichen Effekt hervor wie eine kleine Kugel mit großer
Dichte.)

Die Problematik der *Vieldeutigkeit* gravimetrischer Messungen tritt
bei diesem einfachen Beispiel bereits auf: Da es nur auf den Faktor R ankommt, ruft beispielsweise eine Kugel der Dichte 1 g/cm^3
und dem Radius 1 m die gleiche Gravitation im Außenraum hervor, wie
eine Kugel mit der Dichte 8 g/cm^3 und dem Radius 50 cm.

Lösung im Innenraum: Man muß das Integral in zwei Teilintegrale
aufteilen

1) $0 \overset{\le}{=} \rho \overset{\le}{=} R' < R$

2) $0 \overset{\le}{=} R' \overset{\le}{=} \rho < R$

$$U_i = 2\pi f\sigma \int\limits_0^\rho \frac{2R'^2}{\rho}\, dR' + 2\pi f\sigma \int\limits_\rho^R 2R'\, dR'$$

$$U_i = 2\pi f\sigma \cdot \left(R^2 - \frac{\rho^2}{3}\right) \qquad \rho < R \qquad\qquad (2.2.7)$$

Man beachte, daß U_i und U_A an der Grenzfläche $\rho = R$ stetig ineinander übergehen. Auch die Schwerevektoren

$$g_\rho = \begin{cases} -\dfrac{f\,M}{\rho^2} & \rho \overset{\ge}{=} R \\[3ex] -\dfrac{4\pi f\sigma\rho}{3} & \rho \overset{\le}{=} R \end{cases} \qquad\qquad (2.2.8)$$

verlaufen an der Kugeloberfläche stetig. Diese Feststellung ist
nicht unwichtig für das Messen mit Gravimetern in Bergwerken. Anders ist es bei Messungen des Schweregradienten. Der Schweregradient springt in diesem Beispiel um $4\pi f\sigma$ an der Kugeloberfläche[1].
Wenn er auch, sofern man an der Erdoberfläche mißt, vorwiegend
durch die hohe Dichte des Erdkerns bestimmt wird, so sind doch Abweichungen infolge oberflächennaher Massen, wie z. B. bei Hochge-
birgen und deren Wurzeln,klein, aber durchaus meßbar. Abbildung
2.2.1 zeigt Potential, Schwere und Schweregradient einer homogenen
Kugel mit R = 6360 km und σ = 5,5 g/cm^3.

Man geht für die BOUGUER-Reduktion von einem Gradienten $\partial g/\partial\rho$ aus,
der nur bei bekannter Dichte der reduzierten Platte richtig be-

---

[1] Später soll gezeigt werden, daß dieser Sprung ganz allgemein an
Grenzflächen gegen Luft (Vakuum) auftritt.

stimmt werden kann. Diese Voraussetzung ist oft nicht erfüllt.

Beispiel 7: Potential einer Kugelschale mit der Flächendichte
μ = const

$$U_s = \int\limits_0^{2\pi} \int\limits_0^{\pi} \frac{f\ \mu\ R^2\ \sin\theta\ d\theta\ d\psi}{\sqrt{\rho^2 + R^2 + 2\rho R\cos\theta}}$$

$$U_s = \begin{cases} \dfrac{f\ M}{\rho} & \rho > R \\[2ex] \dfrac{f\ M}{R} & \rho \leqq R \end{cases}$$

$$(2.2.10)$$

$$g_\rho = \begin{cases} -\dfrac{f\ M}{\rho^2} & \rho > R \\[2ex] 0 & \rho \leqq R \end{cases}$$

> Im Inneren der Hohlkugel mit kon-
> stanter Flächendichte ist die
> Schwerebeschleunigung Null.

Während das Potential bei ρ = R stetig verläuft, erleidet die
Schwere bereits einen Sprung.

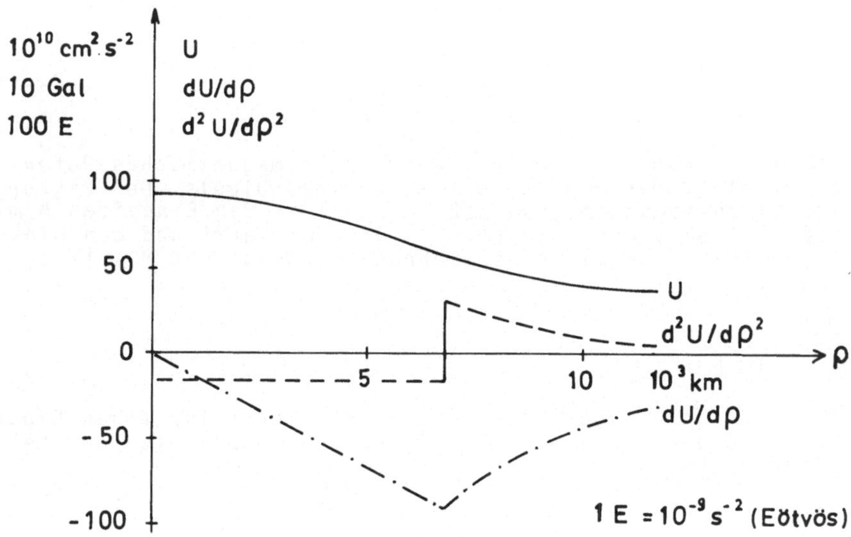

<u>Abb. 2.2.1</u>
Potential, Schwere und Schweregradient einer homogenen Kugel
mit R = 6360 km und σ = 5,5 g/cm³.

2.3 DIPOLVERTEILUNG

Wenn man zwei Ladungen entgegengesetzten Vorzeichens $Q(\xi_i + \delta\xi_i)$ und $-Q(\xi_i)$ einander nähert, so erhält man für $\xi_i \to 0$ einen Dipol. Gemäß nachstehender Skizze ist das Potential ϕ des Dipols am Aufpunkt P:

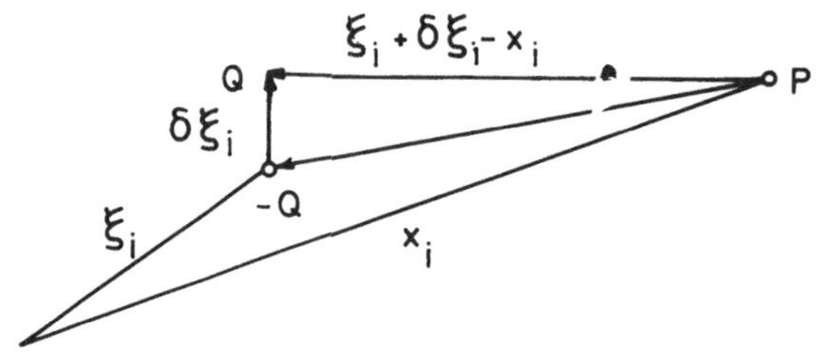

$$\lim_{\delta\xi_i \to 0} \phi = \frac{Q}{\sqrt{(\xi_i + \delta\xi_i - x_i)^2}} - \frac{Q}{\sqrt{(\xi_i - x_i)^2}}$$

$$= Q \frac{\partial}{\partial\xi_i} \frac{1}{\sqrt{(\xi_k - x_k)^2}} \, \delta\xi_i$$

Im gleichen Maße wie $\delta\xi_i$ gegen Null geht, läßt man die Ladungen Q anwachsen, so daß das Produkt $M_i/4\pi = Q\delta\xi_i$ endlich bleibt. Man kann dann wegen

$$-\frac{\partial}{\partial\xi_i} \frac{1}{\sqrt{(\xi_k - x_k)^2}} = \frac{\partial}{\partial x_i} \frac{1}{\sqrt{(\xi_k - x_k)^2}}$$

$$\phi = \frac{M_i}{4\pi} \frac{\partial}{\partial x_i} \frac{1}{\sqrt{(\xi_k - x_k)^2}} \tag{2.3.1}$$

schreiben. M_i nennt man *Dipolmoment*. Wenn ϕ ein magnetisches Potential ist, bedeutet M_i das *magnetische Moment* des Dipols. Der Faktor $1/4\pi$ ist eine Dimensionsgröße, so daß M_i und ϕ in den Einheiten A m² und A angegeben werden. Wenn man $(\xi_k - x_k)^2 = \rho^2$ setzt und den Winkel zwischen M_i und $(x_i - \xi_i)$ mit θ bezeichnet, so folgt mit $M = |M_i|$:

$$\phi = \frac{M \cos\theta}{4\pi\rho^2} \tag{2.3.2}$$

Abbildung 2.3.1 zeigt Äquipotentialflächen ϕ = const für einen Dipol mit $M_i = (0, 0, 10\pi)$ A m², $\xi_i = (0, 0, 0)$ m. Die Komponenten der Feldstärke erhält man aus

$$H_\rho = -\frac{\partial\phi}{\partial\rho} \qquad\qquad H_\theta = -\frac{1}{\rho} \frac{\partial\phi}{\partial\theta}$$

$$H_\rho = \frac{2M}{\pi\rho^3} \cos\theta \qquad\qquad H_\theta = \frac{M}{4\pi\rho^3} \sin\theta \quad . \tag{2.3.3}$$

Im Gegensatz zum Feld des Einzelpols $1/\rho^2$ nimmt das Dipolfeld mit

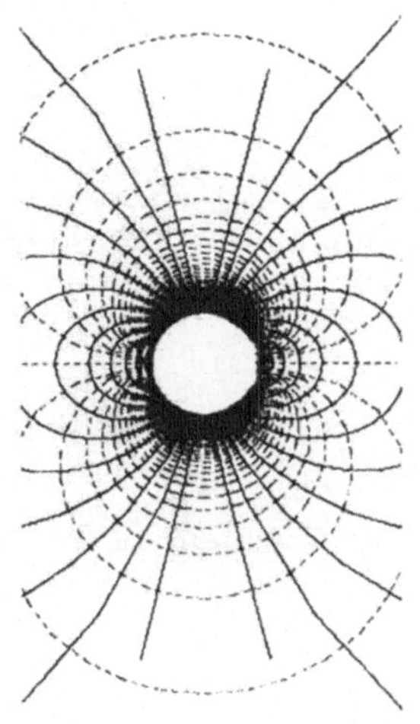

<u>Abb. 2.3.1</u>
Feldlinien (ausgezogen) und Schnitt-
linien der Äquipotentialflächen mit
der Zeichenebene (gestrichelt) eines
magnetischen Dipols mit dem Moment
$10 \cdot \pi$ A m^2 . Die Feldlinien geben die
Richtung der Kraft auf den Einheits-
pol an und stehen senkrecht auf den
Äquipotentialflächen. Am Pol der dem
Dipol umschriebenen Kugel hat das
Potential den Wert ϕ = 40 A. Der Abstand $\Delta\phi$ der Äquipotentialflächen beträgt 1 A. Auf der oberen Hemisphäre
$-\pi/2 < \theta < +\pi/2$ ist das Potential
positiv, auf der unteren
$-\pi/2 > \theta > -3\pi/2$ negativ. Auf der
Äquatorebene $\theta = \pi/2$ ist ϕ = 0. Radius der Kugel R = 0,25 m.

$1/\rho^3$ ab. Aus den Komponenten lassen sich durch Integration die Feldlinien bestimmen:

$$\rho = \rho_0 \sin^2\theta \; , \tag{2.3.4}$$

wobei ρ_0 ein vorgegebener Wert ist (Ableitung siehe W. KERTZ: Einführung in die Geophysik I", Seite 129).

Die Feldlinien geben die Richtung der wirkenden Kraft auf die Einzel-
ladung an. Sie stehen natürlich senkrecht auf den Flächen ϕ = const,
was in Abb. 2.3.1 erkennbar ist. Man beachte, daß das Maximum der Ra-
dialkomponente H_ρ um den Faktor 2 größer ist als das der Tangentialkomponente H_θ. Der Betrag des Feldvektors ist

$$\sqrt{H_\rho{}^2 + H_\theta{}^2} = \frac{M}{4\pi\rho^3} \sqrt{1 + 3\cos^2\theta} = T \quad . \tag{2.3.5}$$

Das erdmagnetische Hauptfeld hat vorwiegend Dipolcharakter. Für viele
Abschätzungen genügt es, einen einfachen Dipol anzunehmen, insbesondere zur Beschreibung von Vorgängen, die sich in großem Abstand von
der Erde abspielen (Sonnenwind etc.).

Flächenbelegungen von Dipolen rufen ein Potential hervor

$$\phi = -\frac{1}{4\pi} \iint\limits_F m_i{}^{(F)}(\xi_1,\xi_2) \frac{\partial}{\partial x_i} \frac{1}{\rho} \, dF \quad , \tag{2.3.6}$$

wobei $m_i{}^{(F)}$ die Flächendichte bedeutet. Potentiale dieser Art setzt
man oft bei der Behandlung des erdmagnetischen Innenfeldes voraus. Man
ersetzt dabei das quellenfreie magnetische Wirbelfeld eines elektrischen Stromes im Erdinneren durch das Feld der äquivalenten "magnetischen Doppelschicht". Dieses Feld hat den Vorteil der Wirbelfreiheit
im Außenraum.

Das Potential einer räumlichen Verteilung von Dipolen ist

$$\phi = - \frac{1}{4\pi} \iiint m_i(\xi_1,\xi_2,\xi_3) \frac{\partial}{\partial x_i} \frac{1}{\rho} \, d\xi_1 \, d\xi_2 \, d\xi_3 \qquad (2.3.7)$$

m_i bedeutet das Dipolmoment pro Volumen. Wenn ϕ das magnetische Potential ist, nennt man m_i die *Magnetisierung*. Gleichung (2.3.7) ist die Grundlage für die Bestimmung des Magnetfeldes von geologischen Modellkörpern.

Beispiel 8: Eine Kugelschale mit dem Radius R trage eine Massenbelegung der relativen Flächendichte $\mu = \mu_0 \cos\theta_0$ [1].

Man bestimme das Gravitationsfeld im Innen- und Außenraum.
Lösung:

$$U = f\mu_0 R^2 \int_0^{2\pi} \int_0^{\pi} \frac{\cos\theta_0 \sin\theta_0 \, d\theta_0 \, d\psi_0}{\sqrt{\rho^2 + R^2 - 2R\rho(\sin\theta\sin\theta_0\cos(\psi-\psi_0) + \cos\theta\cos\theta_0}}$$

Man führt die im Beispiel 16 erklärte Koordinatentransformation θ_0, $\psi_0 \to \theta'$, ψ' durch, um zu erreichen, daß der Nenner des Integranden von ψ' unabhängig wird. Es ist dann

$$\sin\theta' \, d\theta' d\psi' = \sin\theta_0 \, d\theta_0 \, d\psi_0$$
$$\cos\theta' = \sin\theta\sin\theta_0\cos(\psi-\psi_0) + \cos\theta\cos\theta_0$$
$$\cos\theta_0 = \sin\theta\sin\theta'\cos(180^\circ+\psi') + \cos\theta\cos\theta'$$

Dann verschwindet der Term, welcher $\cos(180^\circ+\psi')$ als Faktor enthält durch die Integration nach ψ' und es bleibt

$$U = 2\pi f\mu_0 R\cos\theta \int_0^{\pi} \frac{\cos\theta'\sin\theta' \, d\theta'}{\sqrt{1 + (\rho/R)^2 - (2\rho/R)\cos\theta'}} \quad .$$

Dieses Integral ist durch die Substitution

$$x = 2\frac{\rho}{R}\cos\theta' \; ; \quad \sin\theta'd\theta' = -\frac{Rdx}{2\rho} \; ; \quad \cos\theta'\sin\theta'd\theta' = -\frac{R}{4\rho^2} xdx$$

zu lösen:

$$U = \frac{\pi f\mu_0 R^3\cos\theta}{8\rho^2} \int_{2\eta}^{-2\eta} \frac{xdx}{\sqrt{1 + \eta^2 - x}}$$

$$= \frac{\pi f\mu_0 R^3\cos\theta}{2\rho^2} \left(-\frac{2}{3} \Big|_{2\eta}^{-2\eta} (2 + 2\eta^2 + x)\sqrt{1 + \eta^2 - x} \right) \qquad \left(\eta = \frac{\rho}{R}\right)$$

---

[1] μ ist die Differenz der Dichte der Kugelschale μ_2 und der Umgebung μ_1. Natürlich können μ_1 und μ_2 nur positive Werte annehmen, μ dagegen wird für $|\theta| > 90^\circ$ negativ.

$$U^{(i)} = \frac{4\pi f \mu_0 \rho \cos\theta}{3} = \frac{4\pi f \rho}{3}\mu \qquad (\rho < R)$$

$$U^{(a)} = \frac{4\pi f \mu_0 R^3 \cos\theta}{3\rho^2} = \frac{4\pi f R}{3\rho^2} \qquad (\rho > R)$$

Ähnlich wie in Beispiel 7 verläuft U an der Kugeloberfläche stetig.

Die Massenbelegung $\mu = \mu_0 \cos\theta_0$ an einer Kugeloberfläche wirkt im Außenraum wie ein Dipol im Mittelpunkt der Kugel mit dem Potential

$$U^{(a)} = \frac{4\pi f \mu_0 R^3 \cos\theta}{3\rho^2} \quad .$$

Im Innenraum erzeugt die Massenbelegung ein Feld mit linearer Ortsabhängigkeit. Das verifiziert man leicht durch Einsetzen von $x_3 = \rho\cos\theta$:

$$U_i = \frac{4\pi f \mu_0 x_3}{3\rho^2} \qquad (\rho < R)$$

Hieraus ist zu sehen, daß das Dipolfeld im Außenraum nicht nur durch einen Dipol, sondern ebenso durch alle möglichen Massenbelegungen $\mu_0\cos\theta_0$ auf konzentrischen Kugelschalen verschiedener R hervorgerufen werden kann, sofern nur das Produkt $\mu_0 R^3$ konstant bleibt. Eine Kugelschale mit großem Radius und kleinem μ_0 kann die gleiche Wirkung auf die Schwere ausüben wie eine Kugelschale mit kleinem Radius und großem μ_0. Die hier für das Gravitationsfeld gemachten Überlegungen lassen sich sofort auf das induzierte Magnetfeld einer Kugel übertragen, wenn man nur an Stelle von $f\mu_0$ die Magnetisierung $-I_3$ setzt (vergleiche Gleichung (3.4.2.1.7)).

Beispiel 9: Ergiebigkeit E eines Dipolfeldes: Man lege um den Dipol eine konzentrische Kugel mit dem Radius r und bestimme den Fluß durch die Kugeloberfläche F_i.

$$E = \frac{1}{4\pi} \iint \frac{\partial}{\partial x_j} \left[M_i \frac{\partial(1/r)}{\partial x_i} \right] dF_j$$

$$M_i = M\delta_{i3} \quad (\delta_{ij} = \text{Kronecker Tensor}); \quad x_3 = r\cos\theta \; ; \quad r = |x_k|$$

$$E = -\frac{1}{4\pi} M_i \iint \left(\frac{\delta_{ij}}{r^3} - \frac{3 x_i x_j}{r^5} \right) dF_j \qquad dF_j = \frac{x_j}{r} r^2 \sin\theta \, d\theta \, d\psi$$

$$= -\frac{1}{4\pi} \iint r^2 \left(\frac{M_j}{r^3} - \frac{3 M_i x_i x_j}{r^5} \right) \frac{x_j}{r} \sin\theta \, d\theta \, d\psi$$

$$E = -\frac{1}{4\pi} \iint r^2 \left(\frac{M_j x_j}{r^4} - \frac{3M_i x_i}{r^4} \right) \sin\theta \; d\theta \; d\psi$$

$$= \frac{1}{2\pi} \iint \frac{M_i x_i}{r^2} \sin\theta \; d\theta \; d\psi$$

$$= \int_0^\pi \frac{M x_3}{r^2} \sin\theta \; d\theta$$

$$= \frac{M}{r} \int_0^\pi \cos\theta \; \sin\theta \; d\theta$$

$$= \frac{M}{2r} \int_0^\pi \sin 2\theta \; d\theta$$

$$= 0$$

Für die Vertikalkomponente Z des Dipolfeldes der Erde läßt sich daher der Schluß ziehen, daß

$$E = \iint Z \; dF = 0 \qquad .$$

> Das Integral der Vertikalkomponente des erdmagnetischen Dipolfeldes über die Erdoberfläche verschwindet.

2.4 DIVERGENZ UND INTEGRALSATZ VON GAUSS

Gleichung (2.1.4) stellt die Ergiebigkeit der von der Fläche umschlossenen Quellen dar. Es kann sich dabei um Punktquellen, Flächenquellen oder eine räumliche Verteilung von Quellen handeln. Man definiert die *spezifische Ergiebigkeit* oder *Divergenz* durch den Ausdruck

$$\theta = \lim_{V \to 0} \frac{1}{V} \iint w_i \, dF_i = \frac{\partial w_i}{\partial x_i} \qquad (2.4.1)$$

F_i bedeutet die das Volumen V umschließende Fläche. Die Divergenz hat daher die Dimension Ergiebigkeit pro Volumen.

Der GAUSSsche Integralsatz:

Der GAUSSsche Integralsatz stellt eine bemerkenswerte Beziehung zwischen einem Oberflächen- und Volumsintegral dar. Er sagt folgendes aus:

Gegeben sei ein Vektorfeld und in diesem Feld ein einfachzusammenhängender Bereich mit dem Volumen V und der Oberfläche F_i. Dann ist die Divergenz des Vektorfeldes, integriert über das Volumen V, gleich dem Fluß dieses Vektorfeldes durch die geschlossene Fläche F_i.

$$\iint_{F_i} w_i \, dF_i = \iiint_V \frac{\partial w_i}{\partial x_i} \, dV \qquad\qquad\qquad (2.4.2)$$

Eine Ableitung der Formel (2.4.2) kann aus Lehrbüchern der theoretischen Physik entnommen werden.

Beispiel 10: Die Divergenz des Schwerevektors im Innern der homogenen Kugel ist $- 4\pi f\sigma$ (Vorzeichen!). Ableitung siehe Gleichung (2.2.8).

Beispiel 11: In der Erdkruste liege eine annähernd konstante Zunahme der Temperatur mit der Tiefe vor. Besitzt das Krustengestein gleichmäßig verteilte Wärmequellen,(radioaktive) Wärmeproduktion? Wie groß ist die Wärmestromdichte, wenn die Wärmeleitfähigkeit $k = 21 \cdot 10^3 J/cm \; s \; K$ beträgt?

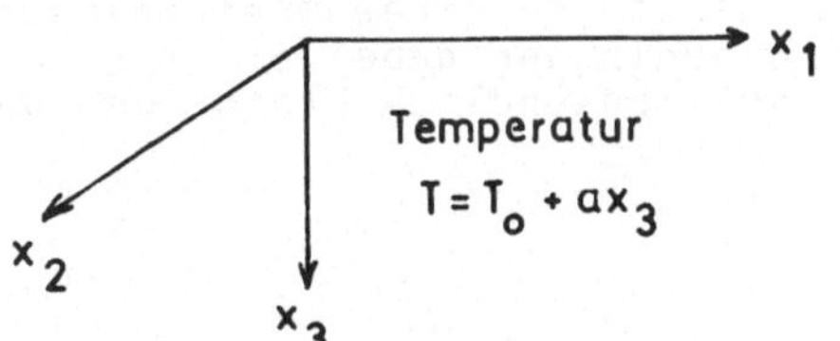

$x_1 x_2$-Ebene: Erdoberfläche

T_0 Temperatur an der Erdoberfläche

a vertikaler Temperaturgradient (1/a = geothermische Tiefenstufe $\approx 30^0$ C/km

Die Wärmestromdichte stellt sich dar als:

$$q_i \;\; = \;\; - k \, \frac{\partial T}{\partial x_i} \;\; = \;\; (0, \; 0, \; -k \cdot a)$$

Er zeigt also senkrecht gegen die Erdoberfläche und sein Wert beträgt $6,3 \cdot 10^{-6} \; J/cm^2 s$. Dies ist etwa der Mittelwert vieler Messungen am Kontinent sowie auch in den Meeren.

Es ist nun die Quellenfreiheit im Bereich der Erdkruste zu überprüfen, d. h. die Divergenz der Wärmestromdichte zu bilden:

$$\frac{\partial q_i}{\partial x_i} \;\; = \;\; (0, \; 0, \; 0)$$

Die Divergenz ist Null. Somit enthält der untersuchte Körper,in dem ein konstanter Temperaturgradient vorliegt, keine Wärmequellen. Tatsächlich sind jedoch z. B. im Granit auch kleine Mengen an Uran, sowie Isotopen des Thoriums und Kaliums enthalten, die durch ihre Radioaktivität Wärme produzieren. Wie auch verschiedene Untersuchungen zeigen, ist also der wirkliche Temperaturgradient nicht genau konstant.

2.5 DIE DIRAC-FUNKTION, RECHENHILFSMITTEL BEI GRENZÜBERGÄNGEN

Bei der Behandlung geophysikalischer Felder trifft man oft auf Ausdrücke, die unter Umständen unendlich werden. Sie sind mit mathematischen Gefahrenpunkten verbunden, darum wenden die Autoren älterer Arbeiten über Potentialtheorie besondere Sorgfalt zu ihrer Behandlung an. Nun hat aber die Art, wie diese Ausdrücke unendlich werden, große Ähnlichkeit mit der bekannten DIRAC-Funktion. Man kann sogar durch Einführen der DIRAC-Funktion unter Beachtung ihrer besonderen Eigenschaft den Rechenaufwand bei gewissen Aufgaben wesentlich verkürzen. In modernen Lehrbüchern findet man zunehmend ihren Gebrauch als rechnerisches Hilfsmittel, so daß auch diese Vorlesung sich diesem Gebrauch anschließt. Die DIRAC-Funktion ist laut Definition

$$\delta(x) \;=\; \begin{cases} \infty & \text{für } x = 0 \\[4pt] 0 & \text{für alle übrigen } x \end{cases} \qquad\qquad (2.5.1)$$

und stellt eine extreme Singularität, gleich einem kurzen Impuls unendlicher Amplitude für $x = 0$, dar. Man nennt sie daher manchmal auch *Nadelimpuls*. Es wird aber noch eine Nebenbedingung dabei erfüllt, nämlich, daß das Integral über die DIRAC-Funktion endlich bleibt und definitionsgemäß den Wert 1 hat.

$$\int_{-\infty}^{+\infty} \delta(x)\,dx \;=\; 1 \qquad\qquad (2.5.2)$$

Die FOURIER-Transformierte hat den Wert $F_\delta(k) = \dfrac{1}{2\pi}$.

Man findet entsprechende Formeln für den 2- und 3-dimensionalen Fall. Nachfolgende Ausdrücke, die $r = |\xi_i - x_i|$ enthalten, haben Eigenschaften der DIRAC-Funktion:

$$\frac{\partial^2}{\partial x_i^2}\,\frac{1}{r} \qquad\qquad = \text{LAPLACE-Operator angewendet auf } \frac{1}{r} \qquad (2.5.3)$$

$$\frac{\partial}{\partial x_3}\,\frac{1}{r} \qquad\qquad = \text{Vertikalkomponente des Feldes } \frac{1}{r} \qquad (2.5.4)$$
$$\text{für } \xi_3 - x_3 = 0 \qquad\qquad \text{auf der durch die Quelle gehen-}$$
$$\text{de Ebene } \xi_3 - x_3 = 0$$

Sie verschwinden überall im Definitionsbereich (bei (2.5.3) der gesamte Raum $r \neq 0$, bei (2.5.4) die Ebene mit $\xi_3 - x_3 = 0$) und werden bei $r = 0$ unendlich. Wir betrachten zunächst (2.5.3); es handelt sich um die Divergenz des Feldes $\partial/\partial x_i(1/r)$, also des einfachen Poles. Das Potential $U = 1/r$ erfüllt überall die Bedingung der Quellenfreiheit $E=0$ bis auf den Punkt $r = 0$, weil hier die Quelle sitzt. Wir umgeben den Nullpunkt $x_i = 0$ mit einer Kugel des Radius $R = |x_i|$ und berechnen den Gesamtfluß des Feldes $\partial/\partial x_i(1/r)$ durch die Oberfläche dieser Kugel. Der Pol befindet sich am Punkt Q (siehe Abb. 2.5.1).

Ausgeschrieben lauten die Ausdrücke: $\xi_i = (0,\,0,\,\rho)$,
$x_i = (R\cos\psi\,\sin\theta,\; R\sin\psi\,\sin\theta,\; R\cos\theta)$, $dF_i = x_i R\,\sin\theta\;d\theta\;d\psi$

$$(\xi_i - x_i)\,dF_i = \xi_i dF_i - x_i dF_i = (\rho R\cos\theta - R^2)\,R\,\sin\theta\;d\theta\;d\psi$$

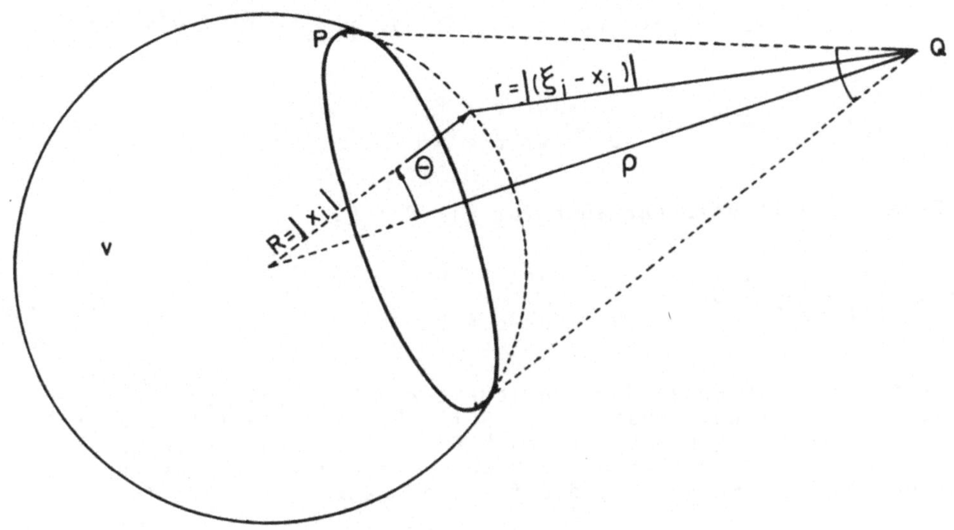

Abb. 2.5.1 zur Ableitung Seite 20ff.

$$\iint \frac{\partial}{\partial x_i} \frac{1}{r} \, dF_i = R \int_0^{2\pi} \int_0^{\pi} \frac{(R \, \rho \, \cos\theta - R^2) \sin\theta \, d\theta \, d\psi}{\sqrt{R^2 + \rho^2 - 2R \, \rho \, \cos\theta}^3}$$

$$= 2\pi \int_0^{\pi} \frac{(\frac{\rho}{R} \cos\theta - 1) \sin\theta \, d\theta}{\sqrt{1 + \frac{\rho^2}{R^2} - 2 \frac{\rho}{R} \cos\theta}^3}$$

$$\tilde{x} = \cos\theta \qquad d\theta = - \frac{d\tilde{x}}{\sin\theta}$$

$$\iint \frac{\partial}{\partial x_i} \frac{1}{r} \, dF_i = - 2\pi \left. \frac{\frac{\rho}{R} - \tilde{x}}{\sqrt{1 + \frac{\rho^2}{R^2} - 2 \frac{\rho}{R} \tilde{x}}} \right|_{\tilde{x}=+1}^{\tilde{x}=-1}$$

$$= - 2\pi \left(\frac{\frac{\rho}{R} + 1}{|\frac{\rho}{R} + 1|} - \frac{\frac{\rho}{R} - 1}{|\frac{\rho}{R} - 1|} \right)$$

$$= - 2\pi (1 \pm 1)$$

$$\iint \frac{\partial}{\partial x_i} \frac{1}{r} \, dF_i = \begin{cases} - 4\pi & \text{für } \frac{\rho}{R} < 1 \\[2mm] 0 & \text{für } \frac{\rho}{R} > 1 \end{cases} \tag{2.5.5}$$

Durch Anwendung des GAUSSschen Satzes folgt aber

$$- \frac{1}{4\pi} \iiint \frac{\partial^2}{\partial x_i^2} \frac{1}{r} \, dv \; = \; \begin{array}{ll} 1 & \text{für } \rho < R \\ 0 & \text{für } \rho > R \end{array} \qquad\qquad (2.5.6)$$

Das Ergebnis gilt offenbar auch für lim $R \to 0$, d. h.

$$- \frac{1}{4\pi} \iiint \frac{\partial^2}{\partial x_i^2} \frac{1}{r} \, dv \; = \; \begin{array}{ll} 1 & \text{für } \rho = 0 \\ 0 & \text{für } \rho \neq 0 \end{array} \qquad\qquad (2.5.7)$$

Nur dann, wenn die Kugel den Quellpunkt $r = 0$ umschließt, gibt das Integral einen Beitrag, sonst ist es Null. Diese Schlußfolgerung gilt nicht nur für die Kugel,sondern auch für beliebig geformte geschlossene Flächen. Gleichung (2.5.6) kann auch durch die 3-dimensionale DIRAC-Funktion geschrieben werden, die folgendermaßen definiert ist:

$$\delta(\xi_1 - x_1, \xi_2 - x_2, \xi_3 - x_3) \; = \; \begin{array}{ll} \infty & \text{für } r = 0 \\ 0 & \text{für } r \neq 0 \end{array} \qquad\qquad (2.5.8)$$

$$\iiint \delta \, dx_1 \, dx_2 \, dx_3 \; = \; \begin{array}{ll} 1 & \text{wenn } r = 0 \text{ in B liegt} \\ 0 & \text{wenn } r = 0 \text{ außerhalb} \\ & \quad \text{von B liegt} \end{array} \qquad (2.5.9)$$

Dann gilt auch

$$\frac{\partial^2}{\partial x_i^2} \frac{1}{r} \; = \; - 4\pi\delta(\xi_1 - x_1, \xi_2 - x_2, \xi_3 - x_3) \quad . \qquad\qquad (2.5.10)$$

Der Ausdruck (2.5.4) läßt sich in Zylinderkoordinaten $\xi_1 - x_1 = \rho\cos\psi$, $\xi_2 - x_2 = \rho\sin\psi$ auch schreiben:

$$\text{für} \quad \xi_3 - x_3 \to 0 \qquad \frac{\partial}{\partial x_3} \frac{1}{r} = \frac{\xi_3 - x_3}{\sqrt{\rho^2 + (\xi_3 - x_3)^2}^{\,3}} \; = \; \begin{array}{ll} 0 & \text{für } r \neq 0 \\ \infty & \text{für } r = 0 \end{array}$$

Man kann zeigen, daß das Integral, erstreckt über die gesamte Fläche 1,2,bestimmt werden kann, was nun geschehen soll:

$$J = \int_{-\infty}^{+\infty} \int_{-\infty}^{+\infty} \frac{(\xi_3 - x_3)\,dx_1 dx_2}{\sqrt{(\xi_1 - x_1)^2 + (\xi_2 - x_2)^2 + (\xi_3 - x_3)^2}^{\,3}} \; = \; \int_{0}^{2\pi} \int_{0}^{\infty} \frac{(\xi_3 - x_3)\rho \, d\rho \, d\psi}{\sqrt{\rho^2 + (\xi_3 - x_3)^2}^{\,3}}$$

$$J = 2\pi(\xi_3 - x_3) \int_{0}^{\infty} \frac{\rho \, d\rho}{\sqrt{\rho^2 + (\xi_3 - x_3)^2}^{\,3}}$$

$$J = - 2\pi(\xi_3 - x_3) \left| \frac{1}{\sqrt{\rho^2 + (\xi_3 - x_3)^2}} \right|_{0}^{\infty} \; = \; 2\pi \frac{\xi_3 - x_3}{|\xi_3 - x_3|}$$

23

$$\int\limits_{-\infty}^{+\infty} \int\limits_{-\infty}^{+\infty} \frac{\partial}{\partial x_3} \frac{1}{r} \, dx_1 dx_2 = \begin{cases} + 2\pi & \text{für } x_3 < \xi_3 \\ - 2\pi & \text{für } x_3 > \xi_3 \end{cases} \tag{2.5.11}$$

(Das Integral ist unabhängig von $\xi_3 - x_3$, es gilt demnach auch für $\xi_3 - x_3 \to 0$.)

Der Wert von (2.5.2) läßt sich aber mittels der zweidimensionalen DIRAC-Funktion schreiben:

$$\delta(\xi_1-x_1, \xi_2-x_2) = \begin{cases} \infty & \text{für } \rho = \sqrt{(\xi_1-x_1)^2 + (\xi_2-x_2)^2} = 0 \\ 0 & \text{für } \rho = \sqrt{(\xi_1-x_1)^2 + (\xi_2-x_2)^2} \neq 0 \end{cases} \tag{2.5.12}$$

$$\delta(\xi_1-x_1, \xi_2-x_2) \, dx_1 dx_2 = 1 \tag{2.5.13}$$

$$\lim \frac{\xi_3-x_3}{r^3} = \begin{cases} + 2\pi \delta(\xi_1-x_1, \xi_2-x_2) & \text{für } \xi_3-x_3 \to + 0 \\ - 2\pi \delta(\xi_1-x_1, \xi_2-x_2) & \text{für } \xi_3-x_3 \to - 0 \end{cases} \tag{2.5.14}$$

Auf die wichtigen Formeln

$$f(\xi_1,\xi_2,\xi_3) = \iiint\limits_{-\infty}^{+\infty} f(x_1,x_2,x_3) \delta(\xi_1-x_1, \xi_2-x_2, \xi_3-x_3) \, dx_1 dx_2 dx_3 \tag{2.5.15}$$

$$g(\xi_1,\xi_2) = \int\limits_{-\infty}^{+\infty} \int\limits_{-\infty}^{+\infty} g(x_1,x_2) \delta(\xi_1-x_1, \xi_2-x_2) \, dx_1 dx_2 \tag{2.5.16}$$

sei besonders hingewiesen (Faltungssatz).

2.6 DIE LAPLACEsche und POISSONsche DIFFERENTIALGLEICHUNG

Man bildet die LAPLACE-Operation von Gleichung (2.2.3)

$$\frac{\partial^2 U}{\partial x_i^2} = f \iiint \sigma(\xi_1,\xi_2,\xi_3) \frac{\partial^2}{\partial x_i^2} \frac{1}{r} \, dv$$

$$= - 4\pi f \iiint \sigma(\xi_1,\xi_2,\xi_3) \delta(\xi_1-x_1, \xi_2-x_2, \xi_3-x_3) \, dv$$

wegen $\delta(\xi_i - x_i) = \delta(-(\xi_i - x_i)) = \delta(x_i - \xi_i)$.

$$\frac{\partial^2 U}{\partial x_i^2} = - 4\pi f \sigma \qquad \begin{cases} \sigma \neq 0 : \text{POISSONsche Gleichung} \\ \sigma = 0 : \text{LAPLACEsche Gleichung} \end{cases} \tag{2.6.1}$$

Felder, die der LAPLACEschen Gleichung genügen,sind wirbel- und quellenfrei; zu ihnen gehören das Gravitationsfeld und das permanente Magnetfeld der Erde im Außenraum.

Die POISSONsche Gleichung beschreibt wirbelfreie Felder mit räumlich verteilten Quellen (z. B. Gravitationsfeld im Inneren von Massen).

Lösung der LAPLACEschen Gleichung in karthesischen Koordinaten.

Bei der LAPLACEschen Gleichung führt der Produktsatz

$$U(x_1, x_2, x_3) = P(x_1) \cdot Q(x_2) \cdot R(x_3) \tag{2.6.2}$$

zum Ziel. Wenn man Gleichung (2.6.2) in Gleichung (2.6.1) einsetzt und durch U dividiert, folgt

$$\frac{1}{P} P'' + \frac{1}{Q} Q'' + \frac{1}{R} R'' = 0 \qquad . \tag{2.6.3}$$

Die hierin auftretenden Terme enthalten jeweils nur eine der drei Variablen und müssen daher für sich Konstante ergeben. Wir nennen diese Konstanten $k_1{}^2$, $k_2{}^2$ und $k_3{}^2$ und erhalten die Lösungen

$$P = P_0 e^{ik_1 x_1} \qquad\qquad Q = Q_0 e^{ik_2 x_2} \qquad\qquad R = R_0 e^{ik_3 x_3} \quad .$$

Die k_i haben die Bedeutung von Wellenzahlen; k_3 hängt von k_1 und k_2 ab.

$$k_3 = \pm\, i\sqrt{k_1{}^2 + k_2{}^2} \qquad .$$

P_0 kann von k_1, Q_0 und k_2 und R_0 von k_1 und k_2 abhängen. Daher ist auch

$$U(x_1, x_2, x_3) = G(k_1, k_2) e^{i(k_1 x_1 + k_2 x_2) \mp k_3 x_3} \tag{2.6.4}$$

eine Lösung der LAPLACEschen Gleichung. Diese Lösung ergibt in Ebenen x_3 = const einen sinusförmigen Verlauf des Potentials U. Ob das Potential mit x_3 exponentiell zu- oder abnimmt, hängt von dem frei wählbaren Vorzeichen von $k_3 x_3$ ab. Wegen der Superponierbarkeit ist auch das zweidimensionale FOURIER-Integral

$$U(x_1, x_2, x_3) = \int\limits_{-\infty}^{+\infty} \int\limits_{-\infty}^{+\infty} F(k_1, k_2) e^{i(k_1 x_1 + k_2 x_2) \mp k_3 x_3} dk_1 dk_2 \tag{2.6.5}$$

eine Lösung der LAPLACEschen Gleichung. Gleichung (2.6.5) läßt einige wichtige Interpretationen zu: $F(k_1, k_2)$ stellt die zweidimensionale Spektraldichteverteilung von $U(x_1, x_2, 0)$ auf der Ebene $x_3 = 0$ dar, d. h.

$$F(k_1, k_2) = \frac{1}{4\pi^2} \int\limits_{-\infty}^{+\infty} \int\limits_{-\infty}^{+\infty} U(\xi_1, \xi_2, 0) e^{-i(k_1 \xi_1 + k_2 \xi_2)} d\xi_1 d\xi_2 \quad . \tag{2.6.6}$$

Die Spektraldichte des Potentials in der Tiefe x_3 ist dann

$$F(k_1,k_2) \cdot e^{\mp k_3 x_3} = \frac{1}{4\pi^2} \int\limits_{-\infty}^{+\infty} \int\limits_{-\infty}^{+\infty} U(\xi_1,\xi_2,\xi_3) e^{-i(k_1\xi_1+k_2\xi_2)} d\xi_1 \, d\xi_2 \cdot (2.6.7)$$

Die Gleichungen (2.6.5) bis (2.6.7) zeigen, daß man das Potential $U(x_1,x_2,0)$ nur auf der Ebene $x_3 = 0$ zu kennen braucht, um mittels Gleichung (2.6.6) und (2.6.7) das Feld in jedem übrigen Punkt des quellenfreien Raumes zu bestimmen. Auf diese wichtige Anwendung der Feldtransformationen soll in Kapitel 3.3.1 genauer eingegangen werden.

Beispiel 12: Die in Beispiel 6 durch Integration und anschließende Differentiation berechnete Schwerebeschleunigung der homogenen Kugel läßt sich mit dem GAUSSschen Satz viel einfacher bestimmen.

a) Lösung im Außenraum:

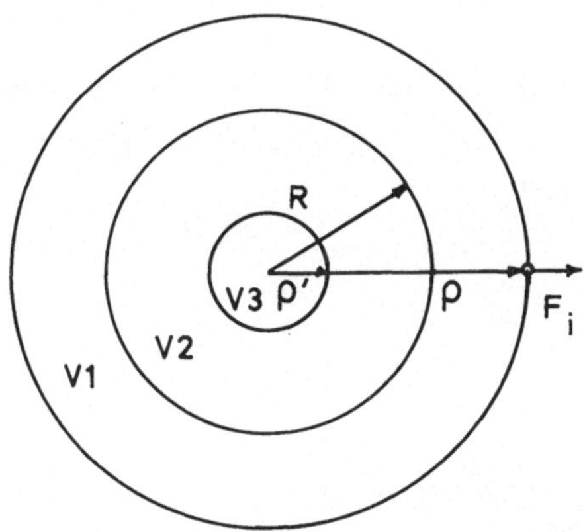

Man legt um die Kugel mit dem Radius R eine konzentrische Kugelschale F_i mit dem Radius ρ; F_i stellt die Begrenzungsfläche des Volumens $V = V_1 + V_2 = 4\pi\rho^3/3$ dar.

Im GAUSSschen Satz

$$\iiint\limits_{V} \frac{\partial^2 U}{\partial x_i} \, dV = \oiint\limits_{F_i} \frac{\partial U}{\partial x_i} \, dF_i = + \frac{\partial U}{\partial \rho} 4\pi\rho^2$$

kann man das Volumsintegral in das über den massenfreien Außenraum V_1 und in das über den massenerfüllten Innenraum V_2 der schweren Kugel zerlegen. Es gilt für V_1 und V_2:

$$V_1 \quad : \quad \frac{\partial^2 U}{\partial x_i} = 0 \qquad\qquad \text{LAPLACEsche Gleichung}$$

$$V_2 \quad : \quad \frac{\partial^2 U}{\partial x_i} = -4\pi f\sigma \qquad\qquad \text{POISSONsche Gleichung}$$

Also:

$$- 4\pi f\sigma \cdot \frac{4\pi R^3}{3} = + \frac{\partial U}{\partial \rho} 4\pi \rho^2$$

$$\frac{\partial U}{\partial \rho} = - \frac{4\pi R^3 \sigma}{3} \frac{1}{\rho^2} = - \frac{fM}{\rho^2} \qquad\qquad \text{q.e.d.}$$

b) Lösung im Innenraum: $\rho' < R$

Hier wird von V_2 das Teilvolumen $4\pi\rho'^3/3 = V_3$ abgeteilt. Also gibt der GAUSSsche Satz

$$- 4\pi f\sigma \frac{4\pi \rho'^3}{3} = \frac{\partial U}{\partial \rho} 4\pi \rho'^2$$

$$\frac{\partial U}{\partial \rho} = - \frac{4\pi f\sigma}{3} \rho' \qquad\qquad \text{q.e.d.}$$

Nach dieser Methode läßt sich auch in sehr einfacher Weise die Schwereverteilung im Erdinneren berechnen, wenn die Dichte nur von ρ abhängt.

Beispiel 13: Die Erdkruste sei angenähert durch eine Kugelschale mit der Dichteverteilung $\sigma = k + l\rho$

i	ρ_i	σ_i
	10^8 cm	g/cm^3
1	6,371	2,65
2	6,338	3,32

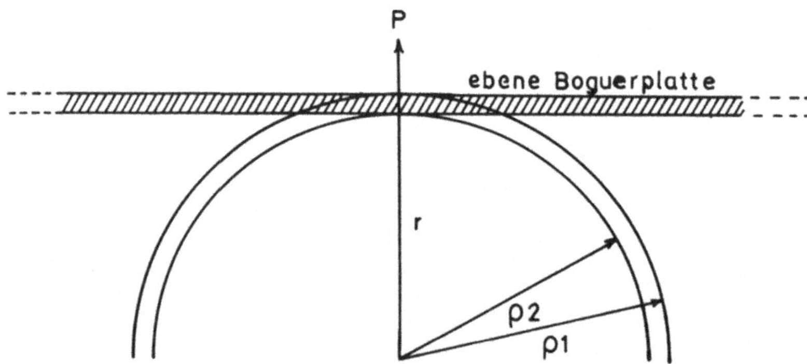

a) Wie groß ist der Beitrag des Gravitationsfeldes der Erdkruste zur Gesamtschwere g = 981 Gal für $r \geq \rho_1$ in Prozent?

b) Man vergleiche das Gravitationsfeld der Erdkruste mit dem einer BOUGUER-Platte der mittleren Dichte $\bar{\sigma} = (\sigma_1 + \sigma_2)/2$.

c) Wie hoch muß das Auflösungsvermögen einer Meßanordnung ΔE mindestens sein, um die Unstetigkeit des Vertikalgradienten $dg/dz = - d^2U/d\rho^2$ an der Erdoberfläche $r = 6{,}371 \ 10^8$ cm zu erfassen (ΔE in Eötvös-Einheiten, $1 \ E = 10^{-9} \ s^{-2} = 0{,}1$ mGal/km)?

Anleitung: Man geht wie in Aufgabe 12 vor, um die Gravitation zu berechnen.

Für den Außenraum gilt dann:

$$\iiint \frac{\partial^2 U}{\partial x_i^2}\, dV = -4\pi f \int_0^{2\pi}\int_0^{\pi} \int_{\rho_2}^{\rho_1} (k + l\rho)\rho^2\, d\rho\ \sin\theta\ d\theta\ d\psi$$

$$= 4\pi r^2 \frac{dU}{dr} = -4\pi f M$$

also

$$(I)\quad \frac{dU}{d\rho} = -\frac{4\pi f}{3r^2}\left(k(\rho_1^3 - \rho_2^3) + \frac{3}{4}\, l\, (\rho_1^4 - \rho_2^4)\right) \qquad \text{für}\quad \rho \geqq \rho_1 .$$

Und für den Innenraum:

$$(II)\quad \frac{dU}{d\rho} = -\frac{4\pi f}{3r^2}\left(k(r^3 - \rho_2^3) + \frac{3}{4}\, l\, (r^4 - \rho_2^4)\right) \qquad \text{für}\quad \rho \leqq \rho_1$$

$f = 6{,}67\cdot10^{-8}\,\text{cm}\ \text{g}^{-1}\ \text{s}^{-2}$; k und l lassen sich aus

$$l = \frac{\sigma_2 - \sigma_1}{\rho_2 - \rho_1} = 20{,}3030\cdot10^{-8} \qquad k = \frac{\sigma_1\rho_2 - \sigma_2\rho_1}{\rho_2 - \rho_1} = 132{,}0006$$

berechnen.

Zu a) Es folgt also:

$$\frac{dU}{d\rho}_{(\rho=\rho_1)} = -\frac{4\pi f\rho_1}{3}\left(k(1 - (\rho_2/\rho_1)^3) + \frac{3}{4}\, l\rho_1\, (1 - (\rho_2/\rho_1)^4)\right)$$

$$= -8227{,}188\ \text{mGal}$$

das sind 0,84% der Gesamtschwere.

Zu b)

$$\delta g_{\text{Bouguerpl.}} = -2\pi f\ \overline{\sigma}\ (\rho_1 - \rho_2) = -4128{,}23\ \text{mGal}$$

das sind nur 0,42% der Gesamtschwere.

Die Wirkung einer Kugelschale mit linearer Abhängigkeit der Dichte von r auf das Schwerefeld für $r = \rho_1$ ist etwa doppelt so groß wie die der ebenen BOUGUER-Platte gleicher Dicke und gleicher mittlerer Dichte.

Wenn man bei der Reduktion von Schweremessungen eine sphärische, anstelle einer ebenen BOUGUER-Platte verwenden muß, kann man stark abweichende Werte erhalten, da große, aber sehr entfernt liegende Massen viel stärker ins Gewicht fallen. Wichtig sind solche Überlegungen bei Messungen im Hochgebirge.

Zu c) Man differenziert die Gleichungen (I) und (II) nach r und multipliziert mit -1 :

$$(III) \quad \frac{dg}{dz}\bigg|_{\rho \leq \rho_1} = - \frac{8\pi f}{3} \left(k\left(\frac{\rho_1{}^3}{\rho^3} - \frac{\rho_2{}^3}{\rho^3} \right) + \frac{3}{4} l\left(\frac{\rho_1{}^4}{\rho^3} - \frac{\rho_2{}^4}{\rho^3} \right) \right)$$

$$\frac{dg}{dz}\bigg|_{\rho \leq \rho_1} = - \frac{8\pi f}{3} \left(k\left(- \frac{1}{2} - \frac{\rho_2{}^3}{\rho^3} \right) + \frac{3}{4} l\left(- \rho - \frac{\rho_2{}^4}{\rho^3} \right) \right)$$

$$\lim \left(\frac{dg}{dz}\bigg|_{\rho \leq \rho_1} - \frac{dg}{dz}\bigg|_{\rho \leq \rho_1} \right) = - \frac{8\pi f}{3} \left(\left(1 + \frac{1}{2} \right) k + \frac{3}{4} l(\rho_1 + \rho_1) \right)$$

$$= \Delta \left(\frac{dg}{dz} \right)_0 = - \frac{8\pi f}{3} \left(\frac{3k}{2} + \frac{3}{2} l\rho_1 \right)$$

$$= - 4\pi f(k + l\rho_1) = - 4\pi f\sigma_1$$

$\Delta(dg/dz)_0$ beträgt 2240 E $\simeq$ 224 μGal/m, ist also mit Gravimetern durch Differenzmessung auflösbar. Auf eine Tiefe von H = $\rho_1 - \rho$ << ρ_1 bringt das einen Beitrag von

$$\delta g = 4f\pi H\sigma = 2\delta g_{p_1}$$

zur Schwereänderung. Das ist genau der doppelte Wert der ebenen BOUGUER-Plattenreduktion δg_{p_1}. Wenn man also anstatt δg_{p_1} die Änderung δg verwendet, erhält man die Schwere im Reduktionsniveau, wobei allerdings die Geländereduktion unberücksichtigt bleibt (Grundlage der PREYschen Reduktion).

2.7 DAS INTEGRAL DER SCHWERESTÖRUNG UND DER SCHWERPUNKTSSATZ

Das Integral der Schwerestörung auf der ebenen Bezugsfläche $x_3 = 0$ erhält man durch Integration von Gleichung (2.2.3) nach x_1 und x_2 und Differentiation nach x_3

$$\delta I = f \int_{-\infty}^{+\infty} \int_{-\infty}^{+\infty} \left(\iiint_V \sigma(\xi_1, \xi_2, \xi_3) \frac{\partial}{\partial x_3} \frac{1}{r} \, d\xi_1 \, d\xi_2 \, d\xi_3 \right) dx_1 \, dx_2 \; .$$

Daraus folgt wegen Gleichung (2.2.11) :

$$\delta I = \pm 2\pi f \iiint_V \sigma(\xi_1, \xi_2, \xi_3) d\xi_1 \, d\xi_2 \, d\xi_3$$

$$\delta I = \pm 2\pi fM \quad \begin{array}{l} \text{für } \xi_3 > 0 \quad \text{Massen oberhalb d. Bezugsebene} \\[4pt] \text{für } \xi_3 < 0 \quad \text{Massen unterhalb d. Bezugsebene} \end{array} \qquad (2.7.1)$$

> Das Integral der Schwerestörung ist
> gleich der Gesamtmasse der Störungs-
> körper multipliziert mit $2\pi f$.

Diese Aussage hat eine gewisse Bedeutung für die Praxis. Da der interessierende Störkörper im Nebengestein abweichender Dichte eingelagert ist,bedeutet M den *Massenüberschuß* bzw. das *Massendefizit* gegen die Umgebung. Man rechnet in der Geophysik die ξ_3-Richtung im allgemeinen senkrecht nach unten. $\xi_3 \to 0$ bedeutet daher, daß die Massen unterhalb der Meßebene liegen. Das Massenintegral ist dann positiv. Negativ wird es, wenn die Massen oberhalb der Meßebene liegen.

Daran wird erkennbar, daß man durch Anwendung von Gleichung (2.5.11) die korrekte Berücksichtigung des Vorzeichens von Gleichung (2.7.1) erhält.

Es seien

$$\begin{matrix} \eta_1 \\ \\ \eta_2 \end{matrix} = \frac{1}{M} \iiint \begin{matrix} \xi_1 \\ \\ \xi_2 \end{matrix} \sigma(\xi_1,\xi_2,\xi_3)d\xi_1 \ d\xi_2 \ d\xi_3 \qquad (2.7.2)$$

die horizontalen Schwerpunktskoordinaten der Dichteverteilung und

$$\begin{matrix} \tilde{x}_1 \\ \\ \tilde{x}_2 \end{matrix} = \frac{f}{\pm 2\pi fM} \int\limits_{-\infty}^{+\infty} \int\limits_{-\infty}^{+\infty} \begin{matrix} x_1 \\ \\ x_2 \end{matrix} \iiint\limits_{\xi_i} \sigma(\xi_1,\xi_2,\xi_3) \ \frac{\partial}{\partial x_3} \frac{1}{r} \ d\xi_1 d\xi_2 d\xi_3 \cdot dx_1 dx_2 \qquad (2.7.3)$$

die horizontalen Schwerpunktskoordinaten des δg_3-Feldes.

Es folgt, da nur Integrale der Gestalt

$$\int\limits_{-\infty}^{+\infty} \frac{u+b}{\sqrt{u^2+a^2}^3} \ du = b \int\limits_{-\infty}^{+\infty} \frac{du}{\sqrt{u^2+a^2}^3} \qquad (2.7.4)$$

vorkommen

$$\begin{matrix} \tilde{x}_1 \\ \\ \tilde{x}_2 \end{matrix} = \frac{1}{M} \iiint\limits_{\xi_i} \begin{matrix} \xi_1 \\ \\ \xi_2 \end{matrix} \sigma(\xi_1,\xi_2,\xi_3)d\xi_1 \ d\xi_2 \ d\xi_3 \ = \ \begin{matrix} \eta_1 \\ \\ \eta_2 \end{matrix} \ . \qquad (2.7.5)$$

Das heißt $\tilde{x}_1 = \eta_1$ und $\tilde{x}_2 = \eta_2$. Dieses ist die Aussage des Schwerpunkt-Satzes für Schwerefelder:

> Der Schwerpunkt des $\delta g_3(x_1, x_2)$-Feldes liegt über dem Schwerpunkt der Störungsmasse.

2.8 STETIGKEIT DER FELDGRÖSSEN IM QUELLENERFÜLLTEN UND QUELLENFREIEN RAUM

Im Kapitel 2.2 wurde für die homogene schwere Kugel und die Kugelschale die Stetigkeit des Potentials beim Übergang vom massenfreien zum massenerfüllten Raum nachgewiesen. Es sind nunmehr die Voraussetzungen gegeben, die dort gezogenen Schlüsse zu verallgemeinern.

Grenzflächen, an denen die Dichte σ sich sprunghaft ändert[1].

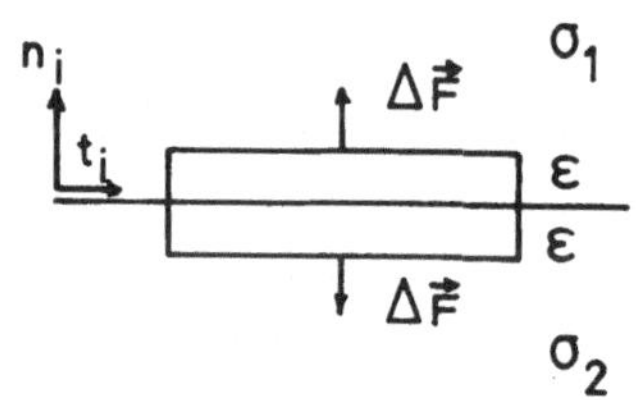

Abb. 2.8.1

Man betrachtet einen Zylinder mit der Höhe 2ε und der Fläche ΔF, der sich entsprechend der nebenstehenden Abbildung je zur Hälfte im Medium mit der Dichte σ_1 und dem mit der Dichte σ_2 befindet. Die beiden Medien sind durch eine Grenzfläche mit der Normalen n_i voneinander getrennt. Man wendet auf den Vektor der Gravitationsbeschleunigung $g_i = \partial U_{1,2}/\partial x_i$ im Zylinder den GAUSSschen Satz an.

$$\iiint \frac{\partial^2 U}{\partial x_i{}^2}\, dv = \iint \frac{\partial U}{\partial x_i}\, dF_i$$

Wenn man 2ε genügend klein wählt, ist der Beitrag des Zylindermantels vernachlässigbar und man kann schreiben:

$$\iiint \frac{\partial^2 U}{\partial x_i{}^2}\, dv = \iint \frac{\partial U_1}{\partial n}\, dF - \iint \frac{\partial U_2}{\partial n}\, dF \qquad dF = |dF_i| \qquad n = |n_i|$$

Das links stehende Integral kann man umformen

$$- 4\pi f(\sigma_1 + \sigma_2)\iint \varepsilon\, dF = \iint \left(\frac{\partial U_1}{\partial n} - \frac{\partial U_2}{\partial n} \right) dF \quad ,$$

für $\varepsilon \to 0$ verschwindet die linke Seite und es folgt an der Grenzfläche:

$$\frac{\partial U_1}{\partial n} = \frac{\partial U_2}{\partial n} \tag{2.8.1}$$

Gemäß der nachstehenden Skizze wird das geschlossene Wegintegral, das wegen der Wirbelfreiheit des Feldes verschwinden muß, auf dem Weg C_i bestimmt:

$$\int g_i\, ds_i = 0 \quad .$$

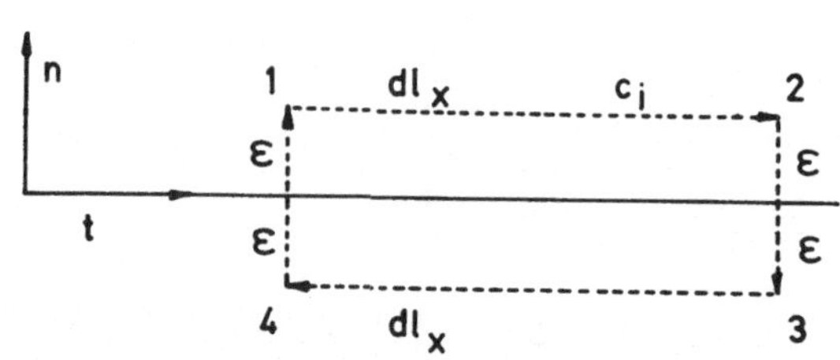

Die Beiträge der Wegstücke 2 3 und 4 1 verschwinden für $\varepsilon \to 0$ und es bleibt:

$$\int_1^2 g_{t_1} dl_x - \int_3^4 g_{t_2} dl_x = 0$$

$$g_{t_1} = g_{t_2}$$

$$\frac{\partial U_1}{\partial t} = \frac{\partial U_2}{\partial t} \tag{2.8.2}$$

Die Normalkomponente $\partial U/\partial n$ und die Tangentialkomponente $\partial U/\partial t$ verlaufen

---

[1] Die hier gezogenen Schlüsse gelten für glatte Grenzflächen, d.h. Ecken und Kanten sind ausgeschlossen. Über diese wird in Kapitel 2.10.4 gesprochen werden.

an einer Grenzfläche stetig. Demnach verläuft der Vektor der Gravitationsbeschleunigung stetig. Aus Gründen der Differenzierbarkeit muß daher auch das Potential stetig verlaufen. Hieraus folgt:

> Das Potential verhält sich beim Übergang durch eine Grenzfläche mit sprunghafter Änderung der Dichte samt Ableitung stetig.

Darum können die Äquipotentialflächen nirgends Kanten oder Ecken haben, sofern die Dichte σ räumlich verteilt ist.

Wir betrachten nun wieder den Zylinder in Abb. 2.8.1, für den gilt:

$$E = \iiint \frac{\partial^2 U}{\partial x_i^2} \, dv \quad .$$

$\partial U / \partial x_i$ zerlegen wir in die Komponenten senkrecht (g_n) und parallel der Grenzfläche (g_{t_1}, g_{t_2}):

$$\frac{\partial U}{\partial x_i} = (g_n, \; g_{t_1}, \; g_{t_2}) \quad .$$

Unter Verwendung der abgekürzten Schreibweise

$$\frac{\partial g_n}{\partial n} = U_{nn} \; ; \qquad \frac{\partial g_{t_1}}{\partial t_1} = U_{t_1 t_1} ; \qquad \frac{\partial g_{t_2}}{\partial t_2} = U_{t_2 t_2}$$

betrachten wir die Beiträge E_1 im Medium 1 und E_2 im Medium 2 zur Ergiebigkeit

$$E_1 = \int (U_{nn}^{(1)} + U_{t_1 t_1}^{(1)} + U_{t_2 t_2}^{(1)}) dv_1 = - \int 4\pi f \sigma_1 dv_1$$

$$E_2 = \int (U_{nn}^{(2)} + U_{t_1 t_1}^{(2)} + U_{t_2 t_2}^{(2)}) dv_2 = - \int 4\pi f \sigma_2 dv_2 \quad .$$

Aus der allgemeinen Gültigkeit der Gleichungen (2.8.1) und (2.8.2) folgt aber, daß diese nicht für einen Punkt, sondern auch für alle Punkte der Grenzfläche stimmen müssen. Das kann aber nur dann zutreffen, wenn alle Ableitungen des Feldes nach den Tangentialkoordinaten t_1 und t_2 stetig sind.

Der Gradiententensor

$$U_{ij} = \begin{pmatrix} U_{nn} & U_{t_1 n} & U_{t_2 n} \\ U_{t_1 n} & U_{t_1 t_1} & U_{t_1 t_2} \\ U_{t_2 n} & U_{t_1 t_2} & U_{t_2 t_2} \end{pmatrix}$$

muß daher bis auf die Komponente U_{nn} an der Grenzfläche stetig sein. Wenn man $E_1 - E_2$ bildet, folgt mit $dv_1 = dv_2$:

$$U_{nn}^{(1)} - U_{nn}^{(2)} = - 4\pi f (\sigma_1 - \sigma_2) \tag{2.8.3}$$

> Beim Durchgang durch eine Grenzfläche
> verhalten sich die Komponenten des Gra-
> dententensors U_{ij} bis auf die Normal-
> komponente U_{nn} stetig. Diese erleidet
> einen Sprung von $4\pi f(\sigma_2 - \sigma_1)$.

*Stetigkeitsverhalten der Feldgrößen beim Durchqueren einer Fläche mit
der Massenbelegung μ.*

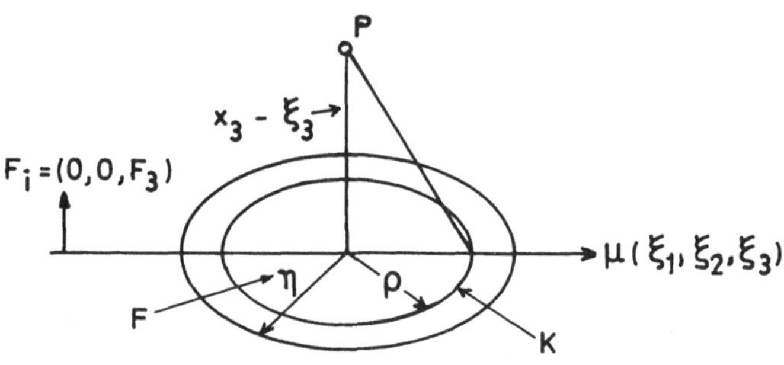

<u>Abb. 2.8.2</u>

Man betrachtet gemäß Abb. 2.8.2 eine Fläche F_i mit der Flächenbelegung
$\mu(\xi_1,\xi_2)$. Es soll sich μ auf F_i so langsam mit dem Ort ändern, daß man
innerhalb einer kleinen Kreisscheibe K mit dem Radius ρ anstelle
$\mu(\xi_1,\xi_2)$ den Wert am Fußpunkt F $\bar{\mu}$ auf der Kreisfläche verwenden darf.
Weiterhin soll die Fläche selbst keine Kanten oder Spitzen haben, d.h.
die Normale sei überall definiert. Dann ist man berechtigt, die Wirkung
am Punkt P auf die Kreisscheibe K und den Bereich außerhalb von K aufzuteilen. Da letztere beim Durchgang durch die Fläche stetig bleibt,
also irrelevant für die Frage der Stetigkeit ist, lassen wir sie weg
und betrachten nur die Wirkung der Kreisscheibe. Mit den in Abb. 2.8.2
benutzten Symbolen bekommt man entsprechend Gleichung (2.2.2)

$$U = f \iint \frac{\mu(\xi_1,\xi_2)}{r}\, dF \approx f\, \bar{\mu} \int_0^{2\pi}\int_0^{\eta} \frac{\rho\, d\psi\, d\rho}{\sqrt{\rho^2 + (\xi_3 - x_3)^2}}$$

$$U = 2\pi f\bar{\mu}\left(\sqrt{(\xi_3 - x_3)^2 + \eta^2} - |\xi_3 - x_3|\right)\ .$$

U verhält sich beim Durchgang durch die Fläche $\xi_3 - x_3 = 0$ stetig,
nicht aber die Normalkomponente der Ableitung. Diese erleidet einen
Sprung.

$$\left.\frac{\partial U}{\partial x_3}\right|_{\xi_3 - x_3 = +0} - \left.\frac{\partial U}{\partial x_3}\right|_{\xi_3 - x_3 = -0} = -\,4\pi f\bar{\mu} \qquad\qquad (2.8.4)$$

> Das Potential verhält sich beim Durchgang durch eine
> Fläche mit der Massenbelegung μ stetig, die Normal-
> komponente seines Gradienten dagegen erleidet einen
> Sprung um $- 4\pi f\mu$. Dabei bedeutet μ die Flächendichte
> am Durchgangspunkt der Fläche.

*Unstetigkeit des Potentials beim Durchqueren einer Fläche mit der
Dipolbelegung m_i*

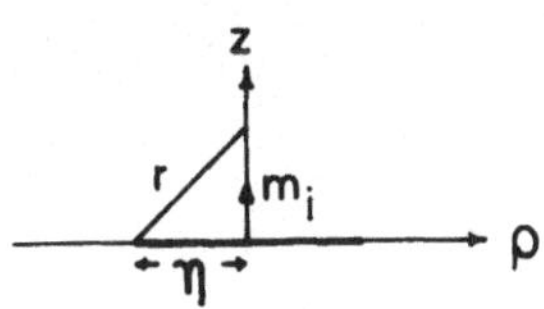

Man betrachtet eine magnetische Doppelschicht $m_i(x_j)$. Da sich m_i überall stetig
verhalten soll, genügt es, eine kleine
Kreisfläche $\rho < \eta$ aus der Fläche auszu-
schneiden und getrennt zu betrachten
($z = \xi_3 - x_3$).

Man erhält nach Gleichung (2.3.6) und für
$|m_i| = m_0 = const$

$$U = - \frac{1}{4\pi} \iint m_3 \frac{\partial}{\partial x_3} \frac{1}{r}\, dF = - \frac{1}{4\pi} \int_0^\eta \int_0^{2\pi} \frac{m_0 z\, \rho}{r^3}\, d\psi\, d\rho$$

$$U = - \frac{1}{2} \int \frac{m_0 z \rho}{\sqrt{\rho^2 + z^2}}\, d\rho = - \frac{m_0}{2} \left(\frac{1}{\sqrt{z^2 + \eta^2}} - \frac{1}{|z|} \right) z$$

$$U = \frac{m_0}{2} \left(\frac{z}{\sqrt{z^2 + \eta^2}} \begin{array}{c} - \\ + \end{array} 1 \right) \qquad \begin{array}{l} \text{für } z > 0 \\ \text{für } z < 0 \end{array} \qquad .$$

Das heißt

$$U_{x_3 - \xi_3 < 0} - U_{x_3 - \xi_3 > 0} = - m_0 \qquad . \tag{2.8.5}$$

> Das Potential des Magnetfeldes erleidet beim
> Durchgang durch eine magnetische Doppelschicht
> einen Sprung um $- m_0$, wobei m_0 die magneti-
> sche Momentdichte am Durchstoßpunkt bedeutet.

2.9 DIE BEDEUTUNG DES RÄUMLICHEN WINKELS UND DER IDEELLEN STÖRENDEN SCHICHT FÜR SCHWEREFELDER

Gegeben sei eine ebene Fläche F mit der Flächendichte $\mu = const$ bei
$\xi_3 = 0$. Die drei Koordinaten des Aufpunktes seien (x_1, x_2, x_3). Dann gilt
entsprechend Abb. 2.9.1

$$\delta g_3 = - f \iint \frac{\mu\, x_3\, d\xi_1\, d\xi_2}{\sqrt{(\xi - x)^2 + (\xi - x)^2 + x_3^2}^{\,3}}$$

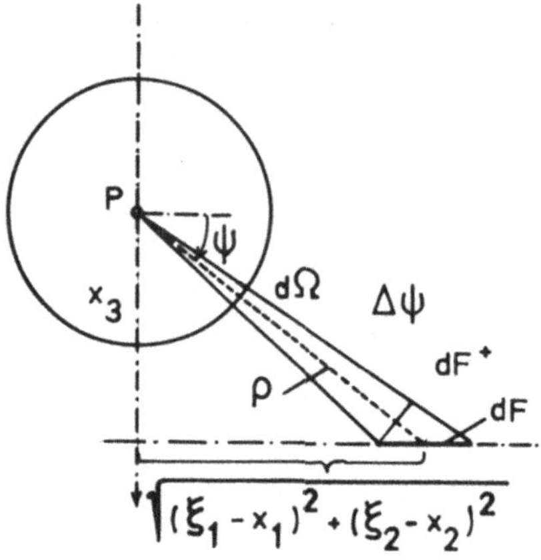

Abb. 2.9.1

$$\delta g_3 = f \iint \frac{\mu \, \sin\psi}{\rho^2} \, dF = f \iint \frac{\mu \, dF^+}{\rho^2}$$

$$\delta g_3 = f \int \mu \, d\Omega \qquad\qquad (2.9.1)$$

$$\frac{-x_3}{\sqrt{(\xi_1-x_1)^2 + (\xi_2-x_2)^2 + x_3^2}} = \frac{-x_3}{\rho^3} = \frac{\sin\psi}{\rho^2} \, , \qquad \Omega = \text{räumlicher Winkel}.$$

Der räumliche Winkel, unter dem die Fläche F vom Aufpunkt aus erscheint, ist die Projektion dieser Fläche auf die Einheitskugel um P.

> Bei einer ebenen horizontalen flächenhaften Massenbelegung μ = const ist die Vertikalkomponente der Gravitation gleich dem mit $f\mu$ multiplizierten räumlichen Winkel.

Daraus ergeben sich einige für die Abschätzungen nützlichen Formel für μ = Flächendichte = const.

Unendlich ausgedehnter Streifen: $\quad \delta g_3 = 2f\mu\Delta\psi \qquad (2.9.2)$

Unendlich ausgedehnte Ebene: $\quad \delta g_3 = 2\pi f\mu \qquad (2.9.3)$

Es soll nun untersucht werden, wie sich die Gravitation der ebenen Massenbelegung verhält, wenn man x_3 und ξ_3 gegen Null gehen läßt. Unter Verwendung von Gleichung (2.5.14) folgt

$$\delta g_3 = \pm \, 2\pi f \iint \mu(\xi_1,\xi_2)\delta(x_1 - \xi_1, \, x_2 - \xi_2) \, d\xi_1 \, d\xi_2$$

und nach dem Faltungssatz

$$\delta g_3 = \pm \, 2\pi f\mu(x_1, \, x_2) \qquad \text{für} \quad \begin{array}{l} x_3 \text{ negativ} \to 0 \\ x_3 \text{ positiv} \to 0 \end{array} \qquad . \qquad (2.9.4)$$

Wenn man das Gravitationsfeld in einer horizontalen Ebene kennt, so
kann man die Störungsmasse durch eine Flächenbelegung $\mu(x_1,x_2)$ ersetzen, die in der Meßebene liegt.

Gleichung (2.9.4) besagt:

> Die Schwerewirkung der ebenen Flächenbelegung
> auf dieser Fläche ist gleich der mit $2\pi f$ mul-
> tiplizierten Flächendichte an dem betreffenden
> Punkt[1].

Das positive Vorzeichen ist zu nehmen, wenn der Meßpunkt sich auf der
Oberseite, das negative Vorzeichen, wenn er sich auf der Unterseite
befindet. Die Flächendichte kann auch unstetig sein (wie z. B. beim
unendlich ausgedehnten Streifen, Gleichung (2.9.2)). In diesem Fall
ist auch δg_3 auf der Fläche unstetig.

Beispiel 14: Die Gravitation δg_3 auf einem Punkt P der Mittelachse im
Abstand z vom Mittelpunkt einer Kreisscheibe mit dem Radius a und
der konstanten Flächendichte μ läßt sich mit Hilfe von Gleichung
(2.9.1) sofort ohne Integration hinschreiben (siehe nachstehende
Skizze). Der räumliche Winkel ist

$$F' = 2\pi(1 - \cos\Theta) = 2\pi\left(1 - \frac{z}{\sqrt{z^2 + a^2}}\right)$$

und

$$\delta g_3 = 2\pi f\mu\left(1 - \frac{z}{\sqrt{z^2 + a^2}}\right) \qquad . \tag{2.9.5}$$

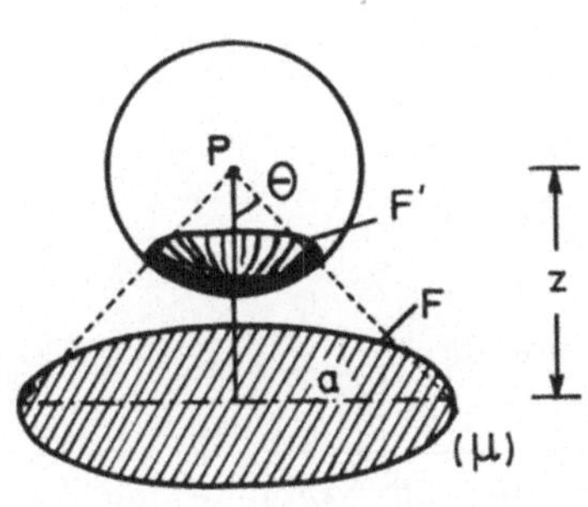

Man kann ebenso leicht die Gravitation δg_3 des Kreiskegels mit der
Höhe z und dem Radius a an der
Spitze ausrechnen. Da nämlich alle
zur Kreisscheibe parallelen Kreis-
scheiben in ähnlicher Lage in bezug auf P die gleiche Gravitation
hervorrufen, stapelt man ν Scheiben
der infinitesimalen Dicke Δz und
der Dichte $\sigma = \mu/\Delta z$ übereinander:

$$\delta g_3 = 2\pi f\sigma\cdot\Delta z\left(1 - \frac{z}{\sqrt{z^2 + a^2}}\right)$$

mit $\lim \nu \to \infty$
$\quad\quad \Delta z \to 0$
$\quad\quad \nu\Delta z = z'$

$$\delta g_3 = 2\pi f\sigma z\left(1 - \frac{z}{\sqrt{z^2 + a^2}}\right) \tag{2.9.6}$$

---

[1] Es handelt sich um eine sehr spezielle Folgerung des Satzes von der
äquivalenten Massentransportation: "Ist in einem endlichen Raum T
eine beliebige Masse M verteilt, so kann man die Wirkung dieser Masse auf Punkte außerhalb T dadurch ersetzen, daß man dieselbe Masse
auf der Oberfläche F von T auf gewisse Weise verteilt; und es ist
nur eine derartige Verteilung möglich." (WANGERIN, 1921)

Gleichung (2.9.6) geht für a $\to \infty$ in $2\pi f\sigma z$ (BOUGUER-Platte) über.
Sie eignet sich zur Abschätzung der Geländekorrektur, wenn die Meß-
station auf dem Gipfel des Berges liegt.

Beispiel 15: Gravitation und Gradient der Schwere an der Spitze eines
Kugelausschnittes mit dem Öffnungswinkel 2θ, der Dichte σ und dem
Kugelradius R (siehe Skizze in Beispiel 14)

$$\delta g_3 = f\sigma \int \frac{\partial}{\partial x_3} \frac{1}{r} \, dV = f\sigma \int \frac{\xi_3 - x_3}{r^3} \, dV$$

Man legt die Spitze in den Koordinatenursprung, d. h. $x_i = 0$ und
führt Polarkoordinaten ein:

$$\rho = \sqrt{\xi_1^2 + \xi_2^2 + \xi_3^2} \qquad \xi_3 = \rho\cos\overline{\theta} \qquad dV = \rho^2\sin\overline{\theta} \, d\rho \, d\overline{\theta} \, d\psi$$

$$\delta g_3 = f\sigma \int\limits_0^{\pi}\int\limits_0^{\theta}\int\limits_0^{R} \frac{\rho \, \cos\overline{\theta}}{\rho^3} \rho^2\sin\overline{\theta} \, d\rho \, d\overline{\theta} \, d\psi$$

$$\delta g_3 = \pi f\sigma R \cdot \sin^2\theta$$

oder mit den Bezeichnungen aus Gleichung (2.9.6):

$$\delta g_3 = \frac{\pi f\sigma a}{\sqrt{a^2 + z^2}} \tag{2.9.7}$$

Man vergleiche diesen Wert mit Gleichung (2.9.6). Für kleine a gehen die beiden Formeln ineinander über.

$$\frac{\partial \delta g_3}{\partial x_3} = f\sigma \int \left(-\frac{1}{r^3} + \frac{3(\xi_3 - x_3)^2}{r^5}\right) dV = f\sigma \iiint \frac{(3\cos^2\overline{\theta} - 1)}{\rho^3} \, dV$$

$$= f\sigma \int\limits_0^{2\pi}\int\limits_0^{\theta}\int\limits_0^{R} \frac{(3\cos^2\theta - 1)}{\rho^3} \rho^2\sin\overline{\theta} \, d\rho \, d\overline{\theta} \, d\psi$$

$$= 2\pi f\sigma(\ln R - \ln(0))\int (3\cos^2\overline{\theta} - 1)\sin\overline{\theta} \, d\overline{\theta} \qquad \to \; -\infty$$

> Der Schweregradient wird an der Spitze
> des Kugelausschnittes singulär.

Hieraus kann man schließen, daß der Schwerevektor an der Spitze unstetig ist.

2.10 GREENsche SÄTZE UND EINIGE FÜR DIE GEOPHYSIK WICHTIGE FOLGERUNGEN

Man wendet den GAUSSschen Satz auf den Vektor $u_i = U \cdot \partial W/\partial x_i$ an:

$$\iiint \left(\frac{\partial U}{\partial x_i} \frac{\partial W}{\partial x_i} + U \frac{\partial^2 W}{\partial x_i^2} \right) dv = \iint U \frac{\partial W}{\partial x_i} \, dF_i \qquad\qquad (2.10.1)$$

(1. GREENscher Satz)

Man definiert eine zweite Vektorfunktion

$$w_i = W \frac{\partial U}{\partial x_i} \, ,$$

wendet auf sie den GAUSSschen Satz an und subtrahiert das Ergebnis von Gleichung (2.10.1)

$$\iiint \left(U \frac{\partial^2 W}{\partial x_i^2} - W \frac{\partial^2 U}{\partial x_i^2} \right) dv = \oiint \left(U \frac{\partial W}{\partial x_i} - W \frac{\partial U}{\partial x_i} \right) dF_i \qquad . \qquad (2.10.2)$$

(2. GREENscher Satz)

Die GREENschen Sätze haben mannigfaltige Anwendungen. Mit ihnen lassen sich jene Eigenschaften eines Potentialfeldes ableiten, die man kennen muß, um praktische geophysikalische Aufgaben mit Potentialmethoden zu lösen. Einige davon werden in diesem Kapitel abgeleitet und als Lehrsätze formuliert. Es handelt sich um den Eindeutigkeitssatz, den Satz vom arithmetischen Mittel und den Satz, daß das Schwerepotential in unmittelbarer Umgebung einer Masse niemals extreme Werte annehmen kann. Außerdem wird das Verhalten des Magnet- und Schwerefeldes in der Umgebung von Ecken und Spitzen der Massenverteilung untersucht. Damit ist aber die Bedeutung der GREENschen Sätze bei weitem nicht erschöpft. Man wendet sie z. B. auch dort an, wo die Feldverteilung erst aus bestimmten Bedingungen, die sie auf einer Fläche erfüllt, ausgerechnet werden soll. Darüber soll in Kapitel 2.10.5 gesprochen werden.

2.10.1 Der Eindeutigkeitssatz für LAPLACE-Felder

Die Frage, ob man den Feldverlauf eindeutig bestimmen kann, wenn seine Randwerte auf einer geschlossenen Fläche vorgegeben sind, ist für die Geophysik von großer Bedeutung, da die später zu besprechenden Feldfortsetzungsmethoden darauf aufbauen.

Wenn das Feld wirbel- und quellenfrei ist, kann diese Frage nach der Eindeutigkeit beantwortet werden. Zum Beweis bedient man sich des 1. GREENschen Satzes. Angenommen es gäbe zwei LAPLACE-Felder U und W, deren Funktionswerte oder deren Ableitungen auf der Berandungsfläche F_i des Volumens V gleich sind, d. h.

$$U = W \quad \text{oder} \quad \frac{\partial U}{\partial x_i} = \frac{\partial W}{\partial x_i} \quad \text{auf } F_i \, , \qquad\qquad (2.10.1.1)$$

dann muß auch U - W eine Potentialfunktion sein. Diese in Gleichung (2.10.1) eingesetzt, ergibt wegen $\partial^2(U-W)/\partial x_i = 0$

$$\iiint_V \left(\frac{\partial(U-W)}{\partial x_i} \right)^2 dv = \iint_{F_i} (U-W) \frac{\partial(U-W)}{\partial x_i} \, dF_i \equiv 0 \qquad .$$

Da die rechte Seite wegen Gleichung (2.10.1.1) verschwindet, muß auch die linke Seite verschwinden. Aus Stetigkeitsgründen muß man auch für

das Innere des Volumens V schließen, daß U = W überall zutrifft.
Daraus folgt

> Das LAPLACE-Feld im eingeschlossenen Bereich V ist eindeutig durch die Randwerte auf der Begrenzungsfläche F_i bestimmt.

2.10.2 Der GAUSSsche Satz vom arithmetischen Mittel für LAPLACE-Felder[1]

Im LAPLACE-Feld U beträgt der Mittelwert auf der Kugel mit dem Radius
$r = |x_i - x_i'|$ (x_i' = Koordinaten des Kugelmittelpunktes)

$$U_m = \frac{1}{4\pi r^2} \iint U \, dF \quad . \tag{2.10.2.1}$$

Diese Gleichung kann man wegen

$$\frac{1}{r^2} = - \frac{x_i - x_i'}{r} \, \frac{\partial}{\partial x_i} \frac{1}{r}$$

in die Vektorgleichung

$$U_m = \frac{1}{4\pi} \oiint U \, \frac{\partial(1/r)}{\partial x_i} \, dF_i \tag{2.10.2.2}$$

umschreiben. Man wendet den 2. GREENschen Satz auf das von der Kugel
erfüllte Volumen V an und setzt $W = k + 1/\rho$ (ρ = Abstand des Aufpunktes vom Kugelmittelpunkt; auf der Kugelfläche ist $\rho = r$, k = Konstante)

$$\iiint \left(U \frac{\partial^2}{\partial x_i^2} \left(k + \frac{1}{\rho}\right) - \left(k + \frac{1}{\rho}\right) \frac{\partial^2 U}{\partial x_i^2} \right) dv = \oiint \left(U \frac{\partial}{\partial x_i} \left(k + \frac{1}{r}\right) - \left(k + \frac{1}{r}\right) \frac{\partial U}{\partial x_i} \right) dF_i \; .$$

Wegen $\dfrac{\partial^2 U}{\partial x_i^2} = 0$ und $\dfrac{\partial^2}{\partial x_i^2} \dfrac{1}{\rho} = -4\pi\delta$ folgt nach Gleichung (2.5.15)

$$-4\pi U(x_i) = \oiint \left(U \frac{\partial}{\partial x_i} \frac{1}{r} - \left(k + \frac{1}{r}\right) \frac{\partial U}{\partial x_i} \right) dF_i \quad . \tag{2.10.2.3}$$

Wenn man nun $k = -1/r$ setzt, folgt

$$-4\pi U(x_i') = -4\pi U_m$$

$$U(x_i') = U_m \quad . \tag{2.10.2.4}$$

> Der Mittelwert des LAPLACEschen Potentials U auf einer Kugeloberfläche ist gleich dem Wert des Potentials im Mittelpunkt der Kugel.

---

[1] Genauer: Satz von der Mittelwerteigenschaft harmonischer Funktionen

2.10.3 Satz, daß das Potential in der Umgebung von Massen keine extremen Werte annimmt

Aus dem Satz vom arithmetischen Mittel ist z. B. ableitbar, daß im LAPLACE-Feld das Potential im Kugelmittelpunkt niemals außerhalb der Schwankungsbreite des Potentials auf der Kugeloberfläche liegen kann. Es ist also unmöglich, daß im Mittelpunkt ein Extremum des Potentials umschlossen wird. Diese Schlußfolgerung gilt auch in unmittelbarer Nachbarschaft von Massen. Wenn man den Kugelradius r beliebig verkleinert, erhält man eine Aussage für das Verhalten des Potentials an dieser Stelle.

Wir betrachten eine Kugel mit dem Radius r um P. Der Potentialwert am Mittelpunkt P sei V_p. Es sei r kleiner als der kleinste Abstand von P von der Masse. Q sei ein Punkt der Kugelfläche, V_Q das Potential an dieser Stelle, dann ist gemäß Gleichung (2.10.2.4)

$$\iint V_Q \, dF \;=\; 4\pi r^2 V_p \;=\; V_p \iint dF \;=\; \iint V_p \, dF$$

$$\iint (V_Q - V_p) dF \;=\; 0 \qquad . \qquad\qquad\qquad (2.10.3.1)$$

Zur Erfüllung von Gleichung (2.10.3.1) muß entweder $V_Q = V_p$ sein, oder die Schwankungen von $V_Q - V_p$ auf der Kugeloberfläche ergeben negative und positive Werte, deren Summe Null ergibt. Da man r beliebig verkleinern kann, gilt die Aussage, daß V_p kein Extremum darstellt auch für die unmittelbare Umgebung der Masse. Maxima wären demnach nur innerhalb der Massen zu erwarten.

> In Punkten, die einen endlichen Abstand
> von der wirkenden Masse haben, kann das
> Potential dieser Masse keinen extremen
> Wert besitzen.

2.10.4 Unstetigkeit des magnetischen und Stetigkeit des Schwerepotentials an Ecken und Kanten der Massenverteilung

Die hier angeschnittene Frage taucht bei den Modellberechnungsverfahren auf. Man pflegt oft die Störungskörper durch Polyeder oder - im Zweidimensionalen - durch Polygone anzunähern. Es ist wichtig zu wissen, wie sich die Feldgrößen an den Ecken und Kanten verhalten. Wir betrachten zunächst eine räumliche Verteilung der Magnetisierung m_i, deren Potential nach Gleichung (2.3.7) darstellbar ist. Auf dieses Potential wenden wir den 1. GREENschen Satz an, in dem wir $U = 1/\rho$ und $\partial W/\partial x_i = m_i$ setzen. Dann folgt durch Umrechnen für den Innenraum von V :

$$\Phi = -\frac{1}{4\pi} \iint \frac{m_i \, dF_i}{\rho} \;+\; \frac{1}{4\pi} \iiint\limits_V \frac{1}{\rho} \frac{\partial m_i}{\partial x_i} \, dV \qquad\qquad (2.10.4.1)$$

Diese Gleichung stellt die allgemeine Lösung des magnetischen Potentials für beliebige Verteilung der Magnetisierung m_i dar. Der zweite Term auf der rechten Seite wird durch die räumliche Verteilung der Magnetisierung im Volumen V bestimmt, der erste durch die Werte, welche die Magnetisierung auf der Berandung F_i des Volumens annimmt.

Wenn die Wirkung eines etwa vorhandenen äußeren magnetisierenden Feldes vernachlässigbar ist und man konstante Magnetisierung annimmt, d. h.

$$\tilde{m}_i = \text{const} \qquad (\text{in } V) \tag{2.10.4.2}$$

so verschwindet der zweite Term und man hat:

$$\Phi = -\frac{1}{4\pi} \iint \frac{\tilde{m}_i dF_i}{\rho} \tag{2.10.4.3}$$

Man benötigt dann also nur die Normalkomponente von m_i an der Oberfläche des Körpers. An Kanten dieser Oberfläche ist die Flächennormale nicht eindeutig definiert. Φ kann nur durch stückweise Integration gewonnen werden, wobei die Koordinaten der Kante die jeweiligen Integrationsgrenzen darstellen. In Anhang I wird gezeigt, daß im Abstand r von der Kante das Potential Φ für kleine r die Gestalt $A(r \ln r - r)$ annimmt. Die r-Komponente des Feldes ist dann proportional $\ln r$ und wird für $r = 0$ singulär. Für die Spitze eines homogen magnetisierten Körpers erhält man etwas Ähnliches. Ein solches Verhalten ist physikalisch nicht realistisch. Die Annahme homogener Magnetisierung führt bei Körpern mit unstetigen Flächennormalen zu Widersprüchen. Daß man trotzdem oft bei Modellberechnungen diese Voraussetzung macht, hat mehrere Gründe. Erstens müßt man, um das Problem korrekt zu behandeln, eigentlich die Induktionsaufgabe für den betreffenden Störungskörper lösen. Die exakte Lösung der Induktionsaufgabe kann aber bisher nur für einige einfache Körper angegeben werden. Sonst müßte man auf sehr aufwendige Näherungsmethoden zurückgreifen. Zweitens bleibt das Meßprofil im allgemeinen so weit von Ecken und Kanten des angenommenen Störkörpers entfernt, daß die dort theoretisch auftretenden Singularitäten nicht ins Gewicht fallen. Es gibt jedoch Ausnahmen, z. B. bei Messungen im Gebirge, wenn die Störungsursache unmittelbar unter dem Meßprofil liegt (z. B. Messungen über einem zutagetretenden Serpentinstock).

Wir fassen das Ergebnis zusammen:

> An Kanten und Spitzen eines homogenen, magnetisierten Körpers wird das Magnetfeld singulär.

Im Gegensatz zum Magnetfeld homogen aufmagnetisierter Massen bleiben das Schwerefeld und das Schwerepotential an Ecken, Kanten und Spitzen einer Masse endlich. Der Nachweis ergibt sich aus Aufgabe 15, Gleichung (2.9.7):

Man geht davon aus, daß die Masse M eine Spitze hat. Dann teilt man M auf in die Masse M_1 und die Masse M_2, die die Spitze enthält. Die Wirkung von M_1 auf einen Aufpunkt auf der Spitze selbst bleibt endlich und braucht nicht berücksichtigt zu werden. Man kann nun für M_2 annehmen, daß die Wirkung sich nicht allzusehr von der eines Kreiskegels unterscheidet. Und diese Wirkung bleibt endlich. Anders ist es mit dem Gradienten der Schwere, der singulär wird. In analoger Weise kann man die Wirkung einer Kante für zweidimensionale Schwerefelder ausrechnen, um auch hier das Feld als endlich nachweisen zu können.

Das Ergebnis lautet:

> An Ecken, Kanten und Spitzen einer Masse[1]
> bleiben das durch sie hervorgerufene Po-
> tential und die Schwerebeschleunigung end-
> lich. Der Gradient der Schwerebeschleuni-
> gung wird dagegen singulär.

2.10.5 Randwertaufgaben und GREENsche Funktion

Die hier folgenden Überlegungen fallen unter die geophysikalischen
Randwertaufgaben.

Ein wichtiges Beispiel ist die Induktionsaufgabe in der Geomagnetik.
Das erdmagnetische Hauptfeld induziert in einem geologischen Körper
mit einer von der Umgebung abweichenden Permeabilität ein Sekundärfeld, welches auch im Außenraum wirkt. Man mißt dann die Summe der beiden Felder und muß daraus auf den Störkörper schließen. Hier ist eine
Randwertaufgabe zu lösen, indem man ein Sekundärfeld findet, das gemeinsam mit dem magnetischen Hauptfeld ein Potential und eine magnetische Induktion ergibt, die an den Grenzflächen des Körpers stetig
verlaufen. Völlig analog kann man auch Lösungswege bei der Modellberechnung in der Gleichstrom- und Geoelektrik angeben.

Ein weiteres, wichtiges Beispiel ist die Transformation magnetischer
und gravimetrischer Felder.

Wir setzen G für W und formulieren die "GREENsche Funktion G" mit der
Eigenschaft, daß sie in dem vorgegebenen Volumen V die LAPLACEsche
Gleichung erfülle und nur einen Pol an der Stelle $x_i = p_i$ besitze.
$G = 1/\rho(-F)$. Es möge F der LAPLACEschen Gleichung genügen.

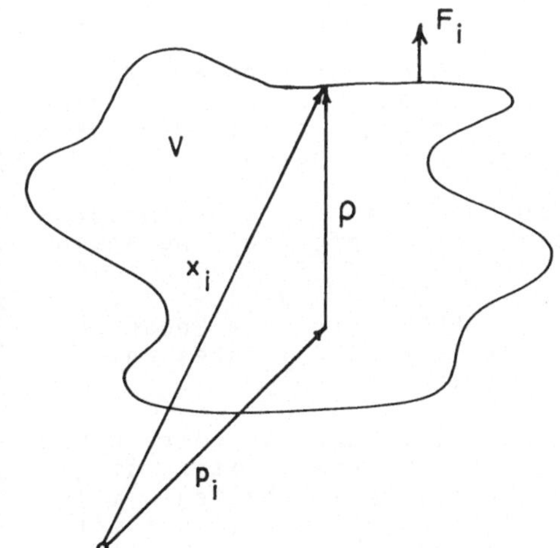

$$\rho = |x_i - p_i|$$

Dann schreibt man den 2.GREENschen
Satz für das Volumen V

$$\iint (U \frac{\partial G}{\partial x_i} - G \frac{\partial U}{\partial x_i})\, dF_i =$$

$$= \iiint (U \frac{\partial^2 G}{\partial x_i^2} - G \frac{\partial^2 U}{\partial x_i^2})\, dV =$$

$$= \iiint (U \frac{\partial^2}{\partial x_i^2} \frac{1}{\rho} - G \frac{\partial^2 U}{\partial x_i^2})\, dV =$$

$$= \begin{cases} - 4\pi U(p_i) \\ 0 \end{cases}$$

wegen $\dfrac{\partial^2}{\partial x_i^2} \dfrac{1}{\rho} = \begin{cases} - 4\pi\delta(x_i - p_i), & \text{wenn } p_i \text{ innerhalb von V liegt} \\ 0, & \text{wenn } p_i \text{ außerhalb von V liegt} \end{cases}$

---

[1] gemeint ist eine räumlich verteilte Masse

$$U(p_i) = -\frac{1}{4\pi}\left(\iint\left(U\,\frac{\partial G}{\partial x_i} - G\,\frac{\partial U}{\partial x_i}\right)dF_i + \iiint G\,\frac{\partial^2 U}{\partial x_i^2}\,dV\right) \qquad \begin{array}{l} p_i \text{ innerhalb von } V \\[1em] p_i \text{ außerhalb von } V \end{array}$$

$$0$$

$$(2.10.5.1)$$

Lösung der 1. Randwertaufgabe für LAPLACE-Felder: $\dfrac{\partial^2 U}{\partial x_i^2} = 0$
   (DIRICHLETsches Problem)

Es geht darum, eine Funktion G zu finden, welche auf der Berandung des Volumens der Fläche F_i verschwindet, dann ergibt sich das Potential im Innenraum nach der Formel

$$U(p_i) = -\frac{1}{4\pi}\iint U\,\frac{\partial G_{(1)}}{\partial x_i}\,dF_i \qquad G_{(1)} = 0 \text{ auf dem Rand} \quad (2.10.5.2)$$

d. h. das Potential muß auf der Fläche F_i bekannt sein, dann kann man es überall im Innenraum ausrechnen.

Lösung der 2. Randwertaufgabe für LAPLACE-Felder: $\dfrac{\partial^2 U}{\partial x_i^2} = 0$
   (NEUMANNsches Problem)

Wenn man eine Funktion G findet, deren Ableitung auf der Berandungsfläche verschwindet, so kann man das Potential U im Innenraum berechnen durch

$$U(p_i) = \frac{1}{4\pi}\iint G_{(2)}\,\frac{\partial U}{\partial x_i}\,dF \qquad \frac{\partial}{\partial x_i}(G_{(2)})dF_i = 0 \text{ auf dem Rand} \;.$$

$$(2.10.5.3)$$

In diesem Fall muß man die Ableitung der gesuchten Funktion auf der Berandungsfläche kennen. Die allgemeine Randwertaufgabe, nach der eine beliebige Potentialfunktion auf einer Fläche vorgegeben ist, wird demnach auf eine etwas einfachere Randwertaufgabe zurückgeführt.

Für die Geophysik findet die 1. Randwertaufgabe bei den Induktionsproblemen, die 2. Randwertaufgabe beim Problem der Feldfortsetzung Anwendung.

Die Existenz der 1. GREENschen Funktion hat GREEN durch ein Gedankenexperiment nachzuweisen gesucht, das gleichzeitig eine interessante physikalische Interpretation von $G_{(1)}$ darstellt:

Man stellt sich einen metallischen Hohlkörper vor, der aus sehr dünnem Blech besteht, z. B. in Gestalt einer Hohlkugel. Dieser Leiter ist geerdet, d. h. er wird künstlich auf dem Potential Null gehalten. Im Inneren des Hohlkörpers befindet sich eine elektrische Punktladung mit der Ladungsstärke -1. Diese Punktladung influenziert auf der Leiteroberfläche eine Ladungsverteilung, die ihrerseits ein Potential F zur Folge hat. Da aber der Leiter geerdet ist, muß das Potential U an seiner Oberfläche Null sein

$$U_e = 0 = F_e - \frac{1}{\rho}\;.$$

Hier bedeuten F_e das Potential F auf der Leiterfläche und ρ den Abstand des jeweiligen Punktes der Leiteroberfläche von der Punktquelle im Inneren. $F - 1/\rho$ ist dann die erste GREENsche Funktion $G_{(1)}$.

3. ANWENDUNG DER POTENTIALTHEORIE AUF GEOPHYSIKALISCHE FELDER

Nachdem nun einige für die Geophysik wichtige Grundlagen der Potentialtheorie vorgestellt worden sind, soll sich dieses Kapitel mit Anwendungen befassen.

Die Anwendungen lassen sich methodisch zwei verschiedenen Gebieten zuordnen. Das erste benutzt die Lösungen der Randwertaufgaben zur Transformation des Feldes in eine andere Gestalt, die es eher möglich macht, gewisse Hinweise auf seine Ursachen besser zu erkennen. Die Feldtransformation ist eine oft notwendige, aber nur vorbereitende Maßnahme zur Deutung der Anomalie eines Feldes.

Das zweite Anwendungsgebiet umfaßt die Deutung selbst. Hier werden Methoden zur Berechnung des Feldes aus den verursachenden Störkörpern dargestellt.

3.1 RANDWERTAUFGABE FÜR DIE KUGEL

Auf einer Kugeloberfläche S_j seien die Werte des Potentials U vorgegeben. Gesucht ist die Verteilung im Innenraum. Es muß demnach die GREENsche Funktion gesucht werden, die auf der Kugeloberfläche verschwindet. Nun ist der geometrische Ort aller Punkte, deren Abstände von 2 Punkten p_i und q_i in einem festen Verhältnis zueinander stehen, die Kugeloberfläche.

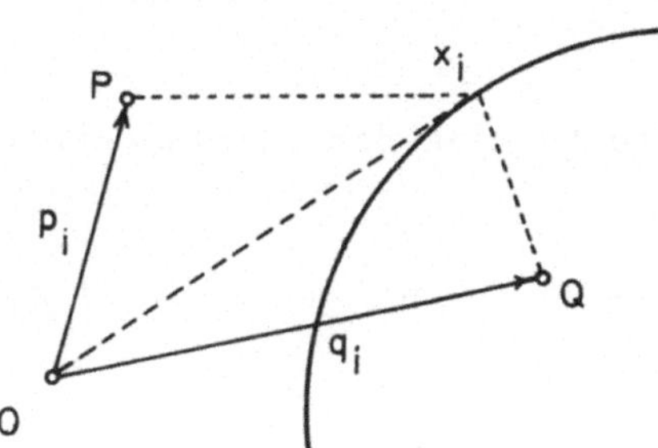

Man schreibt:

$$\frac{|p_i - x_i|}{|q_j - x_j|} = \frac{P}{Q} \quad .$$

Durch umformen ergibt sich

$$0 = \frac{P}{|p_i - x_i|} - \frac{Q}{|q_j - x_j|} = G_{(1)}$$

$G_{(1)}$ stellt hier außerdem eine Potentialfunktion dar, die sich aus den beiden Punktquellen p_i und q_i mit den Ladungsstärken P und Q additiv zusammensetzt. Man findet den Mittelpunkt der Kugel

$$\xi_i = \frac{p_i - \frac{P^2}{Q^2}\, q_i}{1 - \frac{P^2}{Q^2}} \tag{3.1.1}$$

und ihren Radius

$$R = \left| \frac{\frac{P}{Q}\,(p_i - q_i)}{1 - \frac{P^2}{Q^2}} \right| \quad . \tag{3.1.2}$$

Für die Mittelpunktslage $\xi_i = 0$ der Kugel kommt man auf

$$q_i = \frac{R^2}{p_j^2}\, p_i \quad \text{oder skalar:} \quad q = \frac{R^2}{p} \quad .$$

Hiernach liegen die beiden Quellpunkte harmonisch zur Kugeloberfläche:

$$q\, p = R^2$$

Die GREENsche Funktion der Kugeloberfläche besteht aus der Summe zweier zur Kugelfläche harmonisch liegender Quellpunkte mit entgegengesetzten Vorzeichen. Man bestimmt P/Q und q_i aus der Bedingung, daß G auf der Kugeloberfläche R_i verschwinden soll

$$G(x_i, p_i) = \frac{\frac{Q}{P}}{|x_i - q_i|} - \frac{1}{|x_i - p_i|} = 0 \qquad \text{für } x_i = R_i \quad .$$

Daraus folgt nach dem Einsetzen der Ausdrücke mit $P = 1$ und $q_i = \frac{R^2}{p_j^2}\, p_i$ zunächst $Q = R/p$; man setzt

$$\left. \frac{\partial G}{\partial x_i} \right|_{x_i = R_i} = - \frac{R^2 - p^2}{R^2 \sqrt{p^2 - 2R_i p_i + R^2}^{\,3}}\, R_i$$

in Gleichung (3.1.1) ein und bekommt mit $dS = $ Flächenelement

$$U(p_i) = \frac{R^2 - p^2}{4\pi R} \iint U(R_i) \frac{dS}{\sqrt{p^2 - 2R_i p_i + R^2}^{\,3}} \qquad (p \leq R) \quad . \tag{3.1.3}$$

Für $p = R$ hat man die nach außen gerichtete Normale der Kugeloberfläche dS zu verwenden

$$U(p_i) = \frac{p^2 - R^2}{4\pi R} \iint U(R_i) \frac{dS}{\sqrt{p^2 - 2R_i p_i + R^2}^{\,3}} \qquad (p \geq R) \quad . \tag{3.1.4}$$

Beispiel 16: An der Oberfläche einer Kugel mit dem Radius R sei das Potential

$$U_0 = A + B\cos\theta_0 + C\sin\theta_0\cos\psi_0 + D\sin\theta_0\sin\psi_0 \qquad (x_i = R_i)$$

vorgegeben. Gesucht sei

a) das Potential im Innenraum $U^{(i)}$ $\qquad$ $(|p_i| \leq |R_i|)$
   (Quellen liegen im Außenraum)

b) das Potential im Außenraum $U^{(a)}$ $\qquad$ $(|p_i| \geq |R_i|)$
   (Quellen liegen im Innenraum)

mit: $p_i = (r\cos\psi\sin\theta, \; r\sin\psi\sin\theta, \; r\cos\theta)$.

Lösung: Mit $R_i = (R\cos\psi_0\sin\theta_0, \; R\sin\psi_0\sin\theta_0, \; R\cos\theta_0)$ erhält man
wegen $dS = R^2\sin\theta_0 \; d\theta_0 \; d\psi_0$

$$U^{(i,a)} = \pm \frac{R^2-r^2}{4\pi} \int_0^{2\pi} \int_0^{\pi} \frac{U_0\sin\theta_0 \; d\theta_0 \; d\psi_0}{\sqrt{R^2+r^2-2Rr(\sin\theta\sin\theta_0\cos(\psi-\psi_0)+\cos\theta\cos\theta_0)}^3} \; ,$$

$$(3.1.5)$$

wobei das obere Vorzeichen für die Lösung a) und das untere für die
Lösung b) zu verwenden ist.

In der vorliegenden Form ist die Integration nach ψ_0 nicht analytisch durchführbar. Wir machen uns daher den Vorteil zunutze, daß
das Integral über die gesamte Kugeloberfläche zu erstrecken und
dann unabhängig von der speziellen Orientierung des karthesischen
Koordinatensystems ist. Das neue Koordinatensystem $x_i' = f(\psi', \theta')$
legen wir so, daß der Nenner der Gleichung (3.1.5) unabhängig von
ψ' wird und erreichen dies dadurch, daß

1) die neue x_3'-Achse mit p_i zusammenfällt

2) die neue x_1'-Achse in der von der alten 3- und der neuen 3'-
   Achse aufgespannten Ebene liegt.

Zwischen den alten x_i- und den neuen x_i'-Koordinaten besteht dann
die lineare Beziehung

$$x_i' = a_{ij}x_i \qquad\qquad x_i = a_{ij}x_j' \; , \qquad\qquad\qquad (3.1.6)$$

wobei a_{ij} der Cosinus zwischen der i-Achse im alten und der j-Achse
im neuen System ist. Hier gelten die Orthogonalitätsbeziehungen:

$$a_{ij}a_{ik} = \delta_{ik}$$
$$a_{ji}a_{ki} = \delta_{jk}$$

Durch Vergleich mit Abb. 3.1.1 verifiziert man leicht, daß

$$a_{ij} = \begin{bmatrix} \cos\psi\cos\theta & \sin\psi\cos\theta & -\sin\theta \\ -\sin\psi & \cos\psi & 0 \\ \cos\psi\sin\theta & \sin\psi\sin\theta & \cos\theta \end{bmatrix} \qquad\qquad (3.1.7)$$

gilt.

Es folgt insbesondere:

$$\cos\theta' = \sin\theta\sin\theta_0\cos(\psi-\psi_0) + \cos\theta\cos\theta_0$$
$$\cos\theta_0 = \sin\theta\sin\theta'\cos(180^0+\psi') + \cos\theta\cos\theta' \qquad \text{(Cos-Satz)}$$

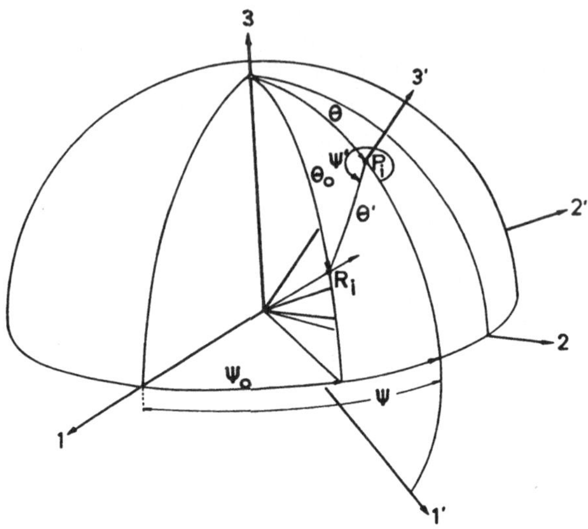

__Abb. 3.1.1__ (Skizze zur Ableitung Seite 45ff.)

und wegen $n_1 = a_{1j}n_j'$ $\quad n_2 = a_{2j}n_j'$ $\quad$ (Gleichung (3.1.6) mit $x_i{}^2 = n_i{}^2 = 1$)

$$\sin\theta_0\cos\psi_0 = \cos\psi\cos\theta\sin\theta'\cos\psi' - \sin\psi\sin\theta'\sin\psi' + \cos\psi\sin\theta\cos\theta'$$
$$\sin\theta_0\sin\psi_0 = \sin\psi\cos\theta\sin\theta'\cos\psi' + \cos\psi\sin\theta'\sin\psi' + \sin\psi\sin\theta\cos\theta' \ .$$

Es folgt daher:

$$U^{(i,a)} = \pm \frac{R^2-r^2}{4\pi} R \int_0^{2\pi}\int_0^{\pi} \frac{U_0\sin\theta'd\theta'd\psi'}{\sqrt{R^2+r^2-2Rr\cos\theta'}^3} \qquad (3.1.8)$$

Die Integration nach ψ' läßt sich nun ausführen. Es verschwinden alle Integrale, deren Integranden $\sin\psi'$ oder $\cos\psi'$ enthalten und es bleibt nur:

$$U^{(i,a)} = \pm \frac{R^2-r^2}{2} R \int_0^{\pi} \frac{(A + E\cos\theta')\sin\theta'd\theta'}{\sqrt{R^2+r^2-2rR\cos\theta'}^3}$$

mit der Abkürzung $\quad E = B\cos\theta + C\sin\theta\cos\psi + D\sin\theta\sin\psi \quad .$

Man substituiert:

$$x = \frac{2r}{R} \cos\theta' \qquad\qquad dx = - \frac{2r}{R} \sin\theta' \, d\theta'$$

und kommt auf das Integral:

$$U^{(i,a)} = \mp \frac{R(1-\frac{r^2}{R^2})}{4r} \int_{2r/R}^{-2r/R} \frac{(A + E\frac{Rx}{2r})dx}{\sqrt{1 + \frac{r^2}{R^2} - x}^3}$$

$$U^{(i,a)} = \mp \; \frac{R(1-\frac{r^2}{R^2})}{4\,r} \; \Bigg|_{2r/R}^{-2r/R} \left(\frac{2\,A}{\sqrt{1+\frac{r^2}{R^2}-x}} + \frac{2ER(2(1+\frac{r^2}{R^2}-x))}{\sqrt{2r(1+\frac{r^2}{R^2}-x)}} \right)$$

$$U^{(i)} \;=\; A + \frac{E\,r}{R} \qquad (r < R)$$

$$U^{(a)} \;=\; \frac{A\,R}{r} + \frac{E\,R^2}{r^2} \qquad (r > R)$$

oder ausgeschrieben:

$$U^{(i)} \;=\; A + \frac{r(B\cos\theta + C\sin\theta\cos\psi + D\sin\theta\sin\psi)}{R} \qquad (r < R)$$

$$U^{(a)} \;=\; \frac{A\,R}{r} + \frac{R^2(B\cos\theta + C\sin\theta\cos\psi + D\sin\theta\sin\psi)}{r^2} \qquad (r > R)$$

$$(3.1.9)$$

$U^{(i)}$ stellt das konstante Potential A superponiert mit dem Potential

$$B\,x_3 + C\,x_1 + D\,x_2$$

mit linearer Ortsabhängigkeit dar. Hierbei sind

$$x_1 = r\,\cos\psi\sin\theta \qquad x_2 = r\,\sin\psi\sin\theta \qquad x_3 = r\,\cos\theta \quad .$$

$U^{(a)}$ enthält das Potential der Punktquelle AR/r; diesem überlagert sich das Potential eines Dipols. Seine Richtung wird durch den Einheitsvektor

$$e_i = \left(\frac{C}{\sqrt{B^2 + C^2 + D^2}} \; , \; \frac{D}{\sqrt{B^2 + C^2 + D^2}} \; , \; \frac{B}{\sqrt{B^2 + C^2 + D^2}} \right)$$

und sein Moment durch

$$|\vec{M}| \;=\; 4\pi R^2\sqrt{B^2 + C^2 + D^2}$$

angegeben.

Das hier heute benutzte Integrationsverfahren ist bei allen Potentialverteilungen anwendbar, die auf der Kugel $r = R$ *Kugelflächenfunktionen* der Gestalt

$$S_n^m(\psi,\,\theta) = P_n^m(\cos\theta)\frac{\cos(m\psi)}{\sin(m\psi)} \qquad (m \leq n)$$

darstellen.

Das hier besprochene Beispiel enthält Kugelfunktionen nullter bis erster Ordnung.

$$S_0^0 = P_0^0 \qquad\qquad P_0^0 = 1$$

$$S_1^0 = P_1^0 \qquad\qquad P_1^0 = \cos\theta$$

$$S_1^1 = P_1^1 \cdot \frac{\cos\psi}{\sin\psi} \qquad P_1^1 = \sin\theta$$

$r^{-n}S_n^m(\psi,\theta)$ und $r^n S_n^m(\psi,\theta)$ genügen der LAPLACEschen Gleichung. Die Gleichungen (3.1.9) sind spezielle Lösungen dieser Form. Das Besondere an ihnen ist das Auftreten von Termen, die entweder mit positiven oder negativen Exponenten von r fortschreiten. Diese deutet man als die Felder von Quellen, die entweder außerhalb (r > R) oder innerhalb (r < R) der Kugel liegen. Die Quellen im Außenraum erzeugen im Innenraum ein Potential, das aus Termen besteht, die mit positiven Exponenten von r fortschreiten. Sie wachsen mit r an, was natürlich nicht bedeutet, daß die Quellen im Unendlichen, d. h. bei $r \to \infty$, liegen müssen. So hat ja das Beispiel 7 gezeigt, daß ein konstantes Potential U = f·M/R im Inneren der Hohlkugel die Folge einer konstanten Massenbelegung μ = const auf der Kugel sein kann. Entsprechend ergab das Beispiel 9 als Wirkung der Massenbelegung $\mu = \mu_0\cos\theta$ auf der Kugelschale im Inneren ein linear vom Ort abhängiges Potential $U = 4\pi f\mu_0 x_3/3$.

Wenn die Quellen aber im Inneren bei r < R liegen, müssen die Terme mit wachsendem r abnehmen und das wird durch die negativen Exponenten von r erreicht. Der Term mit 1/r stellt das Potential der Punktquelle und der mit $1/r^2$ das des Dipols, beide im Mittelpunkt der Kugel gelegen, dar. Terme höherer Ordnung lassen sich auf bestimmte Konfigurationen von Dipolen zurückführen.

3.1.1 Innere und äußere Quellen (GAUSSsches Verfahren zur Trennung)

Nun wollen wir eine umgekehrte Überlegung anstellen: Daß es eine eindeutige Lösung der ersten Randwertaufgabe für die Kugel überhaupt gibt, zeigt gleichzeitig, daß Quellen im Außenraum zu einer Potentialverteilung auf der Kugeloberfläche führen, die exakt die gleiche ist wie jene, die eine andere Quellenverteilung, und zwar im Inneren der Kugel, hervorrufen würde. Allein aufgrund der Potentiale wäre es daher nicht möglich,- im Rahmen der 1. Randwertaufgabe - das Potential nach seinen Quellen in einen *inneren* und *äußeren* Anteil aufzuteilen. Wenn man jedoch nicht das Potential sondern den Feldvektor, den Gradienten des Potentials auf der Kugeloberfläche kennt, dann ist das möglich. Wir werden später sehen, daß die Feldtrennung für eine unendlich ausgedehnte Ebene als Fläche ebenfalls möglich ist, d. h. man kann entscheiden welcher Anteil von Quellen unterhalb und welcher Anteil von oberhalb der Ebene herrührt. GAUSS hat schon 1835 die für die Kugel gültige Darstellung des Potentials nach Kugelfunktionen benutzt, um die Trennung des erdmagnetischen Feldes nach Innen- und Außenanteil durchzuführen. Er konnte daran zeigen, daß der Innenanteil dem Außenanteil gegenüber weit überwiegt[1]. Sein Verfahren ist so wichtig für die Deutung des erdmagnetischen Feldes, daß es hier kurz dargestellt werden soll. Zu diesem Zweck werden die im Anhang II zusammengestellten Formeln für die Lösung der LAPLACEschen Gleichung in Kugelkoordinaten und für die Kugelfunktionen benötigt. In bezug auf die Quellen des Magnetfeldes, die entweder im Erdinneren (Potential V_i) oder im Bereich der Ionosphäre (Potential V_e) zu suchen sind, genügt das Potential $V = V_i + V_e$ in dem Raum zwischen Erdoberfläche und Ionosphäre sicher der LAPLACEschen Gleichung. Es läßt sich dann durch folgenden Ansatz darstellen:

$$V_i = R \sum_{n=1}^{\infty} \left(\frac{R}{r}\right)^{n+1} \sum_{m=0}^{n} (g_n^{mi} \cos m\psi + h_n^{mi} \sin m\psi)P_n^m(\cos\theta) \qquad r \geqq R$$

---

[1] siehe Literaturverzeichnis

$$V_e = R \sum_{n=1}^{\infty} \left(\frac{r}{R}\right)^n \sum_{m=o}^{n} (g_n^{me} \cos m\psi + h_n^{me} \sin m\psi) P_n^m(\cos\theta) \qquad r \leqq R$$

(siehe Gleichung (II.6), Anahng II) ; $\qquad$ R = Erdradius

g_n^{mi}, h_n^{mi}, g_n^{me} und h_n^{me} sind Koeffizienten, die aus Meßdaten zu bestimmen sind und die über die Quellen Auskunft geben. Das Glied mit m = 0 verschwindet beim Erdmagnetfeld, weil es keine magnetischen Einzelpole gibt. Man rechnet die Komponenten X positiv nach Norden, also

$$X = \left(\frac{1}{r}\frac{\partial V}{\partial\theta}\right)_{r=R} \quad ,$$

Y positiv nach Osten, d. h.

$$Y = -\left(\frac{1}{r\,\sin\theta}\frac{\partial V}{\partial\psi}\right)_{r=R}$$

und Z positiv nach unten, nämlich

$$Z = \left(\frac{\partial V}{\partial r}\right)_{r=R}$$

$$X = \sum_{n=1}^{\infty} \sum_{m=o}^{n} ((g_n^{mi} + g_n^{me})\cos m\psi + (h_n^{mi} + h_n^{me})\sin m\psi)\,\frac{dP_n^m(\cos\theta)}{d\theta}$$

$$Y = \sum_{n=1}^{\infty} \sum_{m=o}^{n} ((g_n^{mi} + g_n^{me})\sin m\psi - (h_n^{mi} + h_n^{me})\cos m\psi)m\,\frac{P_n^m(\cos\theta)}{\sin\theta}$$

$$Z = \sum_{n=1}^{\infty} \sum_{m=o}^{n} -(1+n)((g_n^{mi} - \frac{n}{1+n} g_n^{me})\cos m\psi - (h_n^{mi} - \frac{n}{1+n} h_n^{me})\sin m\psi)P_n^m(\cos\theta).$$

Man erhält die Koeffizienten

$$g_n^m = g_n^{mi} + g_n^{me}$$

$$h_n^m = h_n^{mi} + h_n^{me}$$

$$u_n^m = g_n^{mi} - \frac{1}{n+1} g_n^{me}$$

$$v_n^m = h_n^{mi} - \frac{1}{n+1} h_n^{me}$$

aus den Entwicklungen der X oder Y und Z nach Kugelflächenfunktionen. Daraus folgen die Unbekannten

$$g_n^{mi} = \frac{ng_n^m + (1 + n)u_n^m}{2n + 1}$$

$$h_n^{mi} = \frac{nh_n^m + (1 + n)v_n^m}{2n + 1}$$

$$g_n^{me} = \frac{1 + n}{2n + 1} (g_n^m - v_n^m)$$

$$h_n^{me} = \frac{1 + n}{2n + 1} (h_n^m - v_n^m) \qquad .$$

Beispiel 17: An der Oberfläche einer Kugel mit dem Radius R = 1 m mögen die Feldvektoren des Magnetfeldes gegeben sein

$$H_r = 10 \cos\theta \qquad H_\theta = 6 \sin\theta \qquad H_\psi = 0$$

Das Feld ist durch das Potential U gegeben durch die Ableitungen:

$$(H_r, H_\theta, H_\psi) = (- \frac{\partial U}{\partial r} , - \frac{1}{r} \frac{\partial U}{\partial \theta} , - \frac{1}{r\sin\theta} \frac{\partial U}{\partial \psi}) \quad .$$

$H_\psi = 0$ zeigt, daß U nur von θ abhängig ist. Man macht daher den Ansätz

$$U^{(i)} + U^{(a)} = \frac{M}{4\pi} \frac{\cos\theta}{r^2} + \frac{Ir}{4\pi} \frac{\cos\theta}{R^3} \quad ,$$

wobei M den Anteil der Quellen im Innen- und I den im Außenraum darstellt.

Man bekommt aus den zwei Bestimmungsgleichungen

$$H_r = 10 \cos\theta = \frac{\cos\theta}{4\pi R^3} (2M - I)$$

$$H_\theta = 6 \sin\theta = \frac{\sin\theta}{4\pi R^3} (M + I)$$

$$M = \frac{64\pi}{3} R^3 ; \qquad I = \frac{8\pi}{3} R^3 \qquad .$$

3.2 LÖSUNGEN DER 1. UND 2. RANDWERTAUFGABE IN DER EBENE

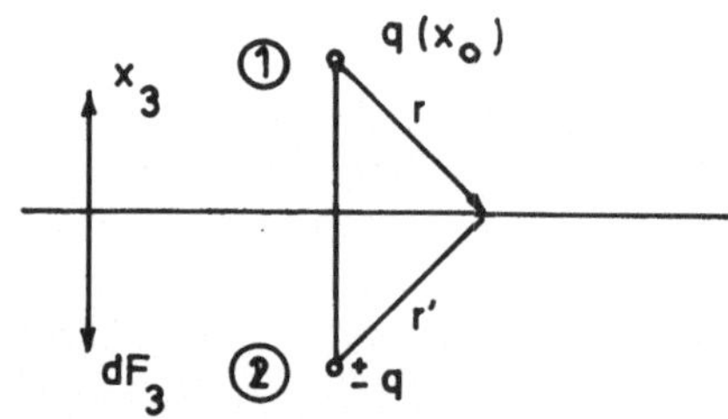

Die Lösung der 1. Randwertaufgabe läßt sich für die Ebene leicht angeben. Die GREENsche Funktion besteht hier aus zwei Quellen ① , ② gleicher Stärke, aber entgegengesetzten Vorzeichens q und - q. Die Quelle ② stellt das Spiegelbild der Quelle ① in der Ebene dar. Die nebenstehende Skizze veranschaulicht die Situation. Wichtiger ist die Lösung der 2. Randwertaufgabe; hier haben Original und Spiegelquelle gleiche Stärke und gleiches Vorzeichen.

3.2.1 Lösung der ersten Randwertaufgabe für die Ebene

Die Ebene $x_3 = 0$ begrenze den quellenfreien Raum. Wenn die Quellen des Feldes im Raum $x_3 < 0$ zu suchen sind, ist $dF_i = (0, 0, -dx_1 dx_2)$, für $x_3 > 0$ ist $dF_i = (0, 0, dx_1 dx_2)$. Die GREENsche Funktion $G_{(1)}$ der 1. Randwertaufgabe lautet:

$$G_{(1)} = \frac{1}{\sqrt{(p_1-x_1)^2+(p_2-x_2)^2+(p_3-x_3)^2}} - \frac{1}{\sqrt{(p_1-x_1)^2+(p_2-x_2)^2+(p_3+x_3)^2}}$$

$$(3.2.1.1)$$

$$U(p_1,p_2,p_3) = \pm \frac{p_3}{2\pi} \int\limits_{-\infty}^{+\infty} \int\limits_{-\infty}^{+\infty} \frac{U(x_1,x_2,0)dx_1\ dx_2}{\sqrt{(p_1-x_1)^2+(p_2-x_2)^2+p_3^2}^{\,3}} \qquad {}^{1} \qquad (3.2.1.2)$$

Wenn die Quellen bei $x_3 > 0$ liegen, ist das obere, sonst das untere Vorzeichen zu nehmen. Gleichung (3.2.1.2) kann man auch dann verwenden, wenn nicht das Potential U sondern eine seiner Ableitungen, z.B. $\partial U/\partial x_3$ auf der Fläche vorgegeben sind, da auch diese Ableitung Lösung der LAPLACEschen Gleichung ist. Die Berechnung von $U(p_1,p_2,p_3)$ nach dieser Formel ist für $p_3 \neq 0$ problemlos. Auch für $p_3 = 0$ tritt keine Schwierigkeit auf, weil in diesem Falle gemäß Gleichung (2.5.14) und (2.5.16) folgt

$$\pm \frac{p_3}{\sqrt{(p_1-x_1)^2+(p_2-x_2)^2+p_3^2}^{\,3}} = \pm\ 1\cdot\ \pm\ 2\pi\delta(p_1-x_1,p_2-x_2)$$

$$U(p_1,p_2,0) = \frac{2\pi}{2\pi} \int \delta(p_1-x_1,p_2-x_2)U(x_1,x_2,0)dx_1\ dx_2 \equiv U(p_1,p_2,0)$$

3.2.2 Lösung der 2. Randwertaufgabe für die Ebene

3.2.2.1 Dreidimensionaler Fall

Die GREENsche Funktion $G_{(2)}$ lautet hier

$$G_{(2)} = \frac{1}{\sqrt{(p_1-x_1)^2+(p_2-x_2)^2+(p_3-x_3)^2}} + \frac{1}{\sqrt{(p_1-x_1)^2+(p_2-x_2)^2+(p_3+x_3)^2}}\ \cdot$$

Über die Orientierung von dF_i gilt das im letzten Abschnitt Gesagte. $G_{(2)}$ in Gleichung (2.10.5.3) eingesetzt ergibt:

$$U(p_1,p_2,p_3) = \mp \frac{1}{2\pi} \int\limits_{-\infty}^{+\infty} \int\limits_{-\infty}^{+\infty} \frac{\left(\dfrac{\partial U}{\partial x_3}\right)_{x_3=0}}{\sqrt{(p_1-x_1)^2+(p_2-x_2)^2+p_3^2}}\ dx_1\ dx_2 \qquad (3.2.2.1.2)$$

und die Ableitungen

$$\frac{\partial U}{\partial p_3} = \pm \frac{p_3}{2\pi} \int\limits_{-\infty}^{+\infty} \int\limits_{-\infty}^{+\infty} \frac{\left(\dfrac{\partial U}{\partial x_3}\right)_{x_3=0}}{\sqrt{(p_1-x_1)^2+(p_2-x_2)^2+p_3^2}^{\,3}}\ dx_1\ dx_2 \qquad (3.2.2.1.3)$$

$$\frac{\partial U}{\partial p_1} = \pm \frac{1}{2\pi} \int\limits_{-\infty}^{+\infty} \int\limits_{-\infty}^{+\infty} \frac{(p_1-x_1)\left(\dfrac{\partial U}{\partial x_3}\right)_{x_3=0}}{\sqrt{(p_1-x_1)^2+(p_2-x_2)^2+p_3^2}^{\,3}}\ dx_1\ dx_2 \qquad (3.2.2.1.4)$$

---

[1] Hiermit wird deutlich, daß auch für die Ebene die Trennung der inneren und äußeren Quellen durchführbar sein muß. (Siehe Seite 48)

$$\frac{\partial U}{\partial p_2} = \pm \frac{1}{2\pi} \int\limits_{-\infty}^{+\infty} \int\limits_{-\infty}^{+\infty} \frac{(p_2-x_2)\left(\frac{\partial U}{\partial x_3}\right)_{x_3=0}}{\sqrt{(p_1-x_1)^2+(p_2-x_2)^2+p_3^2}^{\,3}} \, dx_1 \, dx_2 \qquad (3.2.2.1.5)$$

Auch hier gilt das obere Vorzeichen für den Raum $p_3 > 0$ (Quellen bei $x_3 < 0$), das untere für $p_3 < 0$ (Quellen bei $x_3 > 0$). Die Gleichungen (3.2.2.1.3) bis (3.2.2.1.5) sind die wichtigsten Formeln der in Kapitel 3.3 zu besprechenden Feldtransformationen. Zunächst erkennt man, daß Gleichung (3.2.2.1.3) das gleiche aussagt wie die Lösung der ersten Randwertaufgabe in Gleichung (3.2.1.2). Die Integranden in Gleichung (3.2.2.1.4) und (3.2.2.1.5) durchlaufen bei $x_i = p_i$ für $p_3 = 0$ Ausdrücke der Form 0/0 und es stellt sich die Frage, ob die Formeln dann noch brauchbar sind. Der Beweis, daß dies zutrifft, kann analog wie bei der Diskussion von Gleichung (3.2.1.2) durchgeführt werden, ist aber auf diesem Wege umständlicher. Darum soll dieser Punkt in Kapitel 3.2.3 bei der Besprechung der FOURIER-Transformation von Feldern nachgeholt werden.

3.2.2.2 Die GREENsche Funktion der Ebene für 2-dimensionale Felder

Wir untersuchen Gleichung (3.2.2.1.3) für den speziellen Fall, daß U nicht von x_2 abhängt. Die Quellen eines solchen Feldes stellen dann eine zweidimensionale Verteilung dar. Die Integration von Gleichung (3.2.2.1.3) nach x_2 ist analytisch durchführbar und ergibt

$$\frac{\partial U}{\partial p_3} = \frac{p_3}{\pi} \int\limits_{-\infty}^{+\infty} \left(\frac{\partial U}{\partial x_3}\right)_{x_3=0} \frac{dx_1}{(p_1-x_1)^2 + p_3^2} \qquad (3.2.2.2.1)$$

$$= \frac{1}{2\pi} \int\limits_{-\infty}^{+\infty} \left(\frac{\partial U}{\partial x_3}\right)_{x_3=0} \frac{\partial}{\partial p_3} \ln((p_1-x_1)^2 + p_3^2) dx_1 \quad .$$

Man kann Gleichung (3.2.2.2.1) direkt nach p_3 integrieren:

$$U = \frac{1}{2\pi} \int\limits_{-\infty}^{+\infty} \left(\frac{\partial U}{\partial x_3}\right)_{x_3=0} \ln((p_1-x_1)^2 + p_3^2) dx_1 + c(p_1)$$

(mit $c(p_1)$ = triviale, von p_3 unabhängige Lösung der Randwertaufgabe). An dieser Darstellung erkennt man sofort, daß die GREENsche Funktion der Ebene im Zweidimensionalen eine logarithmische ist, und zwar gemäß Gleichung (2.10.5.3)

$$G_{(2)} = \ln((p_1-x_1)^2+(p_3+x_3)^2) + \ln((p_1-x_1)^2+(p_3-x_3)^2) \quad . \qquad (3.2.2.2.2)$$

Dementsprechend folgt für die Horizontalkomponente des Feldes

$$\frac{\partial U}{\partial p_1} = \frac{1}{\pi} \int\limits_{-\infty}^{+\infty} \frac{p_1-x_1}{(p_1-x_1)^2 + p_3^2} \left(\frac{\partial U}{\partial x_3}\right)_{x_3=0} dx_1 \qquad . \qquad (3.2.2.2.3)$$

3.2.3 Die Interpretation der Lösungen der 1. Randwertaufgabe für die Ebene durch die FOURIER-Transformierte

Wir haben im Kapitel 2.6 die allgemeine Lösung der LAPLACEschen Gleichung in karthesischen Koordinaten kennengelernt, und zwar in der Gestalt eines zweidimensionalen FOURIER-Integrales. In diesem kommt die Spektraldichteverteilung des Potentials $U(x_1,x_2,0)$ in der Ebene $x_3=0$ vor. Die sich ergebende Endformel (Gleichung (2.6.5)) zeigt bereits, daß man nur die FOURIER-Transformation von $U(x_1,x_2,0)$ zu kennen braucht,um das Potential an jedem beliebigen Punkt (x_1,x_2,x_3) des quellenfreien Raumes auszurechnen.Nun stellt aber auch die Integralformel (3.2.1.2) eine Lösung der LAPLACEschen Gleichung dar, sie sieht nur ganz anders aus. Wir dürfen also davon ausgehen, daß die beiden Darstellungsarten das gleiche aussagen, wenn von der gleichen Potentialverteilung $U(x_1,x_2,0)$ die Rede ist. In diesem Abschnitt sollen daher die Querbeziehungen zwischen dem FOURIER-Integral in Gleichung (2.6.5) und den Integrallösungen (3.2.1.2) sowie (3.2.2.1.4) und (3.2.2.1.5) hergestellt werden.

Zunächst setzen wir die Formeln (2.6.5) und (3.2.1.2) einander gleich. Zu diesem Zweck braucht in Gleichung (2.6.5) nur x_i durch p_i ersetzt zu werden.

$$U(p_1,p_2,p_3) = \iint F(k_1,k_2)e^{i(k_1p_1+k_2p_2)\mp k_3p_3}\,dk_1\,dk_2 \qquad (3.2.3.1)$$

$$= \pm\,\frac{p_3}{2\pi}\iint \frac{U(x_1,x_2,0)\,dx_1\,dx_2}{\sqrt{(p_1-x_1)^2+(p_2-x_2)^2+p_3{}^2}^{\,3}}$$

In diesen Formeln wollen wir aus rechentechnischen Gründen eine zweidimensionale DIRAC-Funktion

$$U_\delta(x_1,x_2,0) = \delta(x_1,x_2)$$

als Potentialverteilung auf der x_1x_2-Ebene annehmen. Die DIRAC-Funktion wird zwar an der Stelle $x_1 = x_2 = 0$ singulär, doch besitzt sie eine FOURIER-Transformierte

$$F_\delta(k_1,k_2) = \frac{1}{4\pi^2}\quad.$$

Daher ergibt sich durch Einsetzen von $F_\delta(k_1,k_2)$ in das erste und durch Anwendung des Faltungssatzes auf das zweite Integral in Gleichung (3.2.3.1)

$$U_\delta(p_1,p_2,p_3) = \frac{1}{4\pi^2}\iint (e^{\mp k_3p_3})e^{i(k_1p_1+k_2p_2)}dk_1dk_2 = \frac{\pm\,p_3}{2\pi\sqrt{p^2+p^2+p_3{}^2}^{\,3}}\;.$$

Die FOURIER-Transformierte

$$T_3(k_1,k_2) = \frac{1}{4\pi^2}\iint \pm\left(\frac{p_3}{2\pi\sqrt{p_1{}^2+p_2{}^2+p_3{}^2}^{\,3}}\right)e^{-i(k_1p_1+k_2p_2)}dp_1\,dp_2$$

ist daher

$$T_3(k_1,k_2) = \frac{1}{4\pi^2}e^{\mp k_3p_3}\quad. \qquad (3.2.3.2)$$

Wir wollen in analoger Weise die Gleichungen (3.2.2.1.4) und (3.2.2.1.5) interpretieren und differenzieren Gleichung (2.6.5) nach x_3, um die FOURIER-Darstellung $G(k_1,k_2)$ der Ableitung $\partial U/\partial x_3$ zu erhalten:

$$G(k_1,k_2) = \mp\, k_3 F(k_1,k_2)$$

$$F(k_1,k_2) = +\,\frac{1}{k_3}\, G(k_1,k_2) \qquad . \tag{3.2.3.3}$$

Dann erhält man die entsprechenden Ableitungen $\partial U/\partial x_1$ und $\partial U/\partial x_2$ in folgender Gestalt

$$\frac{\partial U}{\partial x_1} = \iint \frac{ik_1}{k_3}\, G(k_1,k_2) e^{i(k_1 x_1 + k_2 x_2)\mp k_3 x_3} dk_1\, dk_2$$

$$\tag{3.2.3.4}$$

$$\frac{\partial U}{\partial x_2} = \iint \frac{ik_2}{k_3}\, G(k_1,k_2) e^{i(k_1 x_1 + k_2 x_2)\mp k_3 x_3} dk_1\, dk_2 \qquad .$$

In dem Integranden von Gleichung (3.2.3.4) kommen wegen $k_3 = \sqrt{k_1{}^2 + k_2{}^2}$ die Ausdrücke

$$\frac{k_1}{\sqrt{k_1{}^2 + k_2{}^2}} \quad , \quad \frac{k_2}{\sqrt{k_1{}^2 + k_2{}^2}}$$

vor. Diese bleiben für alle k_1 und k_2 endlich. Sofern also $\partial U/\partial x_3$ eine FOURIER-Transformation $G(k_1,k_2)$ hat, sind auch $\partial U/\partial x_1$ und $\partial U/\partial x_2$ nach Gleichung (3.2.3.4) ohne ernsthafte Schwierigkeiten zu bestimmen. Damit ist auch die in Absatz 3.2.2 gestellte Frage nach der Konvergenz der Integrale (3.2.2.1.4) und (3.2.2.1.5) mit ja beantwortet.

Die FOURIER-Transformation läuft in der Praxis auf eine Berechnung eines diskreten k-Spektrums hinaus, da ja die Meßdaten nicht kontinuierlich sondern nur auf diskreten Koordinatenpunkten erhalten werden. Diese ist zwar nur eine Näherung der FOURIER-Transformation, stellt aber doch eine Hilfe dar, da es die quantitative Verteilung der verschiedenen Feldanteile mit unterschiedlichen Wellenlängen vermittelt. Darum sollen hier zwei einfache Beispiele für die Berechnung von FOURIER-Transformationen angegeben werden.

Beispiel 18: Auf der Ebene $x_3 = 0$ sei die eindimensionale δg_3-Verteilung eines in 2-Richtung unendlich ausgedehnten horizontalen Streifens der Breite 1 in der Tiefe $\xi_3 = z = const$ vorgegeben. Wie lautet die FOURIER-Transformation von $\delta g_3(x_1,0)$?

Man geht von Formel (2.2.2) aus, die nach x_3 differenziert

$$\frac{\partial U}{\partial x_3} = \delta g_3 = f\mu \int\limits_{-\infty}^{+\infty} \int\limits_{-1/2}^{+1/2} \frac{\partial}{\partial x_3}\, \frac{1}{r}\, d\xi_1\, d\xi_2$$

ergibt. Die Integration nach ξ_2 ist nach der Formel

$$\int \frac{dx}{\sqrt{a^2 + x^2}^{\,3}} = \frac{x}{a^2 \sqrt{x^2 + a^2}}$$

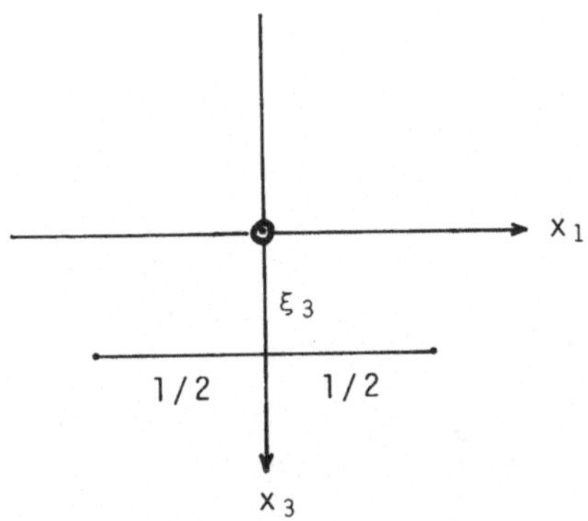

durchzuführen und es bleibt

$$(3.2.3.5)$$

$$\delta g_3 = 2f\mu \int_{-1/2}^{+1/2} \frac{z}{z^2 + (\xi_1 - x_1)^2} d\xi_1 = 2f\mu \left[\arctan\left(\frac{z}{\frac{1}{2} - x}\right) - \arctan\left(\frac{z}{\frac{1}{2} + x}\right) \right] .$$

Das Integral (3.2.3.5) könnte zwar analytisch ausgerechnet werden, was aber zunächst nicht geschehen soll. Wir wollen es statt dessen als eine spezielle Integraltransformation von $\delta g_3(x_1)$ auffassen und schreiben gleich für das FOURIER-Integral:

$$F(k) = \frac{1}{2\pi} \int_{-\infty}^{+\infty} \int_{-1/2}^{+1/2} \frac{2f\mu z\, e^{-ikx_1}}{z^2 + (\xi_1 - x_1)^2} d\xi_1\, dx_1$$

Die Integrationsreihenfolge wird nun vertauscht, also

$$F(k) = \frac{f\mu}{\pi} \int_{-1/2}^{+1/2} \left[\int_{-\infty}^{+\infty} \frac{z\, e^{-ikx_1}}{z^2 + (\xi_1 - x_1)^2} dx_1 \right] d\xi_1 \qquad . \qquad (3.2.3.6)$$

Die Integration nach x_1 erfolgt unter Anwendung von Sätzen der Funktionentheorie [1].

------

[1] Man betrachtet x_1 als Realteil einer komplexen Variablen $u = x + iV$ und ergänzt den Integrationsweg $x_1 = -\infty$ bis $x_1 = +\infty$ durch einen Kreisbogen mit dem Radius R über die Halbebene $V < 0$ zu einem geschlossenen Weg C_1, falls $k > 0$. In diesem Falle nämlich verschwindet wegen

$$e^{-iku} = e^{-ikx_1 + Vk}$$

das Integral mit $R \to \infty$ auf dem Kreisbogen. Wenn jedoch $k < 0$, muß man den über die Halbebene $V > 0$ geschlossenen Weg C_2 wählen, um das Verschwinden des Integrals auf dem Kreisbogen zu bewirken. Integrale über geschlossene Wege lassen sich für komplexe Variable oft ohne
(Fortsetzung der Fußnote auf S 57)

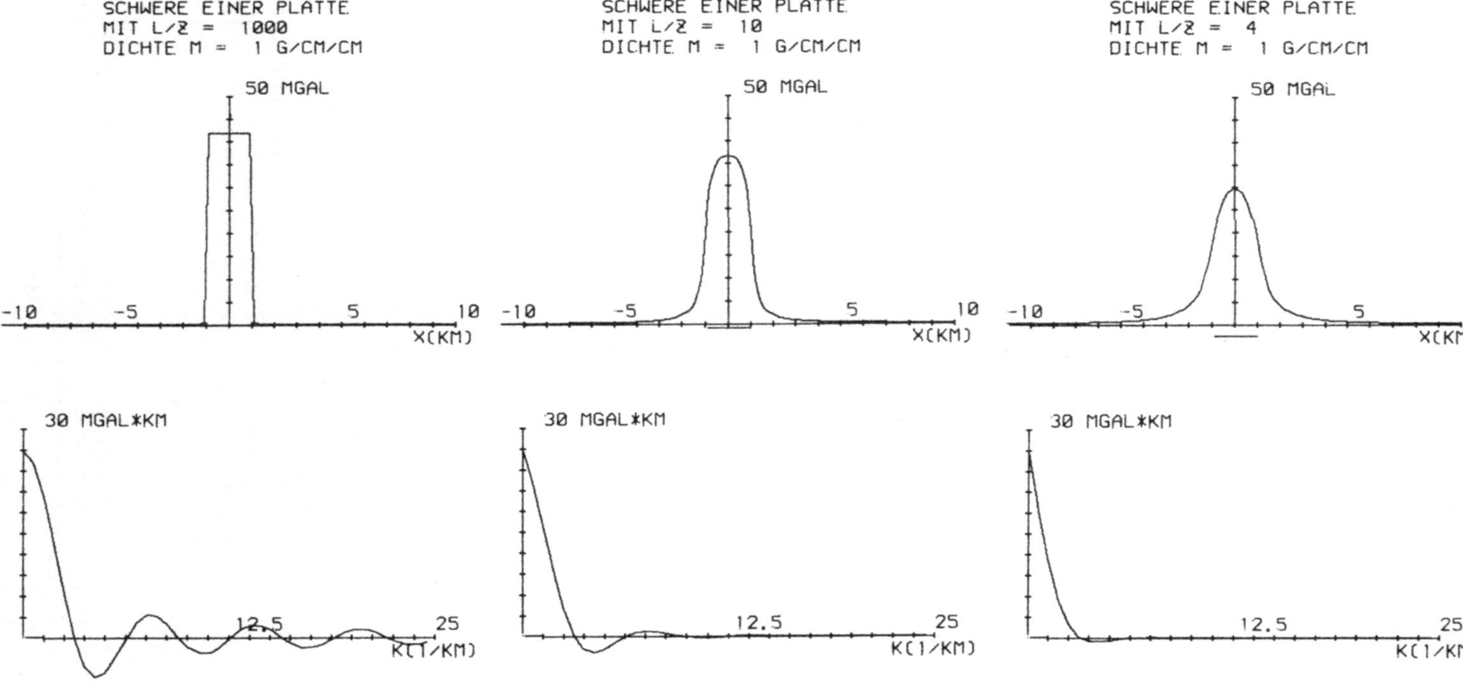

Abb. 3.2.3.1 : Gegenüberstellung einiger Spektren F(k) für verschiedene z.

$$F(k) = f\mu \int_{-1/2}^{+1/2} e^{-ik\xi_1 \mp kz} \, d\xi_1 \qquad \text{oberes Vorzeichen für } k > 0$$

oberes Vorzeichen für $k > 0$
unteres Vorzeichen f. $k < 0$

$$F(k) = 2f\mu \cdot e^{-kz} \cdot \frac{\sin(kl/2)}{k} \qquad (z > 0) \qquad\qquad (3.2.3.7)$$

Dieses Beispiel illustriert Möglichkeiten der Spektralanalyse zur Deutung gravimetrischer Messungen. Die δg_3-Anomalie hat bei kleiner Störkörpertiefe fast rechteckige Gestalt und geht für größere Tiefen in eine mehr glockenförmige Kurve mit zunehmender Breite über. Die FOURIER-Transformierte $F(k)$ ist für oberflächennahe Störkörper reich an Oberwellen, wobei die Extrema etwa bei den Nullstellen von $\cos(ka/2)$ zu finden sind, nämlich bei

$$k_\nu = \frac{\pi}{a} (1 + 2\nu) \qquad \nu = 1, 2, 3, \ldots$$

d. h. die Oberwellenanteile des Spektrums hängen unmittelbar mit

---

(Fortsetzung von S.55)
lange Rechnung hinschreiben. Voraussetzung ist, daß der Integrand im umfahrenen Gebiet nur Pole enthält. Dann ist das geschlossene Integral gleich $2\pi i$ mal der Summe der Residuen dieser Pole. Wenn der Integrand z. B. die Gestalt $f(u)/(u-c)$ mit $f(u)$ = reguläre Funktion hat, so kann man die Lösung nach dem Residuensatz angeben:

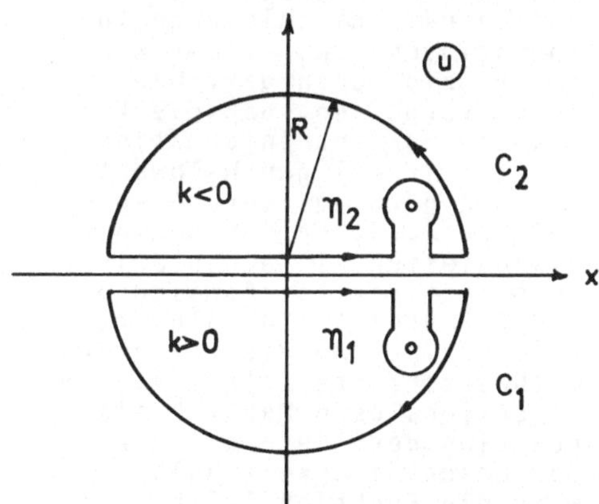

$$\oint \frac{f(u)\,du}{u - c} = 2\pi \cdot i \cdot f(u)$$

Im vorliegenden Beispiel hat der Integrand 2 Pole

$$\eta_1 = \xi_1 + iz$$
$$\eta_2 = \xi_1 - iz \quad .$$

Durch Partialbruchzerlegung formt man Gleichung (3.2.3.6) um.

$$F(k) = -\frac{f\mu z}{\pi} \int_{-1/2}^{+1/2} \frac{dk}{2i\,z} \int_{-\infty}^{+\infty} \left\{ \frac{e^{-ikx_1}}{x_1 - \eta_1} - \frac{e^{-ik_1}}{x_2 - \eta_2} \right\} dx_1 \quad .$$

Dem ersten Integral mit dem Pol η_1 ist aus Konvergenzgründen der Weg C_1 zuzuordnen, dem zweiten mit dem Pol η_2 der Weg C_2; C_1 und C_2 setzen sich jeweils aus den geraden Stücken auf der reelen Achse und dem Kreisbogenstück zusammen, auf denen das Integral verschwindet. Darum gilt der Residuensatz:

$$F(k) = f\mu \int_{-1/2}^{+1/2} e^{ik\xi_1 - |k|z} \, d\xi_1 \qquad z \text{ positiv definiert}$$

der Horizontalausdehnung des Störkörpers zusammen. Die Oberwellen nehmen mit wachsender Störkörpertiefe rasch ab, so daß für größere z das Spektrum schließlich zu einer einfachen,abklingenden Exponentialfunktion wird.

Als wichtiges Kriterium der Tiefenabschätzung wird oft die Halbwertsbreite $x_{1/2}$ der Anomalie δg_3 und der FOURIER-Transformierten $k_{1/2}$ verwendet. Aus den Abbildungen 3.2.3.1 ist ein Zusammenhang erkennbar, der sich folgendermaßen in Worte fassen läßt:

> Die Halbwertsbreite $x_{1/2}$ der Anomalie und die reziproke Halbwertsbreite $1/k_{1/2}$ ihrer FOURIER-Transformierten sind für kleine Tiefen z der Horizontalausdehnung l und für große Tiefen ξ der Tiefe des Störkörpers proportional.

Es wird öfters die Frage gestellt, ob für die Tiefenabschätzung von Störkörpern eher die Halbwertsbreite der Anomalie $x_{1/2}$ oder des Spektrums $k_{1/2}$ geeignet sei. Man ist u. U. geneigt zu meinen, daß dies doch einerlei sei. Schließlich geht ja das Spektrum eindeutig aus den Meßdaten hervor und enthält die gleichen Informationen. Das stimmt wohl im Prinzip, doch darf man nicht vergessen, daß die *Verwendbarkeit* der Information aus den jeweiligen Halbwertsbreiten durchaus verschieden sein kann. Schon bei dem hier diskutierten,einfachen Beispiel ist das so: Abbildung 3.2.3.2 stellt die Halbwertsbreite $x_{1/2}$ und die reziproke Halbwertsbreite $1/(k_{1/2}\cdot l)$ im dimensionslosen Maßstab als Funktion der Tiefe z/l dar. Der Anschaulichkeit halber wird die Funktion $\ln 2/k_{1/2}\cdot l)$ gegen z/l aufgetragen, weil diese sich wie $x_{1/2}/l$ asymptotisch für große z/l der Geraden z/l annähert. Je früher sich die Kurven dieser Geraden anschmiegen, umso besser ist die jeweilige Halbwertsbreite für die Tiefenabschätzung geeignet. Die Halbwertsbreite $x_{1/2}$ der Anomalie ist eine

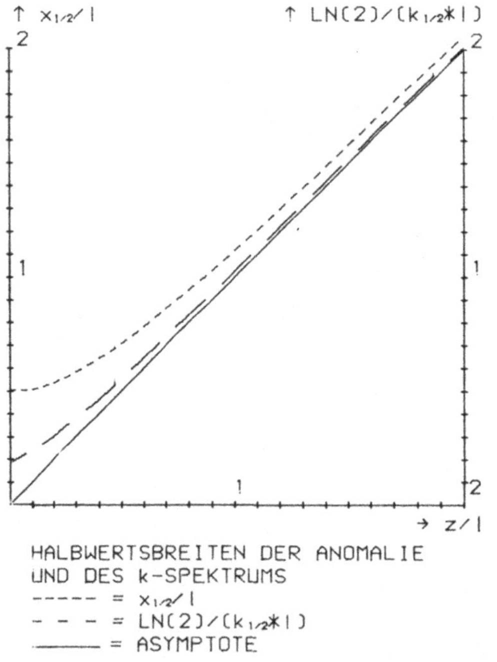

Abb. 3.2.3.2

Hyperbel

$$x_{1/2}/l = \sqrt{(z/l)^2 + (1/4)}$$

(siehe Satz von den Peripheriewinkeln!) mit horizontaler Tangente bei z/l = 0. Dagegen ist $\ln 2/(k_{1/2}\cdot l)$ eine analytisch nicht explizit darstellbare Funktion, die man durch Näherungsrechnungen gewinnt. Sie hat im Gegensatz zu $x_{1/2}/l$ bei z/l=0 keine horizontale Tangente.

Das macht sie eher ungeeignet für die Abschätzung der Horizontalausdehnung l, denn auf geringe Änderungen der Tiefe reagiert sie
empfindlich. Andererseits nähert sie sich viel rascher als $x_{1/2}/l$
der Asymptote z/l. Zum Beispiel liegt sie bei $z/l = 1$ um nur 3% zu
hoch. Dagegen gibt $x_{1/2}/l$ immerhin noch um 10% zu große Werte. Dieser gewaltige Unterschied mag umso mehr erstaunen, als doch eine
umkehrbar eindeutige Beziehung zwischen einer Funktion und ihrer
FOURIER-Tansformierten besteht. In diesem speziellen Fall liegt die
Erklärung auf der Hand: Die FOURIER-Transformierte enthält bei oberflächennahen Störkörpern einen erheblichen Anteil an Oberwellen,
welche wohl auf $x_{1/2}$ Einfluß nehmen, aber bei der Bestimmung von
$k_{1/2}$ unberücksichtigt bleiben. Zunächst, beschränkt auf das disku-
tierte Beispiel, läßt sich folgender Schluß ziehen:

> Die Halbwertsbreite des Spektrums ist für die
> Abschätzung der Tiefe des Störkörpers eher
> geeignet als die Halbwertsbreite der Anomalie.

Es sei daran erinnert, daß für den horizontalen Streifen ein direktes,graphisches Auswerteverfahren existiert (Zweikreisverfahren von
JUNG) und daß solche subtile Abschätzungen an Hand des Spektrums hier
überflüssig sind. Ich habe sie aber angeführt, weil sie in ähnlicher Weise auf viel kompliziertere Strukturen übertragbar sind und
dort eine wesentliche Hilfe bedeuten. Verkompliziert wird die Sache
durch die vertikale Ausdehnung der Massen und die endliche Ausdehnung in der x_2-Richtung, die bei unseren Überlegungen zunächst
nicht berücksichtigt wurden. Wegen der Wichtigkeit dieser Frage
seien zwei komplizierte Beispiele angeführt.

Beispiel 19: Eine Schwereanomalie wird durch die zweidimensionale Massenbelegung μ = const von der Gestalt eines Rechteckes in der Tiefe
$\xi_3 = z$

- $a/2 < \xi_1 < +a/2$

- $b/2 < \xi_2 < +b/2$

hervorgerufen. FOURIER-Transformierte und Schwereanomalie sollen
miteinander verglichen werden.

Lösung: δg_3 ergibt sich durch Differenzieren von Gleichung (2.2.2)
nach x_3

$$\delta g_3 = \frac{\partial U}{\partial x_3} = f\mu \int_{-a/2}^{+a/2} \int_{-b/2}^{+b/2} \frac{z}{\sqrt{(\xi_1-x_1)^2+(\xi_2-x_2)^2+z^2}^3} \, d\xi_1 \, d\xi_2 \quad .$$

Dieses Integral ist analytisch auswertbar. Die vorkommenden Integrale sind teils auf Seite 54 bereits eingeführt worden oder in Ta-
felwerken nachzuschlagen.

$$\int \frac{dx}{(x^2+b^2)\sqrt{x^2+a^2}} = \frac{1}{b\sqrt{a^2-b^2}} \arctan \frac{x\sqrt{a^2-b^2}}{b\sqrt{x^2+a^2}} + C \quad \text{für } a > b$$

Nachfolgende Form für δg_3 ist besonders gut für das Programmieren
geeignet:

$$\delta g_3 = f\mu \sum_{n=0}^{1} (1-2n) \sum_{m=0}^{1} (1-2m)\arctan\left(\frac{\alpha_n \beta_m}{z\sqrt{\alpha_n{}^2 + \beta_m{}^2 + z^2}}\right) \qquad (3.2.3.8)$$

$$\text{mit } \alpha_n = (1 - 2n)\,\frac{a}{2} - x_1$$

$$\beta_m = (1 - 2m)\,\frac{b}{2} - x_2$$

Das FOURIER-Integral ist wie beim vorangegangenen Beispiel durch Umkehrung der Integrationsreihenfolge zu gewinnen, und zwar erhält man

$$F(k_1,k_2) =$$

$$\frac{f\mu}{4\pi^2} \int_{-b/2}^{+b/2} d\xi_2 \int_{-a/2}^{+a/2} d\xi_1 \int_{-\infty}^{+\infty} \int_{-\infty}^{+\infty} \frac{z}{\sqrt{(\xi_1-x_1)^2+(\xi_2-x_2)^2+z^2}{}^3}\, e^{-i(k_1 x_1 + k_2 x_2)} dx_1\, dx_2 \;,$$

wobei man

$$X_1 = x_1 - \xi_1 \qquad X_2 = x_2 - \xi_2$$
$$dX_1 = dx_1 \qquad dX_2 = dx_2$$

substituiert

$$F(k_1,k_2) =$$

$$f\mu \int_{-b/2}^{+b/2} \int_{-a/2}^{+a/2} e^{-i(k_1\xi_1 + k_2\xi_2)} d\xi_1 d\xi_2 \; \frac{1}{4\pi^2} \int_{-\infty}^{+\infty} \int_{-\infty}^{+\infty} \frac{z}{\sqrt{X_1{}^2+X_2{}^2+z^2}{}^3}\, e^{-i(k_1 X_1 + k_2 X_2)} dX_1 dX_2 .$$

Das zweite Doppelintegral ist nach Gleichung (3.2.3.2) bekannt. Dabei ist aber zu beachten, daß in diesem speziellen Beispiel z positiv nach unten definiert ist. Man hat darum das obere Vorzeichen der Gleichung (3.2.3.2) zu nehmen:

$$F(k_1,k_2) = \frac{f\mu}{2\pi} \int_{-b/2}^{+b/2} \int_{+a/2}^{+a/2} e^{-i(k_1\xi_1 + k_2\xi_2) - k_3 z}\, d\xi_1\, d\xi_2$$

$$F(k_1,k_2) = \frac{2f\mu}{\pi}\, e^{-k_3 z}\, \frac{\sin(k_1 a/2)}{k_1} \cdot \frac{\sin(k_2 b/2)}{k_2} \qquad (z > 0) \quad (3.2.3.9)$$

Man beachte, daß

$$F(0,0) = \frac{2\pi f\mu ab}{4\pi^2} = \frac{1}{4\pi^2} \iint \delta g_3 dx_1\, dx_2 \;. \qquad (3.2.3.10)$$

Dies ist aber das Integral der Schwerestörung (Gleichung (2.7.1)) geteilt durch $4\pi^2$. Wenn man $F(k_1,k_2)$ graphisch darstellt findet man, daß es an der Stelle (0,0) eine Spitze aufweist. Die Figuren in Abb. 3.2.3.3 zeigen räumliche Darstellungen der Anomalie und ihrer

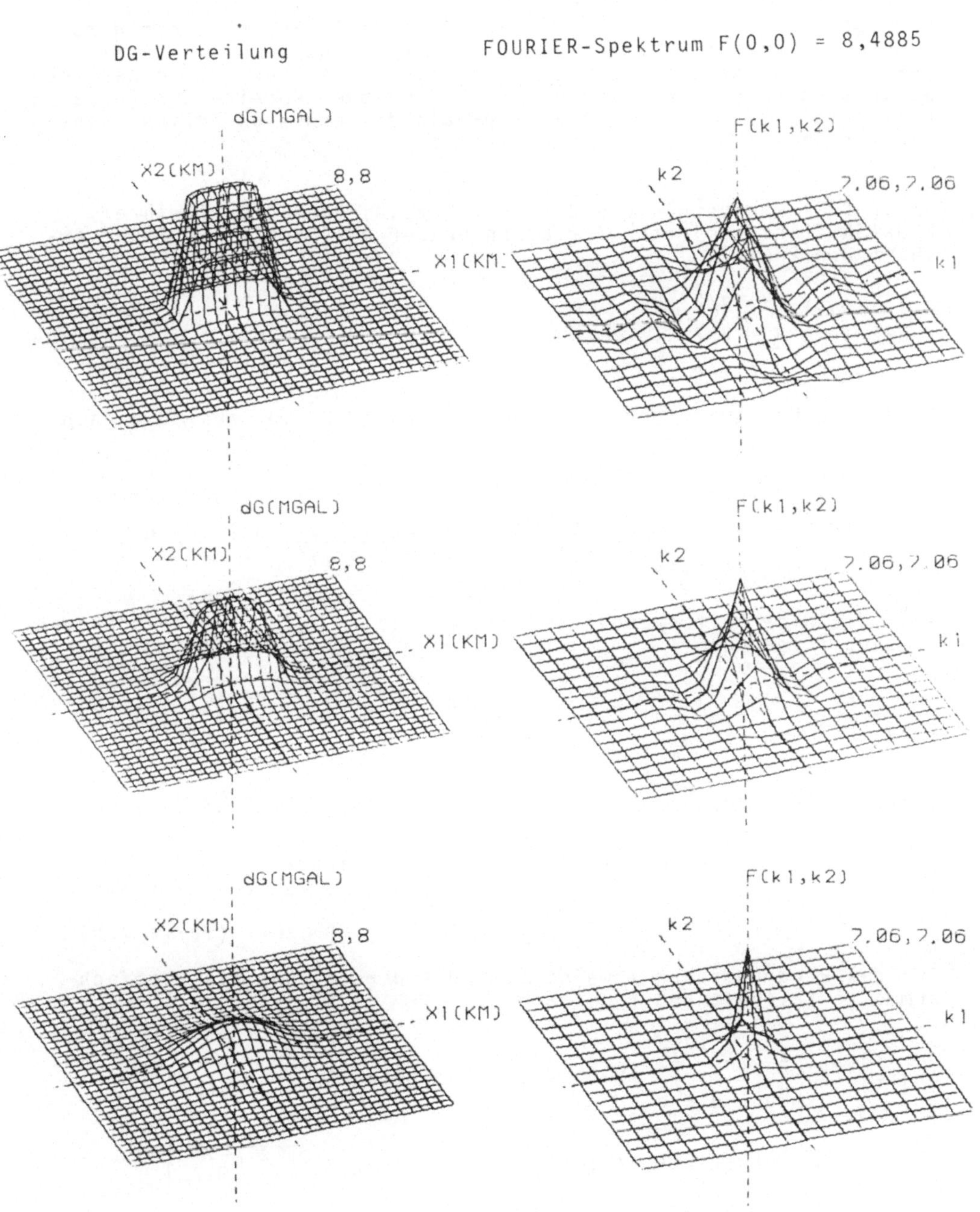

Abb. 3.2.3.3
Schwereanomalie $\delta g(x_1,x_2)$ und ihre FOURIER-Transformierte $F(k_1,k_2)$ für plattenförmige Störkörper mit a = 2 km, b = 4 km, μ = 1g/cm^2. Auf den Achsen k_1 = 0 und k_2 = 0 gelten die beim Beispiel 18 angestellten Überlegungen über $k_{1/2}$ unverändert. Von oben nach unten (links):
    z = 0,1 km,   Maximum = 77,8317 mGal
    z = 0,4 km,   Maximum = 61,0326 mGal
    z = 1,6 km,   Maximum = 22,7568 mGal

FOURIER-Transformierten für einige Beispiele. Es ist wichtig,zu
sehen, daß die im Beispiel 18 gezogenen Schlüsse über die Halbwertsbreiten und die Oberwellenverteilung des Spektrums einer Anomalie sinngemäß auch hier gelten. Die Halbwertsbreite der Anomalie
einer endlichen Platte ist kleiner als die eines unendlich ausgedehnten Streifens, sofern z klein ist.

Beispiel 20: Man vergleiche die $\delta g_3(x_1,x_2,0)$-Anomalie mit ihrer
FOURIER-Transformierten für einen Quader der Dichte σ. Dieser erfüllt den Raum:

$$- a/2 \leqq \xi_1 \leqq + a/2$$

$$- b/2 \leqq \xi_2 \leqq + b/2$$

$$z \leq \xi_3 \leq z + c$$

Um δg_3 zu bestimmen,geht man von Gleichung (2.2.3) aus, die nach
x_3 zu differenzieren ist.

$$\delta g_3 = f\sigma \int_{-c/2}^{+c/2} \int_{-b/2}^{+b/2} \int_{-a/2}^{+a/2} \frac{\xi_3 - x_3}{\sqrt{(\xi_1-x_1)^2+(\xi_2-x_2)^2+(\xi_3-x_3)^2}^{\,3}} \, d\xi_1 \, d\xi_2 \, d\xi_3 \ .$$

Auch die hier auftretenden Integrale sind in Tafeln nachzuschlagen,
es sind folgende:

$$\int \frac{x \, dx}{\sqrt{x^2+a^2}^{\,3}} = - \frac{1}{\sqrt{x^2+a^2}} + C \ ; \qquad \int \frac{dx}{\sqrt{x^2+a^2}} = \ln(x + \sqrt{x^2+a^2}) + C$$

$$\int \ln(b + \sqrt{x^2+a^2})dx = x \, \ln(b + \sqrt{x^2+a^2}) + b \, \ln(x + \sqrt{x^2+a^2}) - x +$$

$$+ \sqrt{a^2-b^2}(\arctan \frac{x}{\sqrt{a^2-b^2}} -\arctan \frac{bx}{\sqrt{a^2-b^2}\sqrt{x^2+a^2}})+ C$$

$$(\text{für } a > b)$$

Für das Programmieren erweist sich die Darstellung als Dreifach-
summe vorteilhaft und raumsparend.

$$\delta g_3 = f\sigma \sum_{m=o}^{1} \sum_{l=o}^{1} \sum_{k=o}^{1} (2m - 1)(2l - 1)(2k - 1)\cdot$$

$$(r_k \, \ln(q_1 + \sqrt{r_k^2+p_m^2+q_1^2}) + q_1 \, \ln(r_k + \sqrt{r_k^2+p_m^2+q_1^2}) - r_k +$$

$$+ p_m(\arctan \frac{r_k}{p_m} - \arctan \frac{q_1 r_k}{p_m\sqrt{r_k^2+p_m^2+q_1^2}})$$

mit den Abkürzungen:

$$p_0 = z \qquad\qquad q_0 = -b/2 - x_2 \qquad\qquad r_0 = -a/2 - x_1$$

$$p_1 = z + c \qquad\qquad q_1 = b/2 - x_2 \qquad\qquad r_1 = a/2 - x_1$$

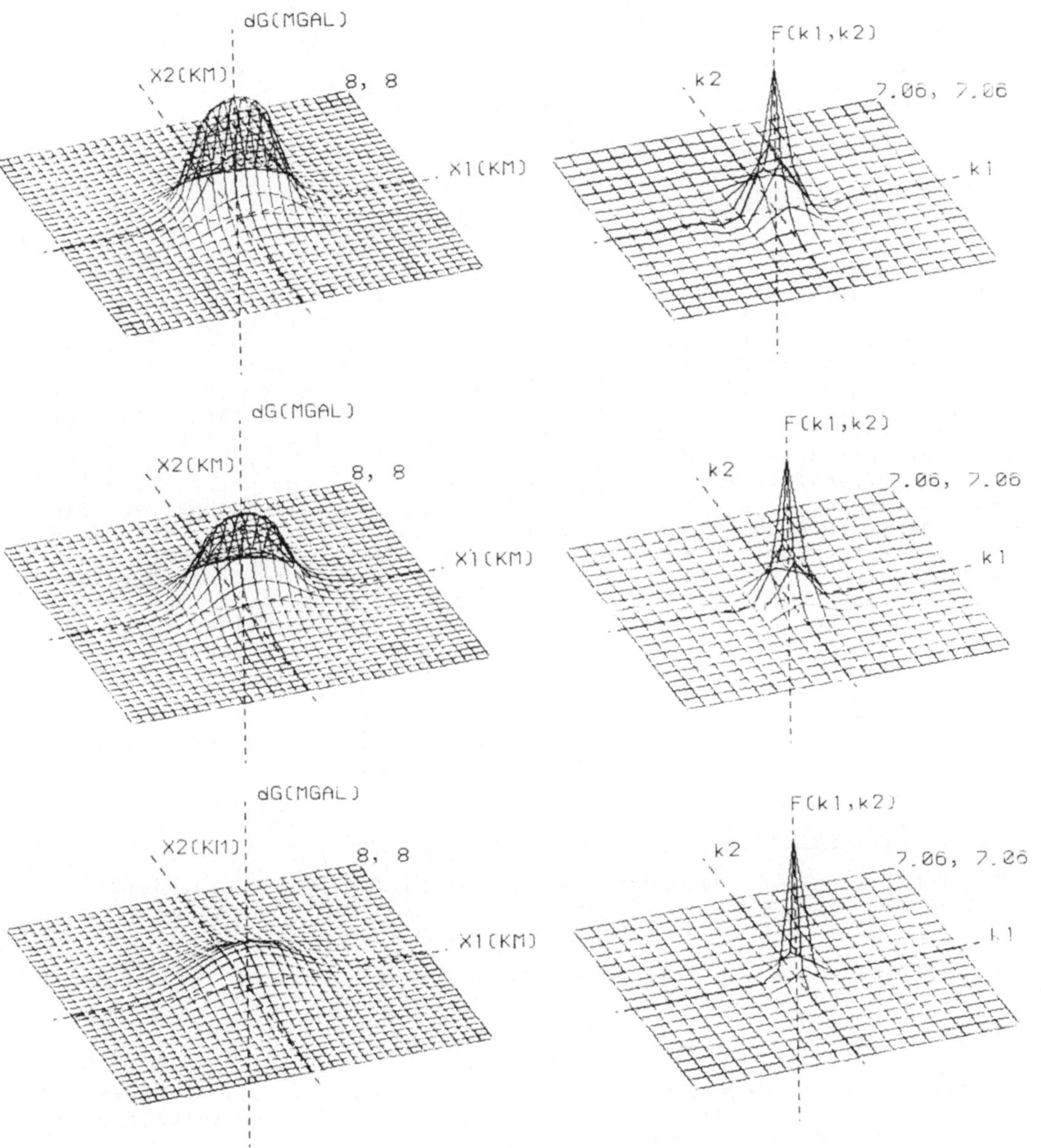

Abb. 3.2.3.4
Schwereverteilung $\delta g_3(x_1,x_2,0)$ und FOURIER-Transformierte $F(k_1,k_2)$ für Quader mit a = 4 km, b = 2 km, c = 2 km, σ = 1g/cm^3. Von oben nach unten: z = 0,1 km, Maximum = 38,1685 mGal
z = 0,4 km, Maximum = 29,9717 mGal
z = 1,6 km, Maximum = 12,7588 mGal

Das FOURIER-Integral kann ebenso leicht gelöst werden, wie das in Beispiel 19. Man geht analog vor und benutzt Gleichung (3.2.3.2). Das Resultat ist

$$F(k_1,k_2) = \frac{2f\sigma}{\pi}\, e^{-k_3 z}\, \frac{(1-e^{-k_3 c})}{k_3}\, \frac{\sin(k_1 a/2)}{k_1}\, \frac{\sin(k_2 b/2)}{k_2} \qquad (3.2.3.11)$$
$$(\text{für } z > 0).$$

Abbildung 3.2.3.4 zeigt einige Beispiele.

3.3   FELDTRANSFORMATIONEN

Die Lösungen der ersten und zweiten Randwertaufgabe für die Ebene stellt Integralbeziehungen zwischen dem Potential oder den drei Komponenten der Felder oder auch der Feldkomponenten untereinander dar. Sie sind für die geophysikalische Deutung von Felddaten wichtig. Eine Anwendung ist die *Fortsetzung des Feldes nach oben* oder *unten*. Bei der Fortsetzung nach oben wird die Feldverteilung in einem höheren Niveau ausgerechnet. Kurzwellige Anomalien werden dadurch stärker unterdrückt als langwellige, was einer Tiefpaßfilterung der Daten entspricht. Die Feldfortsetzung nach unten ist im Sinne der Theorie problematisch,weil eine Feldtransformation nur im quellenfreien Raum möglich ist. Man wendet sie an, um die Mindesttiefe von Störkörpern abzuschätzen. Sie wird daher in einem besonderen Kapitel abgehandelt werden. Ihre Wirkung entspricht einer Hochpaßfilterung der Daten. Ein weiterer Anwendungsbereich besteht in der Umrechnung von einer Komponente des Vektors in eine andere und der *Reduktion auf den Pol*. Weiters kann man aus der Feldverteilung einer Vertikalkomponente des Feldes z. B. deren Ableitungen nach x_1, x_2 und x_3 bestimmen. Die Ableitungen des Feldes hängen empfindlich von oberflächennahen Störungsursachen ab und sind eine gute Hilfe für den Auswerter.

Damit sind die Möglichkeiten der Feldtransformation aber noch keineswegs erschöpft. Es würde jedoch zu weit führen,auf alle einzugehen.

3.3.1   Fortsetzung des Feldes nach oben und unten

Man führt sie z. B. nach den Gleichungen (3.2.2.1.3) durch.Hierzu einige Beispiele:

Beispiel 21:   Die Vertikalkomponente des erdmagnetischen Feldes sei durch einen linearen Trend der Form

$$\Delta Z = A + B\,x_1 + C\,x_2 \qquad\qquad \text{für } x_3 = 0 \qquad\qquad (3.3.1.1)$$

ausgeglichen worden. A, B und C sind bekannt. Es soll festgestellt werden, wie sich dieser lineare Trend in der Höhe p_3 verhält. Man verwendet die Gleichung (3.2.2.1.3).

$$\Delta Z(p_i) = \lim_{\varepsilon\to\infty} \left(\frac{p_3}{2\pi} \int_{-\varepsilon}^{+\varepsilon} \int_{-\infty}^{+\infty} \frac{A + B\,x_1 + C\,x_2}{\sqrt{(p_1-x_1)^2+(p_2-x_2)^2+ p_3{}^2}{}^3}\, dx_1\, dx_2 \right)$$

$$\Delta Z(p_i) = \lim_{\varepsilon \to \infty} \left(\frac{p_3}{2\pi} \int_{-\varepsilon}^{+\varepsilon} \int_{-\infty}^{+\infty} \frac{A + Bp_1 + Cp_2 - B\kappa_1 - C\kappa_2}{\sqrt{\kappa_1^2 + \kappa_2^2 + p_3^2}^3} \, d\kappa_1 \, d\kappa_2 \right)$$

$$\Delta Z(p_i) = \lim_{\varepsilon \to \infty} \left(\frac{p_3}{2\pi} \int_{-\varepsilon}^{+\varepsilon} \frac{A + Bp_1 + Cp_2 - C\kappa_2}{\kappa_2^2 + p_3^2} \, d\kappa_2 \right) \qquad \text{mit} \quad \begin{array}{l} \kappa_1 = p_1 - x_1 \\ \kappa_2 = p_2 - x_2 \end{array}$$

Bei Anwendung der bereits auf Seite 54 erwähnten und der folgenden Formeln

$$\int \frac{dx}{x^2 + a^2} = \frac{1}{a} \arctan \frac{x}{a} + c \quad ; \quad \int \frac{x}{x^2 + a^2} \, dx = \frac{1}{2} \ln(x^2 + a^2) + c$$

erhält man:

$$\Delta Z(p_3) = (A + Bp_1 + Cp_2) \frac{p_3}{\pi} \frac{1}{p_3} \left(\arctan\left(\frac{\varepsilon}{p_3}\right) - \arctan\left(\frac{-\varepsilon}{p_3}\right) \right) +$$
$$\varepsilon \to \infty$$
$$+ \frac{p_3 C}{2\pi} \left(\ln(\varepsilon^2 + p_3^2) - \ln((-\varepsilon)^2 + p_3^2) \right)$$

$$\Delta Z \qquad = A + Bp_1 + Cp_2$$

Man kann lediglich zeigen, daß in der Höhe p_3 wieder eine lineare Funktion der Form $A + Bp_1 + Cp_2$ vorliegen muß. Das Ergebnis gibt keine Auskunft über den vertikalen Gradienten des Feldes. Das ist keineswegs erstaunlich, denn die hierzu notwendige Information war in dem Ansatz (3.3.1.1) nicht enthalten. Wenn man nämlich das Potential, welches ein lineares Feld der Form (3.3.1.1) hat, betrachtet,

$$\Phi = A_{00} + A_{10}x_1 + A_{20}x_2 + A_{30}x_3 + 2(A_{12}x_1x_2 + A_{13}x_1x_3 + A_{23}x_2x_3) +$$
$$+ A_{11}x_1^2 + A_{22}x_2^2 + A_{33}x_3^2$$

so sind dessen Feldkomponenten

$$\frac{\partial \Phi}{\partial x_1} = A_{10} + 2(A_{11}x_1 + A_{12}x_2 + A_{13}x_3)\,^1$$

$$\frac{\partial \Phi}{\partial x_2} = A_{20} + 2(A_{12}x_1 + A_{22}x_2 + A_{23}x_3)\,^1$$

$$\frac{\partial \Phi}{\partial x_3} = A_{30} + 2(A_{13}x_1 + A_{32}x_2 + A_{33}x_3)\,^1$$

und auf der Ebene $x_3 = 0$

$$\frac{\partial \Phi}{\partial x_3} = A_{30} + 2(A_{13}x_1 + A_{23}x_3) \qquad \cdot$$

Da die LAPLACEsche Gleichung $\partial^2 \Phi / \partial x_i^2 = 2(A_{11} + A_{22} + A_{33})$ nichts über A_{30} aussagt, reichen die auf der Ebene $x_3 = 0$ gemessenen Größen

---

[1] Die Feldkomponenten wachsen mit x_1, x_2, x_3 beliebig an, was physikalisch unrealistisch ist. Der lineare Ansatz kann daher nur als Näherung für ein begrenztes Gebiet gelten.

$A_{30} = A$, $2A_{13} = B$ und $2A_{23} = C$ nicht aus, um den Vertikalgradienten $\partial^2\Phi/\partial x_3^2 = A_{33}$ zu berechnen. Zu diesem Zweck müßte man auch
$\partial\Phi/\partial x_1$ und $\partial\Phi/\partial x_2$ kennen, die A_{11} und A_{22} liefern würden, und damit
wäre $A_{33} = -A_{11} - A_{22}$ bestimmbar. Das Ergebnis läßt sich wie folgt
zusammenfassen:

> Der lineare Trend eines LAPLACEschen Feldes
> ergibt, in die Höhe x_3 fortgesetzt, den
> gleichen linearen Trend vermehrt um eine
> Konstante, die durch die Integration nicht
> erhalten wird und die den vertikalen Gradi-
> enten $\partial^2\Phi/\partial x_3^2$ charakterisiert.

Beispiel 22: Die *Sampling-Funktion* (Abb. 3.3.1.1). Auf der Ebene
$x_3 = 0$ sei die spezielle Schwereverteilung

$$g_3(x_1) = C \frac{\sin \frac{\pi}{s}(x_1 - x_0)}{\frac{\pi}{s}(x_1 - x_0)} = s_0(x_1) \tag{3.3.1.2}$$

vorgegeben. Es handelt sich um eine periodische Funktion, deren
Einhüllende bei $x_1 = x_0$ maximal wird. Sie hat die besondere Eigenschaft, an den gleichabständigen Koordinaten $x_1 = x_0 \pm ns$, $n = 1, 2,$
3 ... zu verschwinden, bei $x_1 = x_0$ jedoch den Wert C anzunehmen. In
der Literatur über Signalanalyse als *sampling function* $s_0(x_1)$ bekannt, stellt sie in der Theorie der Felder die Grundlage einiger
wichtiger Auswertemethoden dar.

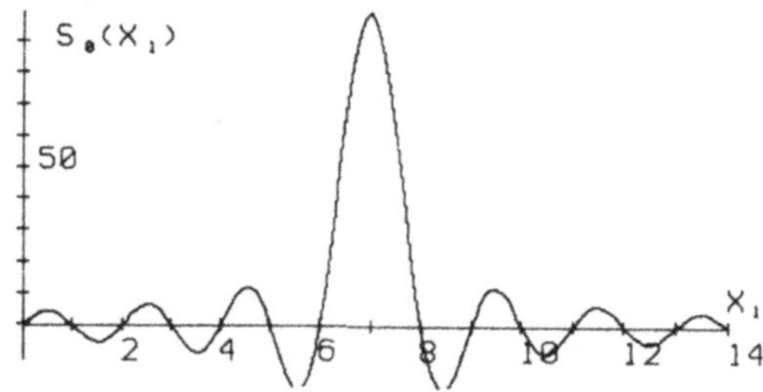

<u>Abb. 3.3.1.1</u>: Sampling-Funktion $s_0(x_1)$ für $x_0=7$, $C=100$, $s=1$

Gesucht ist die FOURIER-Transformierte.

$$G(k) = \frac{1}{2\pi} \int_{-\infty}^{+\infty} g_3(x_1)\, e^{ikx_1}\, dx_1$$

$$G(k) = \frac{C\,s}{2\pi^2}\frac{1}{2i} \int_{-\infty}^{+\infty} \left(\frac{e^{ix_1(\frac{\pi}{s}-k)-i\frac{\pi}{s}x_0}}{x_1 - x_0} - \frac{e^{ix_1(-\frac{\pi}{s}-k)+i\frac{\pi}{s}x_0}}{x_1 - x_0}\right) dx_1$$

Nach dem Residuensatz der Funktionentheorie läßt sich dieses Integral berechnen und ergibt:

$$
G(k) = \frac{1}{\pi} C s e^{-ikx_0} \quad
\begin{cases}
0 & \text{für } k > -\frac{\pi}{s} \\[4pt]
 & \text{für } -\frac{\pi}{s} < k < +\frac{\pi}{s} \\[4pt]
0 & \text{für } k < +\frac{\pi}{s}
\end{cases}
\qquad (3.3.1.3)
$$

Das Wellenzahlspektrum $|G(k)|$ ist eine Konstante und oberhalb der Grenze $|k| > \pi/s$ gleich Null. Es ist also nach oben hin beschränkt

$$
\tilde{g}_3(x_1) = \sum_{\nu=1}^{N} s_\nu(x_1) = \sum_{\nu=1}^{N} C_\nu \frac{\sin \frac{\pi}{s}(x_1 - \nu s)}{\frac{\pi}{s}(x_1 - \nu s)} \qquad (3.3.1.4)
$$

von N *Sampling-Funktionen*. Die damit dargestellte, spezielle Schwereverteilung $\tilde{g}_0(x_1)$ repräsentiert eine vernünftige Approximation einer gleichabständigen Folge von gemessenen Schwerewerten C in Form einer stetigen Funktion. Diese Approximation hat den Vorteil, daß die größte vorhandene Wellenzahl durch den Stützstellenabstand s, wegen $k < \pi/s$ direkt festgelegt wird. Ähnlich wie bei der Entwicklung nach einer FOURIER-Reihe, tritt bei der Entwicklung nach Samling-Funktionen an Unstetigkeitsstellen als Störung das sogenannte GIBBsche Phänomen auf, wenn auch nicht so ausgeprägt (siehe Abb. 3.3.1.2).

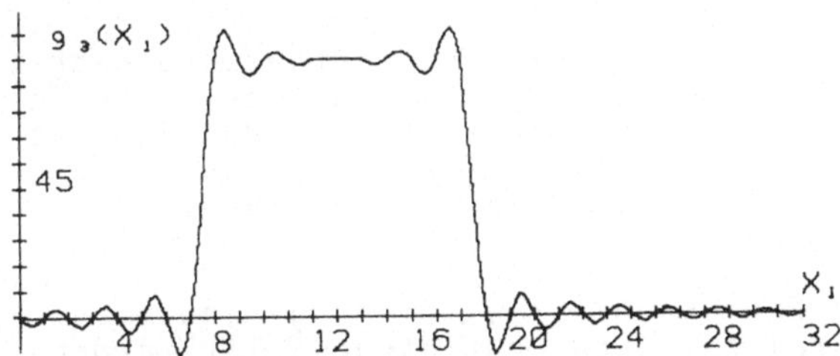

Abb. 3.3.1.2 : Darstellung eines Rechteckes durch N=10 Sampling-Funktionen. $C_\nu = 90$ für $\nu = 8$ bis 17, sonst 0.

Leider ist die Integration für die zweidimensionale Sampling-Funktion nicht mehr analytisch durchführbar.

Feldfortsetzung zweidimensionaler Schwereverteilung nach AKI und TOMODA (1955). Das Verfahren setzt eine zweidimensionale Verteilung von δg_3 oder einer anderen Feldgröße voraus. Die Daten werden in diskreten äquidistanten Werten dem Meßprofil entnommen und nach Sampling-Funktionen entwickelt. Man verwendet dann Gleichung (3.2.2.2.1) für

$$
\delta g_3 = \left(\frac{\partial U}{\partial x_3}\right)_{x_3=0}
$$

und kommt ganz ähnlich wie im Beispiel 18 nach Methoden der Funktionentheorie auf die Darstellung

$$\delta g_3(p_1) = \int G(k)e^{-|kp_3|}e^{ikp_1}dk \ , \qquad\qquad (3.3.1.5)$$

wobei $G(k)$ die eindimensionale FOURIER-Transformierte von $\delta g_3(p_1)_{p_3=0}$ ist.

Man setzt in Gleichung (3.3.1.5) $p_1 = ns$ und $p_3 = -\tau s$ (n, τ sind ganzahlig) und für das Wellespektrum gemäß Gleichung (3.3.1.3)

$$\frac{1}{\pi} \ C_n s \ e^{-insk} \qquad \text{für} \quad -\frac{\pi}{s} < k < +\frac{\pi}{s} \ ,$$

dann ergibt sich ein einfacher Ausdruck:

$$\delta g_3(p_3) = \frac{1}{\pi} \sum_{\nu=1}^{N} \delta g_3(\nu s, \ 0)F(d,\tau) \qquad\qquad (3.3.1.6)$$

mit

$$F(d,\tau) = \begin{cases} \pi & \text{wenn } \nu = n \text{ und } \tau = 0 \\[2ex] \dfrac{\tau}{(n-\nu)^2 + \tau^2}(e^{\pi\tau} - 1) & \begin{array}{l}\text{für } (n-\nu) \text{ gerade} \neq 0 \\ \text{und } n = \nu, \ \tau \neq 0\end{array} \\[2ex] \dfrac{\tau}{(n-\nu)^2 + \tau^2}(-e^{\pi\tau} - 1) & \text{wenn } (n-\nu) \text{ ungerade} \end{cases}$$

Gleichung (3.3.1.3) eignet sich sowohl für die Feldfortsetzung nach oben als auch nach unten. Die Abbildungen 3.3.1.3a - g zeigen ein Rechenbeispiel. Über einem zweidimensionalen Störkörper wurde die Vertikalintensität δZ des Erdmagnetfeldes gemessen (Abb. 3.3.1.3b). Die Gestalt des Störkörpers und die physikalischen Parameter sind in Abb. 3.3.1.3a ersichtlich.

Die Fortsetzung des Feldes nach oben kann bis auf sehr geringfügige Abweichungen am Rande des Meßbereiches recht gut dargestellt werden (Abb. 3.3.1.3c). Die kleine Sprungstelle der Z-Anomalie an den x-Koordinaten 48 bis 49 wird ausgeglichen wiedergegeben. Sprungstellen oder sonstige Unregelmäßigkeiten im Kurvenverlauf können als das Ergebnis einer fehlerhaften Interpolation von Meßwerten leicht vorgetäuscht werden und haben nichts mit der wahren Feldverteilung zu tun. Dieses Beispiel soll zeigen, wie eine - obschon geringfügige - Sprungstelle sich auf die Feldfortsetzungsmethoden auswirkt. Bei der Fortsetzung des Feldes nach unten (Abb. 3.3.1.3f - g) kommt es zu Oszillationen der Werte um den wahren Wert, die besonders groß im Bereich der Sprungstelle werden. Man hilft sich in der Praxis oft durch Glättung der berechneten Werte und kommt damit der wirklichen Feldverteilung sehr nahe.

Es ist am Beispiel der schweren Kugel gezeigt worden, daß der Feldvektor überall im massenfreien Raum stetig verlaufen muß. Unstetigkeiten treten nur beim Durchlaufen einer Quelle, bzw. einer Fläche mit gegebener Flächendichte μ, auf. Wenn also eine Feldverteilung eine Unstetigkeit aufweist, so ist das ein Zeichen dafür, daß das Meßgebiet sich sicher nicht gänzlich im massenfreien Raum befindet. Damit werden die Vorbedingungen zur Feldfortsetzung hinfällig. Wenn nur an diskreten Punkten gemessen wurde, wäre im übrigen auch eine Sprungstelle nicht

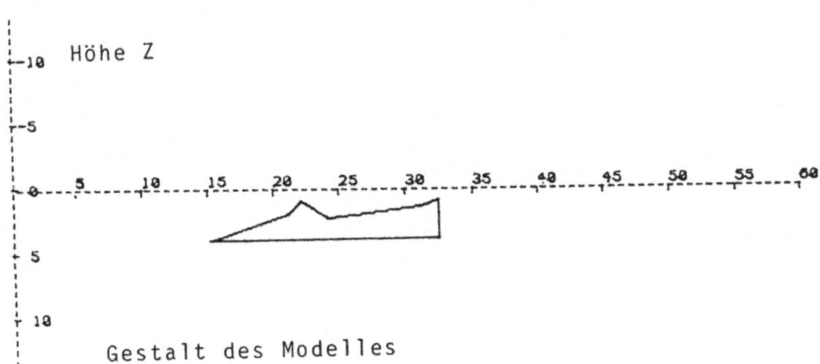

Abb. 3.3.1.3a: Modellquerschnitt
Einheit der Ortskoordinaten $\Delta x = 0,5$ km; $\Delta z = 0,5$ km
positiv nach unten und nach rechts
Suszeptibilität $\kappa = 10^{-4}$
Totalintensität $T_0 = 6 \cdot 10^4$ nT
Inklination $I = 67,8^0$

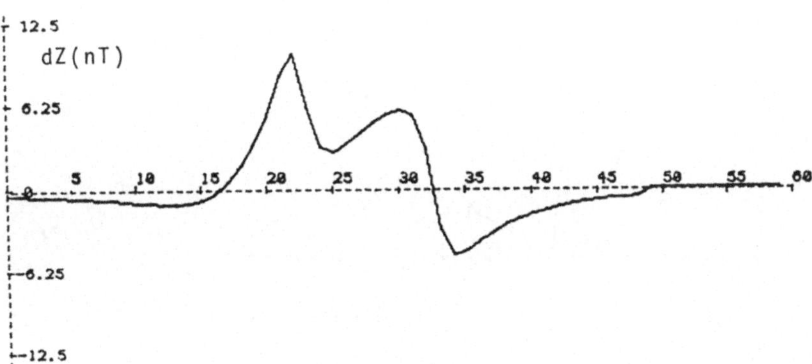

Abb. 3.3.1.3b: δZ-Anomalie für das Modell in Abb. 3.3.1.3a in nT, in
gleichabständigen x-Koordinaten $\Delta x = 0,5$ km. Die Z-
Werte für $x > 24,5$ km (49 Einheiten) sind willkürlich
Null gesetzt worden, was die Sprungstelle bei $x = 24,5$ km
zur Folge hat. Man beachte den qualitativen Zusammenhang der δZ-Anomalie mit der Topographie der Modell-
oberkante.

Feldfortsetzungen   und   k-Spektren
3,125
1,5625
0   10   20   30   40   50   60
-1,5625
-3,125   τ=-4   dZ_max=3,3173 nT
1,25
0,025
0   10   20   30
-0,025
-1,25
5
2,5
0   10   20   30   40   50   60
-2,5
-5   τ=-2   dZ_max=4,9286 nT
Abb. 3.3.1.3d
2,5
1,25
0   10   20   30
-1,25
-2,5
10
5
0   10   20   30   40   50   60
-5
-10   τ=0   dZ_max=10,3712 nT
Abb. 3.3.1.3e
2,5
1,25
0   10   20   30
-1,25
-2,5
25
12,5
0   10   20   30   40   50   60
-12,5
-25   τ=1   dZ_max=25,3428 nT
Abb. 3.3.1.3f
5
2,5
0   10   20   30
-2,5
-5
150
75
0   10   20   30   40   50   60
-75
-150   τ=2   dZ_max=143,0111 nT
Abb. 3.3.1.3g
25
12,5
0   10   20   30
-12,5
-25

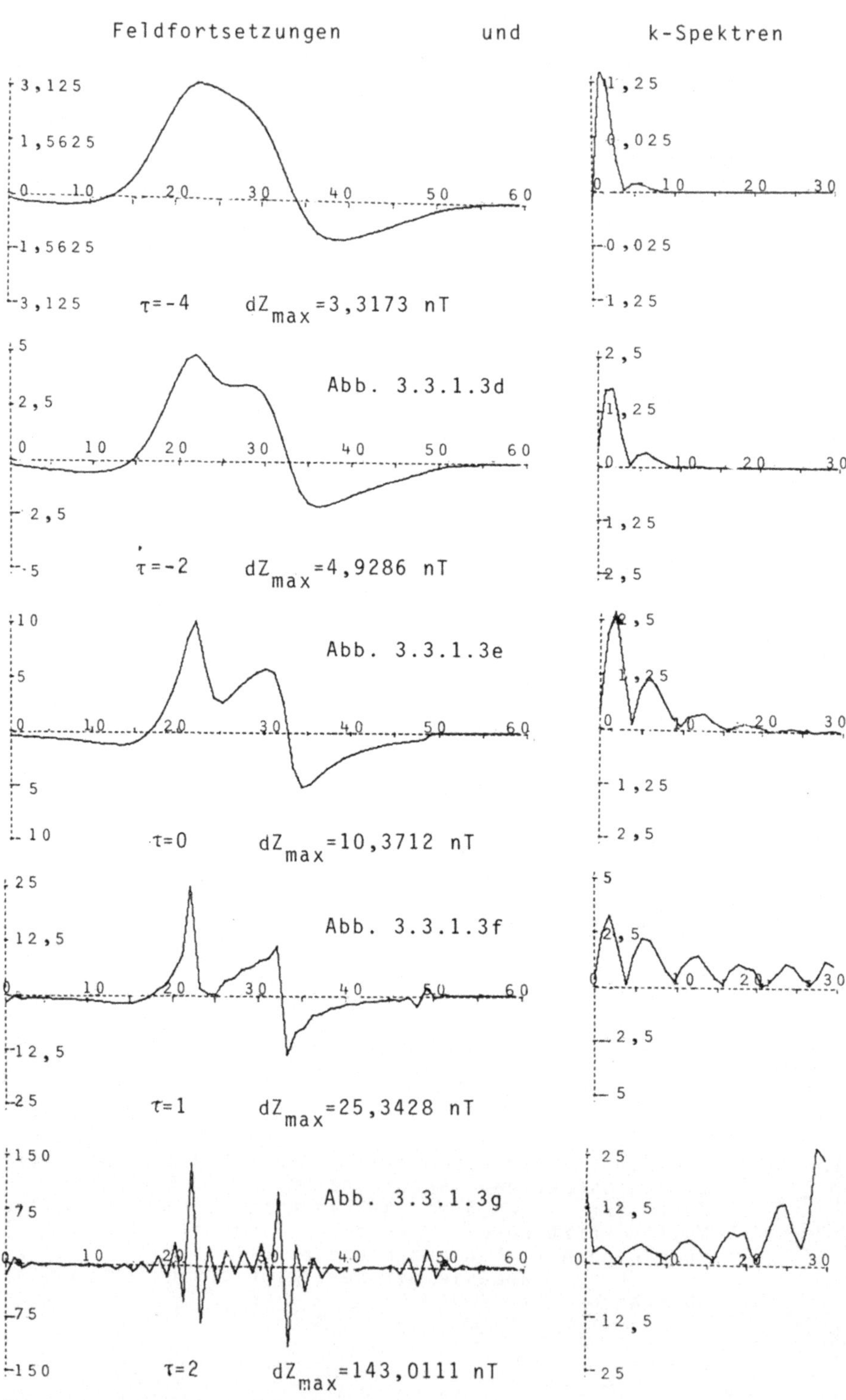

Abb. 3.3.1.3c

ohne weiteres feststellbar. Man fände dann lediglich eine Unregelmäßigkeit im interpolierten Kurvenverlauf. Diese Unregelmäßigkeit hat
dann die hier demonstrierte,numerische Instabilität in Form einer Os-
zillation zur Folge.

Wenn die Schwere $\delta g_3(x_1,x_2)$ auf einer Ebene in gleichabständigen Meßwerten vorgegeben ist, muß man eine zweidimensionale Entwicklung nach
Sampling-Funktionen durchführen. Für diese ist die Integration in Gleichung (2.6.6) nicht geschlossen durchführbar. Sie hat dann numerisch
zu erfolgen. Einzelheiten sind bei JUNG (1961) und BARANOV (1975) nachzulesen. Es gibt weitere Formeln für die Feldfortsetzung, die alle entweder von Gleichung (2.6.5) oder von Gleichung (3.2.2.1.3) ausgehen
und in der Auswertung von Auszähldiagrammen bestehen, die ebenfalls
bei JUNG (1963) abgehandelt sind. Das Wesentliche daran ist nicht anders als bei dem eben besprochenen Beispiel.

3.3.2 Anwendungen der Feldfortsetzungsmethoden zur Tiefenabschätzung von Störkörpern

Feldfortsetzungen lassen sich nur im quellenfreien Raum durchführen.
Die Formeln sind nur für $x_3 > 0$ abgeleitet worden und sagen nichts
über $x_3 < 0$ aus. Es wäre natürlich denkbar, daß in einem beschränkten
Tiefenbereich $z_{min} < x_3 < 0$ die LAPLACEsche Gleichung ebenfalls noch
erfüllt ist und die Quellen des Feldes noch tiefer liegen. Das kann
man im vorhinein nicht wissen, denn es gibt viele Dichteverteilungen,
die auf der Fläche $x_3 = 0$ das gleiche Schwerefeld erzeugen. Dennoch
gibt es Kriterien, welche die Mindesttiefe der Quellen angeben und die
nun abgeleitet werden sollen. Der Einfachheit halber geschieht diese
Ableitung für zweidimensionale Dichteverteilungen. Sie läßt sich aber
leicht auf dreidimensionale Fälle übertragen.

Wir gehen nun von der Tatsache aus, daß jede Schwereverteilung, auf
einer Ebene $x_3 = \pm 0$ gemessen, durch eine Massenbelegung μ in dieser
Ebene hervorgerufen,gedacht werden kann und dort den Wert

$$\left(\frac{\partial U}{\partial x_3}\right)_{x_3=\pm 0} = \pm 2\pi f \mu$$

annimmt. Es ist verboten, eine Feldfortsetzung durch eine solche Massenbelegung hindurch durchzuführen. Man sieht daran, daß $\partial U/\partial x_3$ beim
Durchgang durch diese Schicht um $- 4\pi f\mu$ springt. Die ebene Massenbelegung stellt daher die Dichteverteilung mit der *kleinstmöglichen*
Tiefe nämlich $x_3 = 0$ dar, die das Schwerefeld überhaupt hervorrufen
kann. Wir nehmen nun an, daß die Massenverteilung auf eine Schicht in
der Tiefe H unter der Meßebene $x_3 = 0$ konzentriert sei.Diese Annahme
ist weit genug angelegt, wobei es offen bleibt, ob die daraus gezogenen Kriterien durch realistischere Voraussetzungen nicht noch schärfer
gefaßt werden könnten. Wir legen das Koordinatensystem so, daß x_3 positiv nach unten zeigt und betrachten die Schwereverteilung einer
Punktmasse M mit den Koordinaten $\xi_1,\xi_2,\xi_3 = H = $ const. Ihre Wirkung
auf die Schwere ist

$$\delta g_{3M} = \frac{fM(H - x_3)}{\sqrt{(\xi_1-x_1)^2+(\xi_2-x_2)^2+(H-x_3)^2}^3} \ . \qquad (3.3.2.1)$$

Die FOURIER-Transformierte kann nach Gleichung (3.2.3.2) sofort hinge-
schrieben werden, wobei dort nur die Substitution

$$p_1 = x_1 - \xi_1 , \qquad p_2 = x_2 - \xi_2 , \qquad p_3 = H - x_3$$
$$dp_1 = dx_1 , \qquad dp_2 = dx_2$$

anzuwenden wäre. Man erhält

$$T_3(k_1,k_2)_M = \frac{fM}{2\pi} e^{-k_3(H-x_3)} e^{-i(k_1\xi_1+k_2\xi_2)} \qquad \text{für} \quad H - x_3 > 0 \ .$$

Es ist nützlich,die Schwereverteilung δg_{3M} und ihre FOURIER-Transformierte auf verschiedenen Ebenen x_3 = const zu untersuchen. Es bildet δg_{3M} eine in Bezug auf $x_1 = \xi_1$ und $x_2 = \xi_2$ rotationssymmetrische,glockenförmige Fläche mit der Halbwertsbreite

$$\rho_{1/2} = (H - x_3)\sqrt{\sqrt[3]{4} - 1} = 0,76642\ (H - x_3) \ ; \qquad H - x_3 > 0$$

$$\rho = \sqrt{(\xi_1 - x_1)^2 + (\xi_2 - x_2)^2}$$

und der Maximalamplitude $fM/(H-x_3)$. Wenn x_3 sich H nähert, wächst die Maximalamplitude unter gleichzeitiger Verkleinerung der Halbwertsbreite stark an. Bei x_3 = H verschwindet δg_{3M} für alle x_1, x_2 mit Ausnahme des Wertes $x_1 = \xi_1$; $x_2 = \xi_2$, wo sie auf unendlich anwächst. Das Wellenzahlspektrum zeigt ein umgekehrtes Verhalten. Seine Halbwertsbreite

$$k_{3(1/2)} = \frac{\ln 2}{H - x_3}$$

nimmt mit $H - x_3 \to 0$ zu. Je näher also x_3 an H heranrückt,umso breiter wird das Spektrum (Blauverschiebung des Spektrums bei Feldfortsetzung nach unten). Wenn schließlich x_3 = H ist, bildet $T_3(k_1,k_2)$ eine Konstante *(weißes Rauschen)*.

An diesem Verhalten ändert sich nicht viel, wenn man an Stelle der einzelnen Punktquelle viele nimmt. Wir betrachten die Schwereverteilung von N Punktquellen mit den Massen

$$M_\nu = \mu_\nu(\xi_1,\xi_2)\Delta\xi_1\ \Delta\xi_2 \qquad\qquad \nu = 1, \ldots N \ .$$

Läßt man $\Delta\xi_1$ und $\Delta\xi_2$ gegen Null gehen, so wird

$$M_\nu \to dM = \mu(\xi_1,\xi_2)d\xi_1\ d\xi_2$$

und aus der Summe wird das Integral mit der FOURIER-Transformierten

$$T_3(k_1,k_2) = \frac{f}{2\pi} e^{-k_3(H-x_3)} \iint \mu(\xi_1,\xi_2)e^{-i(\xi_1 k_1+\xi_2 k_2)}d\xi_1\ d\xi_2 \ .$$

Also:

$$T_3(k_1,k_2) = 2\pi\cdot e^{-k_3(H-x_3)} \cdot \Omega(k_1,k_2) \qquad \text{mit} \quad \Omega(k_1,k_2) = \text{FOURIER-Transformierte der Massenbelegung}$$

$\mu(\xi_1,\xi_2)$ ist dann die Massenbelegung der Schicht in der Tiefe H, die wir aus unendlich vielen Punktquellen zusammengesetzt haben. Die einzige Voraussetzung, die wir an sie stellen, ist, daß sie eine FOURIER-Transformierte besitzt, d. h. sie muß hinreichend für $\rho \gg 1$ verschwinden, darf aber durchaus Unstetigkeiten aufweisen. Wenn die Voraussetzungen also erfüllt sind, kann man den wichtigen Schluß ziehen, daß $T_3(k_1,k_2)$ mit k_1 und k_2 auf jeden Fall rascher abfällt als $T_{3M}(k_1,k_2)$. Im ungünstigsten Fall kann man erwarten, daß $T_3(k_1,k_2)$ = $T_{3M}(k_1,k_2)$ ist.

Allgemein gilt:

> Das Wellenzahlspektrum des Schwerefeldes
> einer zweidimensionalen Flächendichtever-
> teilung muß immer schmaler sein als das
> einer einzigen Punktquelle in der Tiefe
> dieser Fläche.

Das Spektrum der Feldverteilung enthält eine wichtige Information über die größte Tiefe, in die fortgesetzt werden darf. Bildet man nämlich den Logarithmus von $T_3(k_1,k_2)$, so erhält man eine mit k abfallende Kurve.

$$\ln T_3(k_1,k_2) = \ln\left(f\iint \mu(\xi_1,\xi_2)e^{-i(k_1\xi_1+k_2\xi_2)}d\xi_1\ d\xi_2\right) - k_3(H-x_3)$$

$$\text{für } H - x_3 > 0 .$$

Diese setzt sich zusammen aus dem ersten Summanden, dem Logarithmus des Wellenzahlspektrums der Massenbelegung, der überhaupt nicht von H abhängt und dem zweiten, der eine mit der Steigung $-(H-x_3)$ abfallende Gerade darstellt. Wenn man versuchsweise die Feldfortsetzung für verschiedene x_3 rechnet und die Spektren miteinander vergleicht, so kann man sowohl die Tiefe H als auch die dort angetroffene Flächendichte bestimmen. Damit ist die Methode skizziert, mit der man Abschätzungen durchführen kann. A. HAHN, E.G. KIND und D.C. MISHRA (1976) haben mit diesem Verfahren die Karte der westdeutschen geomagnetischen Vermessung interpretiert und gefunden, daß es zwei Störungsursachen des Magnetfeldes gibt, von denen die eine in einer Tiefe von höchstens 4,2 km und die andere in einer von höchstens 15,1 km liegt. Die hier vorausgesetzte Kondensation der Massen auf horizontale Ebenen ist oft zu einschneidend für die Praxis. B. CIANCIARA und H. MARCAK (1976) haben nachgewiesen, daß das gewonnene H ein speziell gewichteter Mittelwert jener Tiefen ist, in denen die störenden Massen sich befinden.

Abbildung 3.3.2.1 stellt Spektren der in den Abbildungen 3.3.1.3a bis g gezeigten Anomalien dar (siehe Seite 74).

Aus der Diskussion der Schwerewirkungen einer Flächenbelegung ist folgendes abzuleiten:

> Man darf das Feld bis zu der Tiefe fort-
> setzen, die durch die kürzeste Halbwerts-
> breite im Verlauf der Anomalie gegeben ist.

Aus dieser Einschränkung ergeben sich praktische Schwierigkeiten,wenn die interessierende Anomalie durch kurzwellige Anomalien überlagert wird.Man ist dann gezwungen,letztere durch Filterung oder Subtraktion zu entfernen, was nicht ohne bestimmte Annahmen über die Natur dieser Anomalien möglich ist.

Abschließend sei bemerkt, daß in der Hand des erfahrenen Auswerters die Methoden der Feldfortsetzung zu einem wirkungsvollen Werkzeug der Interpretation werden. Die Erfahrung beruht in der Kombination geologischer und geophysikalischer Vorweg-Informationen und der einschränkenden Einsicht, daß die Halbwertsbreiten der Anomalien nicht unbe-

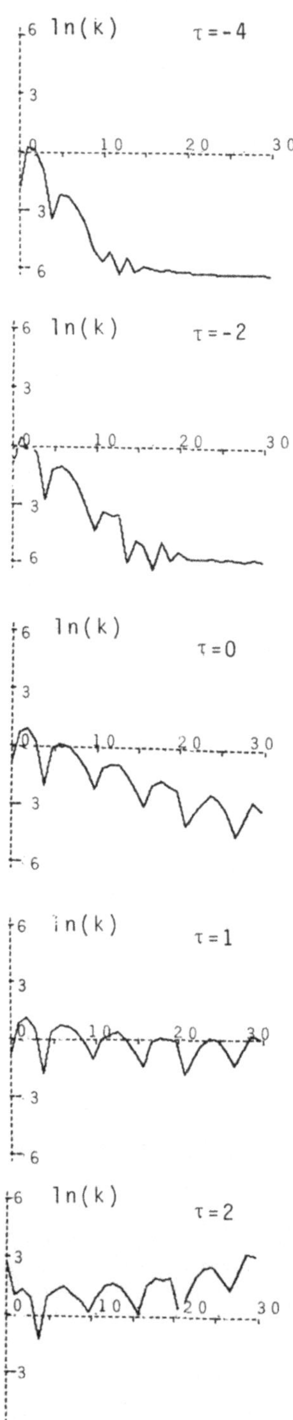

Abb. 3.3.2.1

Beispiel für die Tiefenabschätzung
eines Störkörpers durch Fortsetzung
des Feldes nach oben und durch Darstellung der ln(k)-Spektren. Es liegen die Daten des Modelles
Abb. 3.3.1.3a auf Seite 69 und die
darüber in der Höhe von ZH = 0 gemessenen δZ-Werte (Abb.3.3.1.3b) vor.

Die Wellenzahlspektren der δZ-Vertei-
lung in verschiedenen Höhen zeigen,
daß sich mit wachsendem ZH die Band-
breite und der Anteil großer Wellenzahlen verringern. Am deutlichsten
kommt der Effekt bei den ln(k)-Spek-
tren heraus. Das ln(k)-Spektrum bei
ZH=0 gehört zum Meßprofil.Die Steigung
des generellen Trends beträgt etwa
ln(k) = - 14. Hiernach müßte die Mo-
dellkante bei ungefähr 0,7 km Tiefe
erreicht sein (wahrer Wert: 0,5 km).
Bei der Fortsetzung des Feldes nach
unten verringert sich der Betrag der
Neigung der ln(k)-Verteilungen und
man kann abschätzen, daß die größtmög-
liche Tiefe der Schicht mit der äquivalenten flächenhaften Massenverteilung zwischen 0,5 km und 1 km liegt.
Bei ZH = 2 wird die Bedingung der
Feldfortsetzung offensichtlich ver-
letzt, was im übrigen aus Abb.3.3.1.3g
hervorgeht.

Bei der Fortsetzung nach oben nimmt
die Neigung des Trends zu. Bei
ZH = - 4 erreicht ln(k) schon bei
k = 15 Einheiten den Pegel des durch
Rundungsfehler bedingten ,statischen
Rauschens. Die Kurve läuft deswegen
ab k = 15 Einheiten etwa horizontal.

dingt die wahren, sondern die größtmöglichen Tiefen der Massen angeben.

3.3.3 Die Reduktion auf den Pol

Durch die Reduktion auf den Pol werden Meßdaten der erdmagnetischen
Feldkomponenten, insbesondere der Totalintensität, unter der Voraussetzung, daß die remanente Magnetisierung nicht ins Gewicht fällt, auf
vertikale Magnetisierungsrichtung (d. h. auf Richtung der induzierten
Magnetisierung an einem der erdmagnetischen Pole) umgerechnet. Dies
kann erforderlich sein, weil gleichartige magnetisierbare Störkörper
an Orten sehr verschiedener geomagnetischer Breite (d. h. bei verschiedener Inklination I des induzierenden Feldes) sehr verschiedene magnetische Anomalien erzeugen. So wird z. B. die Deutung erdmagnetischer
Anomalien in niedrigen bis mittleren nördlichen geomagnetischen Brei-
ten durch das Auftreten eines im Norden vorgelagerten Minimums erschwert. Dieses Minimum verschwindet nach der Reduktion auf den Pol.
Die *polreduzierte* Anomalie hat die Gestalt einer $\partial g_3/\partial x_3$-Verteilung
und kann viel leichter interpretiert, insbesondere leichter mit ande-
ren geophysikalischen Feldgrößen, z. B. der Schwere, verglichen werden.

Es soll hier die von BARANOV (1975) angegebene Ableitung der Polreduk-
tion nachvollzogen werden.

*Allgemeine Darstellung der magnetischen Feldkomponenten in einer vor-
gegebenen Richtung:* Ein magnetischer Störkörper von konstanter Magnetisierung

$$m_i = m \cdot n_i \qquad\qquad (n_i n_i = 1) \qquad\qquad (3.3.3.1)$$

erstrecke sich in einer Umgebung des Punktes $Q(\xi_i)$ (= Quellpunkt). Am
Meßpunkt $P(x_i)$ (= Aufpunkt) sei die Vektorkomponente h_i der Anomalie
H_j aus Messungen bekannt:

$$h_i = a_{i1}H_1 + a_{i2}H_2 + a_{i3}H_3 = a_{ij}H_j \qquad\qquad (3.3.3.2)$$

Sie liegt in der Meßrichtung λ_i, wobei $\lambda_i \lambda_i = 1$, so daß

$$a_{ij} = \lambda_i \lambda_j \qquad\qquad (3.3.3.3)$$

den Projektionstensor auf die Meßrichtung darstellt.

Die Meßrichtung wird durch das Meßverfahren festgelegt. Meßgröße ist z. B. die Intensität T des Feldes
in Richtung λ_i, so daß

$$T_i = T \cdot \lambda_i = (T_0 + h)\lambda_i \qquad\qquad (3.3.3.4)$$

den gemessenen Feldvektor und h_i seinen Störanteil in
Richtung λ_i bedeuten. Wird mit einem Protonenmagneto-
meter gemessen, so ist T die Totalintensität, h ihre
Anomalie (siehe nebenstehende Skizze).

Darstellung des Störfeldes in den Eigenrichtungen $\vec{\lambda}$ und $\vec{n}$. Man kann sagen, die Einheitsvektoren $\vec{n}$ und $\vec{\lambda}$ stellen die physikalisch festgelegten Eigenrichtungen des Systems aus Störkörper und Messung dar. Sie können als zwei der drei Grundvektoren eines, im allgemeinen schiefwinkeligen, Koordinatensystems betrachtet werden (analog zu den drei Grundvektoren δ_{i1}, δ_{i2}, δ_{i3} des kartesischen Systems).

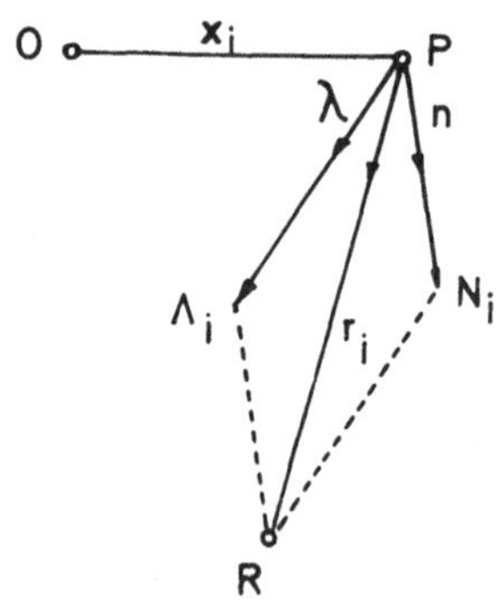

In diesem Koordinatensystem wird ein Punkt R bezüglich des Meßpunktes $P(x_i)$ durch das Zahlenpaar (λ, n) festgelegt, so daß gilt:

$$\Lambda_i = \lambda \cdot \lambda_i \quad , \qquad N_i = n \cdot n_i$$

$$r_i = \Lambda_i + N \qquad \text{bezüglich } P(x_i)$$

und in bezug auf den Koordinatenursprung:

$$R_i = x_i + \Lambda_i + N_i \qquad\qquad (3.3.3.5)$$

λ_i, n_i sind hier Richtungscosinus der Einheitsvektoren $\vec{\lambda}$, $\vec{n}$ bezüglich des festen kartesichschen (x_1, x_1, x_3)-Systems.

Das Störfeld und seine Komponente $\vec{h}$ in Meßrichtung $\vec{\lambda}$ lassen sich als Gradient des Störpotentials ϕ entsprechend Gleichung (3.3.3.2) schreiben:

$$H_i = - \frac{\partial \phi}{\partial x_i}$$

$$h_i = \left(- \frac{\partial \phi}{x_j} \lambda_j \right) \lambda_i$$

oder in symbolischer Schreibweise:

$$\vec{H} = - \text{grad } \phi$$
$$\vec{h} = (-\text{grad}\phi \cdot \vec{\lambda}) \cdot \vec{\lambda}.$$

Für die Anomalie h erhält man also:

$$h = - \frac{\partial \phi}{\partial x_i} \lambda_j = - \frac{d\phi}{d\lambda} \qquad\qquad (3.3.3.6)$$

oder symbolisch

$$h = - \text{grad } \phi \cdot \vec{\lambda} = - \frac{d\phi}{d\lambda}$$

Die rechte Seite dieser Gleichung ergibt sich aus $\Lambda_i = \lambda \cdot \lambda_i$ und $\lambda_i = $const, λ variabel

$$d\phi_\lambda = \frac{\partial \phi}{\partial x_i} \cdot d\Lambda_i = \frac{\partial \phi}{\partial x_i} \lambda_i d\lambda \quad \text{,bzw.}$$

$$d\phi_\lambda = \text{grad } \phi \cdot d\vec{\Lambda} = \text{grad } \phi \cdot \vec{\lambda} \cdot d\lambda \quad ,$$

d.h., die Änderung des Potentials beim Fortschreiten um den infinitesimalen Vektor $d\vec{\lambda}$ ergibt sich aus dem Skalarprodukt von $d\vec{\lambda}$ mit dem Gradienten des Potentials, der ja bekanntlich Betrag und Richtung des steilsten Anstieges angibt (siehe nebenstehende Skizze).

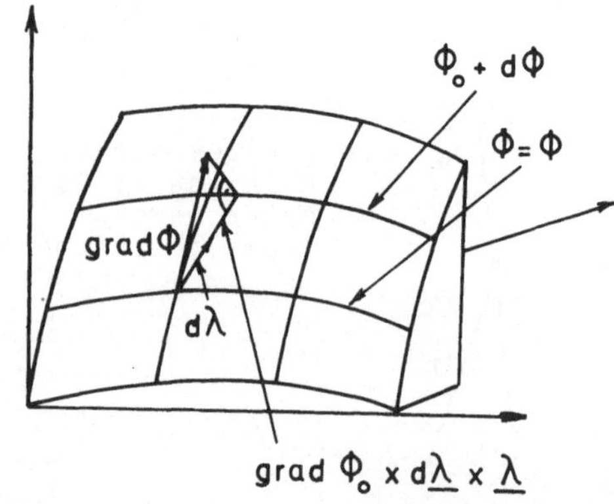

Wenn die Magnetisierung $m_i = m \cdot n_i$ konstant ist, kann man den Ausdruck für das Potential in Gleichung (2.3.7) dadurch vereinfachen, daß man m_i vor das Integral zieht.

$$\phi = \frac{m_i}{4\pi} \frac{\partial}{\partial x_i} \iiint \frac{d\xi_1 \, d\xi_2 \, d\xi_3}{\rho} \qquad (3.3.3.7)$$

Das Integral selbst hat eine geometrische Bedeutung. Es stellt das Schwerepotential derselben Massenverteilung dar, welche die magnetische Anomalie hervorruft, sofern die Dichte konstant ist und den Wert $1/f$ hat. Diese interessante Querbeziehung zwischen der magnetischen und der gravimetrischen Anomalie gilt selbstverständlich nur für konstante Dichte und konstante Magnetisierung. Sie ist als POISSONsches Theorem bekannt. In Kapitel 4.5 sollen weitere Überlegungen dazu angestellt werden. Hier bezeichnen wir

$$U' = \frac{m}{4\pi} \iiint \frac{d\xi_1 \, d\xi_2 \, d\xi_3}{\rho}$$

mit dem Begriff *Pseudo-Schwereanomalie*. Dann folgt nach Gleichung (2.3.7) und (3.3.3.1)

$$\phi = - n_i \frac{\partial U'}{\partial x_i} = - \frac{dU'}{dn} \qquad . \qquad (3.3.3.8)$$

Setzt man (3.3.3.8) in (3.3.3.6) ein, so folgt:

$$h = \lambda_i n_j \frac{\partial^2 U'}{\partial x_i \partial x_j} = \frac{d^2 U'}{d\lambda \, dn} \qquad (3.3.3.9)$$

oder

$$- \frac{d\phi}{d\lambda} = h = - \mathrm{grad}(-n \cdot \mathrm{grad} \, U') \cdot \lambda = \frac{d}{d\lambda} \left(\frac{dU'}{dn} \right)$$

Diese Form ist symmetrisch bezüglich λ, n.

Betrachtung am Pol. Hier ist die Meßrichtung gleich der Magnetisierungsrichtung und der Vertikalen:

$$n_i = \lambda_i = \delta_{i3} \, , \qquad (3.3.3.10)$$

so daß die Gleichung (3.3.3.9) übergeht in:

$$h \rightarrow h_{(pol)} = \frac{\partial^2 U'}{\partial x_3^2} = h_p \qquad (3.3.3.11)$$

Andererseits folgt durch zweimalige, partielle Differentiation von Gleichung (3.3.3.9) nach x_3:

$$\frac{\partial^2 h}{\partial x_3^2} = \frac{\partial^2}{\partial x_3^2} \left(\frac{dU'}{d\lambda \, dn} \right) = \frac{d^2}{d\lambda \, dn} \left(\frac{\partial^2 U'}{\partial x_3^2} \right) \qquad (3.3.3.12)$$

Ein Vergleich von (3.3.3.11) mit (3.3.3.12) liefert die Beziehung zwischen der gesuchten, auf den Pol reduzierten (h_p) und der "gemessenen" magnetischen Anomalie (h) in Form einer Differentialgleichung

$$\frac{d^2h_p}{d\lambda\,dn} = \frac{\partial^2 h}{\partial x_3{}^2} = h'' \quad . \qquad\qquad (3.3.3.13)$$

Die Integration von Gleichung (3.3.3.13) für die Reduktion auf den Pol.
Die Integration von Gleichung (3.3.3.13) ist über λ und n so durchzuführen, daß die LAPLACEsche Gleichung erfüllt ist. Als Integrationsgebiet ist daher auf der Nordhalbkugel (Südhalbkugel) die von

$$-\Lambda_i = \lambda(-\lambda_i), \quad -N_i = n(-n_i) \quad \text{bzw.} \quad (+\Lambda_i = \lambda\cdot\lambda_i \;,\; +N = n\cdot n_i)$$

aufgespannte Teilebene zu wählen, wobei $0 < \lambda, n < +\infty$ ist. Die Rechnung wurde hier für die Nordhalbkugel durchgeführt. Ein Punkt R der Teilebene hat dort die Koordinaten (vergleiche (3.3.3.5))

$$R_j = x_j - \lambda\cdot\lambda_j - n\cdot n_j \qquad \lambda, n > 0 \;!$$

Die Integration von (3.3.3.13) ergibt:

$$h_p(x_1,x_2,x_3) = \int\limits_0^\infty\int\limits_0^\infty h''(R_1,R_2,R_3)\, d\lambda\, dn \quad .$$

Die Punkte R_j liegen im allgemeinen oberhalb der Meßebene $x_3 = 0$, d.h. im quellenfreien Gebiet $x_3 < 0$.

Daher ist die Darstellung von h als FOURIER-Integral nach Gleichung (3.2.3.1), Seite 53, zur späteren Feldfortsetzung zweckmäßig:

$$h(x_1,x_2,x_3) = \int\limits_{-\infty}^{+\infty}\!\!\int \tilde{h}(k_1,k_2)e^{k_3 x_3 + i(k_1 x_1 + k_2 x_2)}\, dk_2\, dk_1 \qquad \begin{matrix} k_3 > 0 \\ x_3 < 0 \end{matrix}$$

und daraus

$$h''(R_1,R_2,R_3) = \int\limits_{-\infty}^{+\infty}\!\!\int \tilde{h}(k_1,k_2)\cdot k_3{}^2 e^{-(A\lambda+Bn)+k_3 x_3 + i(k_1 x_1 + k_2 x_2)}\, dk_1\, dk_2$$

mit den Abkürzungen

$$k_3 = +\sqrt{k_1{}^2 + k_2{}^2}$$
$$A = k_3\lambda_3 + i(k_1\lambda_1 + k_2\lambda_2)$$
$$B = k_3 n_3 + i(k_1 n_1 + k_2 n_2)$$

$$\mathrm{Re}\begin{Bmatrix} A \\ B \end{Bmatrix} \quad \begin{Bmatrix} \lambda_3 \\ n_3 \end{Bmatrix} > 0 \qquad (!)$$

Daraus erhält man

$$h_p(x_1,x_2,x_3) =$$

$$\int\limits_{-\infty}^{+\infty}\!\!\int \tilde{h}(k_1,k_2)k_3{}^2 e^{k_3 x_3 + i(k_1 x_1 + k_2 x_2)}\left[\int\limits_0^\infty\!\!\int\limits_0^\infty e^{-(A\lambda+Bn)}\, d\lambda\, dn\right] dk_1\, dk_2 =$$

$$\int\limits_{-\infty}^{+\infty}\!\!\int \tilde{h}(k_1,k_2)\,\frac{k_3{}^2}{A\,B}\, e^{k_3 x_3 + i(k_1 x_1 + k_2 x_2)}\, dk_1\, dk_2 \qquad x_3 < 0 \;.$$

Wir legen jetzt den Koordinatenursprung in den Meßpunkt P, d. h. wir setzen $x_1 = x_2 = x_3 = 0$

$$h_p(0,0,0) = \int\limits_{-\infty}^{+\infty}\!\!\int \tilde{h}(k_1,k_2) \frac{k_3^2}{A\,B} \, dk_1 \, dk_2 \quad . \tag{3.3.3.14}$$

Die Spektralfunktion $h(k_1,k_2)$ ist aus den Meßdaten in der Umgebung von P zu bestimmen .

$$\tilde{h}(k_1,k_2) = \frac{1}{4\pi^2} \int\limits_{-\infty}^{+\infty}\!\!\int h(x_1,x_2,0)e^{-i(k_1x_1+k_2x_2)}dx_1 \, dx_2 \tag{3.3.3.15}$$

Mit den Formeln (3.3.3.14) und (3.3.3.15) ist das Problem der Reduktion auf den Pol im Prinzip erledigt. Man bestimmt zunächst das zwei-dimensionale k-Spektrum $\tilde{h}(k_1,k_2)$ aus dem zweidimensionalen Datenfeld $h(x_1,x_2, 0)$. Jede spektrale Amplitude $h(k_1,k_2)$ wird dann mit einem *"Gewichtsfaktor"* $F = k_3^2/(A\cdot B)$ multipliziert und sodann über den Wertevorrat k_1, k_2 summiert (bzw. integriert). Der Gewichtsfaktor F entscheidet über die Konvergenz des Integrals (3.3.3.14). Auf jeden Fall bleibt F für k_1, $k_2 \to \infty$ endlich, was grundsätzlich die Existenz der Integrale sicherstellt, da ja $\tilde{h}(k_1,k_2)$ die Eigenschaft einer Spektral-funktion besitzt und ausreichend rasch mit wachsenden k_1, k_2 verschwindet.

Es gibt mehrere Möglichkeiten,das Integral (3.3.3.14) numerisch zu lösen. BARANOV stellt $h(x_1,x_2,0)$ durch Sampling-Funktionen dar und findet einen Formalismus zur Bestimmung von Gewichtsfaktoren, welche die Grundlage der numerischen Integration bilden. Man könnte auch den Weg der FOURIER-Analyse wählen.

Im Zweidimensionalen ist F besonders einfach und unabhängig von der Wellenzahl:

$$F(\lambda_2 = n_2 = 0) = \frac{1}{\lambda_3 + i\lambda_1} \cdot \frac{1}{n_3 + in_1}$$

K. KIS (1981, 1982) hat darauf aufmerksam gemacht, daß die Übertragungsfunktion $k_3^2/(A\cdot B)$ an der Stelle $k_1 = k_2 = 0$ eine Unstetigkeit hat, die u. U. zu Instabilitäten führen kann. Es empfiehlt sich daher, die Daten zuvor mit einem Bandpaß zu filtern.

Bei der Reduktion zum Pol muß man die Magnetisierungsrichtung genau kennen.Die Annahme, daß diese antiparallel zum Erdfeld liegt, ist vernünftig, jedoch läßt sie die Möglichkeit, daß außer der induzierten auch eine remanente Magnetisierung vorhanden ist, die nicht die Richtung des Erdfeldes hat, unberücksichtigt. Bei größeren Meßgebieten muß man damit rechnen, daß die resultierende Magnetisierung der Gesteine örtlich nicht gleich bleibt. Auch hier gehört Erfahrung dazu, die der Wahrheit am nächsten liegende Deutung zu finden. Abbildung 3.3.3.1 und 3.3.3.2 stellen die Isonomalenbilder einer aeromagnetischen Vermessung dar. Es handelt sich um einen Teilausschnitt der in 800 m Höhe mit einem Profilabstand von 2 km angelegten aeromagnetischen Vermessung Österreichs (entnommen aus STRAUSS, 1983). Die Anomalie der Totalintensität zeigt im Bereich 16^0 E (Böhmisches Kristallin) ein langgestrecktes NNE-SSW streichendes Hoch, das bei $48,6^0$ N im Norden begrenzt ist. Ein deutliches Minimum scheint nördlich davon auf und es stellt sich die Frage, ob es entweder als Vorminimum zu der südlich gelegenen

Abb. 3.3.3.1: Anomalie der Totalintensität δT in nT aus dem 800 m-Horizont der aeromagnetischen Vermessung Österreichs.

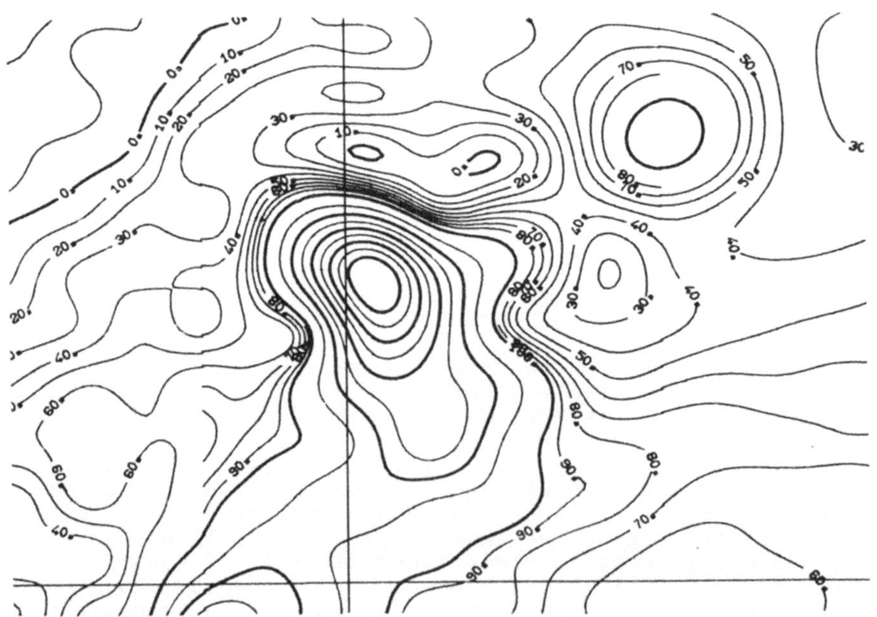

Abb. 3.3.3.2: Anomalie der auf den Pol reduzierten Werte aus Abb. 3.3.3.1; angenommene Deklination D = 0°, Inklination I = 64,5° (Epoche 1970.0).

Maßstab für beide Abbildungen

Anomalie gehört oder ob eine andere Ursache in Betracht kommt. Die Reduktion auf den Pol (Abb. 3.3.3.2) bringt das Minimum nicht völlig zum Verschwinden, so daß man seine Ursache wohl in der veränderten geologischen Situation suchen müßte.

3.3.4 Umrechnung von einer Komponente in eine andere

Über die Umrechnung von $\partial U/\partial x_3$ auf die übrigen Komponenten bei dreidimensioalen Feldern ist schon auf Seite 54 im Anschluß an Gleichung (3.2.3.4) gesprochen worden. Im Zweidimensionalen geht man von der entsprechenden Lösung der 2. Randwertaufgabe, Gleichung (3.2.2.2.3) aus. Wir verwenden diese Gleichung, um $\partial U/\partial p_1$ auszurechnen und schreiben für $p_3 = 0$

$$\frac{\partial U}{\partial p_1} = \frac{1}{\pi} \int_{-\infty}^{+\infty} \frac{1}{p_1 - x_1} \left(\frac{\partial U}{\partial x_3}\right)_{x_3=0} dx_1 \quad .$$

Diese Beziehung zwischen $\partial U/\partial p_1$ und $\partial U/\partial x_3$ ist eine spezielle Integraltransformation, die HILBERT-Transformation, allgemein geschrieben

$$H(p_1) = \frac{1}{\pi} \int_{-\infty}^{+\infty} \frac{h'(x_1)dx_1}{p_1 - x_1} \quad . \tag{3.3.4.1}$$

Man könnte, um $H(p_1)$ zu erhalten, das Integral numerisch auswerten, was im Prinzip nicht allzu schwierig ist, nur muß man dabei der Singularität $p_1 = x_1$ besondere Aufmerksamkeit widmen. Ein anderer gangbarer Weg führt über die FOURIER-Transformierten $F_H(k)$ und $F_h(k)$, die in einer besonders einfachen Relation zueinander stehen. Um das zu zeigen, schreiben wir:

$$F_H(k) = \frac{1}{2\pi} \int_{-\infty}^{+\infty} \frac{1}{\pi} \int_{-\infty}^{+\infty} \frac{h(x_1)dx_1}{p_1 - x_1} dx_1 e^{-ikp_1} dp_1$$

Durch Umkehrung der Integrationsreihenfolge erhält man:

$$F_H(k) = \frac{1}{\pi} \int_{-\infty}^{+\infty} h(x_1)dx_1 \frac{1}{2\pi} \int_{-\infty}^{+\infty} \frac{e^{-ikp_1}}{p_1 - x_1} dp_1$$

Das Integral

$$I = \frac{1}{2\pi} \int_{-\infty}^{+\infty} \frac{e^{-ikp_1}}{p_1 - x_1} dp_1$$

existiert im Sinne des CAUCHYschen Hauptwertes und ergibt

$$I = \pm \frac{i}{2} e^{-ikx_1},$$

wobei das obere Vorzeichen für $k > 0$ und das untere für $k < 0$ anzuwenden ist.

Demnach erhält man für die FOURIER-Transformierte

$$F_H(k) = \pm iF_h(k) \qquad \begin{array}{l} \text{oberes Vorzeichen für } k > 0 \\ \text{unteres Vorzeichen für } k < 0 \ . \end{array} \qquad (3.3.4.2)$$

Man sieht daran z. B., daß

$$F_h(k) = \mp iF_H(k) = - (\mp iF_H(k)) \qquad (3.3.4.3)$$

ist, woraus abzuleiten wäre, daß die Umkehrung

$$h(x_1) = - \frac{1}{\pi} \int\limits_{-\infty}^{+\infty} \frac{H(p_1)dp_1}{x_1 - p_1} \qquad (3.3.4.4)$$

ist. Damit haben wir automatisch auch die Formel gefunden, mit welcher die 1-Komponente des Feldes in die 3-Komponente umgerechnet werden kann.

Beispiel 23: Gegeben sei die Vertikalkomponente einer magnetischen Anomalie

$$\delta Z(x_1) = \frac{z}{z^2 + x_1^2} \quad .$$

Man bestimme die Horizontalkomponente δH mit Hilfe der HILBERT-Transformation.

Lösung: Zunächst wird nach dem Residuensatz die FOURIER-Transformation $F_z(k)$ ausgerechnet. Da der Gedankengang genau der gleiche wie der auf Seite 55 beschriebene ist, braucht hier nur das Resultat angegeben zu werden:

$$F_Z(k) = \frac{1}{2} e^{\mp kz} \qquad \begin{array}{l} \text{oberes Vorzeichen für } k > 0 \\ \text{unteres Vorzeichen für } k < 0 \end{array}$$

$F_Z(k)$ braucht nur in Gleichung (3.3.4.2) eingesetzt zu werden

$$F_H(k) = \pm \frac{i}{2} e^{\mp kz} \quad .$$

Also erhält man für die Funktion im x_1-Bereich

$$\delta H = \pm \int\limits_{-\infty}^{+\infty} \frac{i}{2} e^{\mp kz+ikx_1} \, dk \qquad \begin{array}{l} + \text{ für } k > 0 \\ - \text{ für } k < 0 \end{array}$$

$$= \int\limits_{o}^{\infty} \frac{i}{2} e^{-kz+ikx_1} \, dk + \int\limits_{o}^{-\infty} \frac{i}{2} e^{kz+ikx_1} \, dk$$

$$\delta H = \frac{x_1}{x_1^2 + z^2} \quad .$$

Für die praktische Anwendung erweist sich aber die Umformung in die Cosinus- und Sinus-Glieder von $F_h(k) = (A(k) - iB(k))/2$ als vorteilhafter:

$$H(p_1) = \frac{1}{2\pi} \int\limits_{0}^{\infty} (B(k)\cos(kp_1) - A(k)\sin(kp_1))dk \qquad (3.3.4.5)$$

Die FOURIER-Transformierte der HILBERT-Transformation lautet nach Gleichung (3.3.4.2)

$$F_{(H)} = i \, \text{sign}(k) \quad . \qquad (3.3.4.6)$$

Sie besitzt nur einen Imaginärteil und bildet am Nullpunkt $k = 0$ eine Stufe mit der Sprunghöhe 2.

Man kann Gleichung (3.3.4.6) für die Herleitung einer vorteilhaften Formel der HILBERT-Transformation benutzen, wenn die Verteilung von $\partial U/\partial x_3$ in n gleichabständigen Werten vorliegt, wobei n eine sehr große Zahl ist. Die ebenfalls in diskreten gleichabständigen Werten vorliegende Funktion F_ν ($\nu = 0,1,2 \ldots$ n), mit der $\partial U/\partial x_3$ gefaltet werden muß, um $\partial U/\partial x_1$ zu erhalten, erhält man durch den Umweg der Rücktransformation von Gleichung (3.3.4.6) in den x-Bereich; dabei wird sich zeigen, daß die besondere Betrachtung der Singularität bei $x_1 = p_1$ außerordentlich einfach ist.

Man geht zu diesem Zwecke von der Umkehrung der Formel für die FOU-RIER-reihe,einer stückweise kontinuierlichen Funktion f(x),im Analysenintervall $- X/2 \leq x \leq X/2$ aus: Im vorliegenden Falle ist umgekehrt gefragt nach den in konstanten Abständen Δx aufzutragenden diskreten Werten f_ν, wenn ihre Spektraldichteverteilung F(k) stückweise kontinuierlich als Funktion von k zwischen $-\pi/\Delta x$ und $\pi/\Delta x$ ($\pi/\Delta x$ = halbe Nyquistwellenzahl) vorliegt. Es gilt dann

$$f_\nu = \frac{\Delta x}{2\pi} \int\limits_{-\pi/\Delta x}^{+\pi/\Delta x} F(k)e^{ik\nu\Delta x} \, dk \qquad \nu = \text{ganzzahlig} \quad . \qquad (3.3.4.7)$$

Wenn man Gleichung (3.3.4.6) in Gleichung (3.3.4.7) einsetzt, so folgt

$$f_\nu^{(H)} = \frac{\Delta x}{2\pi} \left(- i \int\limits_{-\pi/\Delta x}^{0} e^{ik\nu\Delta x} \, dk + i \int\limits_{0}^{\pi/\Delta x} e^{ik\nu\Delta x} \, dk \right)$$

$$f_\nu^{(H)} = \frac{1}{2\pi\nu} (2\cos(\pi\nu) - 2)$$

$$f_\nu^{(H)} = \begin{cases} 0 & \text{für } \nu = 0, \pm 2, \pm 4, \ldots \\ -\dfrac{2}{\pi\nu} & \text{für } \nu = \pm 1, \pm 3, \pm 5, \ldots \end{cases} \quad . \qquad (3.3.4.8)$$

Man beachte, daß $\nu = 0$ der Singularität des Integranden $x_1 = p_1$ in Gleichung (3.3.4.1) entspricht. Die Tatsache, daß $f_0 = 0$ ist,demonstriert klar das gutartige Verhalten der HILBERT-Transformation.

I	$d\overline{Z}(I)$	$dH(I)$	theor.$dH(I)$
0	-.031	0.014	-.015
1	-.033	-.005	-.018
2	-.036	-.007	-.021
3	-.039	-.016	-.024
4	-.043	-.019	-.029
5	-.047	-.028	-.034
6	-.052	-.034	-.041
7	-.056	-.045	-.049
8	-.061	-.055	-.060
9	-.066	-.071	-.074
10	-.070	-.089	-.093
11	-.072	-.114	-.116
12	-.069	-.144	-.147
13	-.058	-.184	-.185
14	-.031	-.228	-.230
15	0.019	-.276	-.276
16	0.101	-.309	-.310
17	0.211	-.305	-.304
18	0.318	-.236	-.237
19	0.373	-.120	-.119
20	0.355	-.009	-.008
21	0.306	0.044	0.046
22	0.288	0.058	0.060
23	0.313	0.097	0.100
24	0.312	0.198	0.200
25	0.230	0.296	0.300
26	0.106	0.325	0.328
27	0.007	0.288	0.293
28	-.050	0.233	0.236
29	-.075	0.177	0.183
30	-.082	0.135	0.140
31	-.081	0.101	0.108
32	-.076	0.078	0.085
33	-.070	0.058	0.067
34	-.063	0.046	0.054
35	-.057	0.031	0.044
36	-.052	0.025	0.036
37	-.047	0.012	0.030
38	-.043	0.009	0.025
39	-.039	-.016	0.021

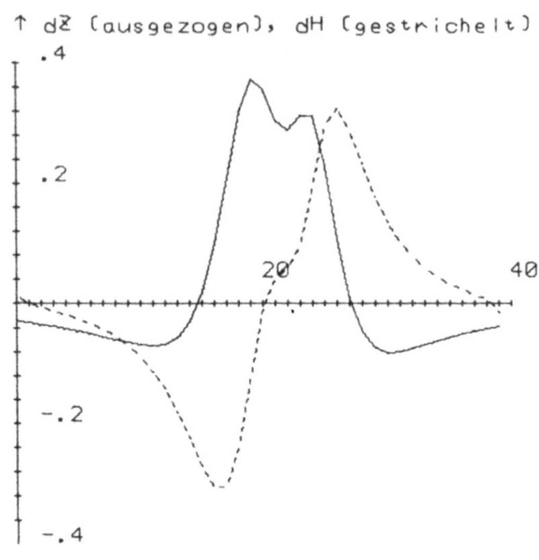

Abb. 3.3.4.1

Theoretisches Beispiel zur Bestimmung
von δH aus δZ nach der HILBERT-Transformation

$$\delta Z = -\frac{10(x_1{}^2-q_1{}^2)}{(x_1{}^2+q_1{}^2)^2} - \frac{5((x_1-5)^2-q_2{}^2)}{((x_1-5)^2+q_2{}^2)^2}$$

$$\delta H = \frac{20x_1q_1}{(x_1{}^2+q_1{}^2)^2} + \frac{10(x_1-5)q_2}{((x_1-5)^2+q_2{}^2)^2}$$

q_1 = 5 Einheiten
q_2 = 4 Einheiten

Beispiel 24: Gegeben sei die Wertefolge δZ_i $i = 0, \ldots 40$ (siehe Abb. 3.3.4.1) Es sollen die Werte δH_i nach der HILBERT-Transformation Gleichung (3.3.4.8) bestimmt werden.

Man berechnet δH_i nach der Formel

$$\delta H_i = - \frac{2}{\pi} \sum_{\nu=o}^{40} \frac{\delta Z_\nu}{i-\nu} \qquad i - \nu = -39, -37, \ldots +39$$

$$(\delta Z_\nu \text{ wird für } \nu<0 \text{ und } \nu>39 \text{ gleich Null gesetzt!})$$

Ein Vergleich mit den theoretischen Werten zeigt die Qualität der Näherung, die naturgemäß an den Randwerten schlechter ist als in der Mitte der Analysenintervalle. Eine oszillatorische Störung an den Rändern, wie wir sie in Abb. 3.3.1.3 (Seite 80) kennengelernt haben, kommt hier nicht vor.

3.3.5 Bestimmung des Vertikalgradienten $\partial^2 U/\partial p_3^2$

Durch Differenzieren von Gleichung (3.2.2.15) nach p_3 erhält man einen Integralausdruck für den Vertikalgradienten $\partial\delta U/\partial p_3$. Die Umrechnung z. B. der Schwereverteilung $\partial\delta U/\partial p_3$ auf den Vertikalgradienten $\partial^2\delta U/\partial p_3^2$ wird gerne angewendet, um kurzwellige Anteile der Anomalie stärker hervorzuheben, bzw. langwellige, insbesondere das *Regionalfeld* zu unterdrücken. Die $\partial^2\delta U/\partial p_3^2$-Verteilung hebt die Wirkung der oberflächennahen Massen gegenüber den tieferliegenden Massen hervor. Heute sind zahlreiche numerische Auswerteverfahren, die alle aus Gleichung (3.2.2.1.3) entwickelt werden, im Gebrauch. Die Bedeutung des Vertikalgradienten soll an dem einfachen Beispiel einer zweidimensionalen Feldverteilung $U(x_1,x_3)$ erläutert werden. Wenn in einer zweidimensionalen Feldverteilung $\partial U(x_1,x_3)/\partial x_3$ auf einem Profil $x_3 = 0$ vorgegeben ist, kann man die Ableitung $\partial^2 U(x_1,0)/\partial x_3^2$ in ähnlicher Weise wie im letzten Kapitel bei der Ableitung der Entwicklungsfunktion für die HILBERT-Transformation, Gleichung 3.3.4.7, finden.

Man setzt in Gleichung (3.3.1.5) $p_3 = x_3$ und differenziert nach x_3

$$\partial\delta g_3(x_1)/\partial x_3 = \mp \int kG(k)e^{\mp kx_3}e^{ikx_1} \, dk \ ,$$

wobei x_3 positiv definiert sein soll. Das obere Vorzeichen gilt für $k > 0$ und das untere für $k < 0$.

Die Operation $\dfrac{\partial}{\partial x_3}$ hat also für $x_3 = 0$ die FOURIER-Transformierte

$$F^{(3)}(k) = - k \, \text{sign}(k) \quad . \tag{3.3.5.1}$$

In Analogie zu den in Kapitel 3.3.4 angestellten Überlegungen läßt sich in einfacher Weise die zu Gleichung (3.3.5.1) gehörige "Impulsantwort" $f_\nu(3)$ (ν = ganzzahlig) finden. Mit dieser ist $\partial U/\partial x_3(x_1,0) = U_z$ zu falten, um $\partial^2 U(x_1,0)/\partial x_3^2 = U_{zz}$ zu erhalten.

$$f_\nu^{(3)} = \frac{\Delta x}{2\pi} \int_{-\pi/\Delta x}^{o} ke^{ik\nu\Delta x} \, dk - \frac{\Delta x}{2\pi} \int_{o}^{\pi/\Delta x} ke^{ik\nu\Delta x} \, dk$$

$$f_\nu^{(3)} = \frac{\pi}{2\Delta x}\left[\left(\frac{\sin(\nu\pi/2)}{\nu\pi/2}\right)^2 - 2\frac{\sin(\nu\pi)}{\nu\pi}\right] \qquad \nu = \text{ganzzahlig}$$

$$f_\nu^{(3)} = \begin{cases} -\dfrac{\pi}{2\Delta x} & \text{für } \nu = 0 \\[2ex] 0 & \text{für geradzahlige } \nu \\[2ex] \dfrac{2}{\pi\Delta x\nu^2} & \text{für ungerade } \nu \end{cases} \qquad\qquad (3.3.5.2)$$

$f_\nu^{(3)}$ ist nicht dimensionsfrei. Der Faktor $1/\Delta x$ deutet darauf hin, daß es sich um die Ableitung nach einer Ortskoordinate handelt.

Beispiel 25: Man interpretiere die Zahlenwerte δZ aus Beispiel 24 als Schwerewerte U_Z und bestimme U_{ZZ}.

Die Anwendung der Formel

$$U_{ZZ\,i} = \sum_\nu f_\nu^{(3)} U_{Z\,i-\nu}$$

mit $U_Z = \delta Z$ führt auf das in Abbildung 3.3.5.1 dargestellte Ergebnis.

In der Tabelle sind wieder die berechneten Näherungswerte U_{ZZ} den theoretischen gegenübergestellt. Die Näherung ist überall gut, bis auf die Randbereiche, wo sie durchweg zu große Beträge ergibt. Ein oszillatorischer Charakter des Fehlers in der Umgebung der Unstetigkeiten z. B. bei $i = 0$ und $i = 39$, ähnlich wie wir ihn bei der Fortsetzung des Feldes nach unten kennengelernt haben, tritt hier nicht auf. Man vergleiche hierzu Abbildung 3.3.1.3. Die Entwicklungsformeln (3.3.1.6) für die Feldfortsetzung und (3.3.5.2) für den Vertikalgradienten zeigen klar, woran das liegt. In Gleichung (3.3.1.6) bekommen aufeinanderfolgende Stützstellen für die Gewichtsfunktion $F(d,\tau)$ alternierende Vorzeichen, falls $e^{\pi\tau} > 1$. Im Gegensatz dazu bleibt $f_\nu^{(3)}$ für alle $\nu \neq 0$ positiv. Hinzu kommt noch, daß $F(d,\tau)$, besonders für große τ, viel langsamer als $f_\nu^{(3)}$ mit wachsenden ν abfällt. Letzteres nimmt mit $1/\nu^2$ ab, d. h. entfernte $U_{Z\,i-\nu}$ tragen nur sehr wenig zu $U_{ZZ\,i}$ bei. In der Hauptsache sind es nur der Wert

$$f_0^{(3)} = \frac{-\pi}{2\Delta x}$$

und die unmittelbar benachbarten Werte, die $U_{ZZ\,i}$ bestimmen. Dieses Beispiel soll zeigen, daß der Vertikalgradient U_{ZZ} zwei nahe beieinanderliegende Anomalien deutlicher voneinander trennt als U_Z. Damit ist ein etwas genauerer Hinweis auf die Lage der Störkörper gegeben.

Man muß bei der Anwendung der Entwicklungsformel (3.3.5.1) aufpassen: Es wird ja vorausgesetzt, daß die Feldverteilung eine FOURIER-Transformierte hat, und das ist nur dann der Fall, wenn sie in großer Entfernung genügend rasch gegen Null strebt. Beim letzten Beispiel war dies offenbar der Fall, was man daran sehen kann, daß U_Z an den Rändern des Untersuchungsintervalls ($x = 0$ km und $x = 40$ km) schon recht klein ist. Man kann sich aber theoretisch sehr gut Schwereverteilungen vorstellen, bei denen das nicht so ist. Ein für die Praxis wichtiges Beispiel ist das Schwerefeld über einer schrägen Stufe, an der eine horizontale Schichtgrenze versetzt ist. Zur

I	$U_z(I)$	$U_{zz}(I)$	theor.$U_{zz}(I)$
	(mgal)	(mgal/km)	
0	-.029	0.022	0.002
1	-.031	0.005	0.002
2	-.034	0.006	0.003
3	-.037	0.005	0.004
4	-.040	0.006	0.004
5	-.044	0.007	0.006
6	-.048	0.008	0.007
7	-.052	0.010	0.009
8	-.056	0.012	0.012
9	-.060	0.015	0.015
10	-.063	0.020	0.019
11	-.064	0.025	0.025
12	-.060	0.032	0.032
13	-.048	0.039	0.038
14	-.020	0.043	0.042
15	0.031	0.037	0.036
16	0.113	0.010	0.009
17	0.222	-.048	-.048
18	0.324	-.118	-.118
19	0.365	-.150	-.150
20	0.318	-.111	-.111
21	0.211	-.034	-.034
22	0.101	0.032	0.031
23	0.027	0.068	0.068
24	0.000	0.080	0.079
25	0.026	0.065	0.065
26	0.106	0.011	0.010
27	0.210	-.082	-.082
28	0.263	-.137	-.138
29	0.212	-.091	-.092
30	0.105	-.008	-.009
31	0.014	0.038	0.037
32	-.038	0.047	0.046
33	-.062	0.041	0.039
34	-.069	0.032	0.030
35	-.068	0.025	0.022
36	-.064	0.019	0.016
37	-.059	0.017	0.012
38	-.054	0.014	0.009
39	-.049	0.039	0.007

SCHRITTWEITE DX= 1 KM

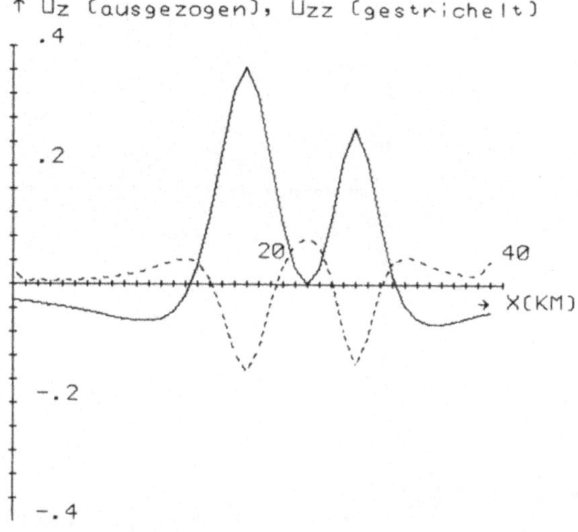

<u>Abb. 3.3.5.1</u>

Theoretisches Beispiel zur Bestimmung von U_{zz} aus U_z nach der Entwicklungsformel (3.3.5.2)

$$U_z = - \frac{10(x_1^2 - q_1^2)}{(x_1^2 + q_1^2)^2} - \frac{5((x_1-5)^2 - q_2^2)}{((x_1-5)^2 + q_2^2)^2}$$

$$U_{zz} = \frac{20q_1(3x_1^2 - q_1^2)}{(x_1^2 + q_1^2)^3} + \frac{10q_2(3(x_1-5)^2 - q_2^2)}{((x_1-5) + q_2^2)^3}$$

q_1 = 5 km

q_2 = 4 km

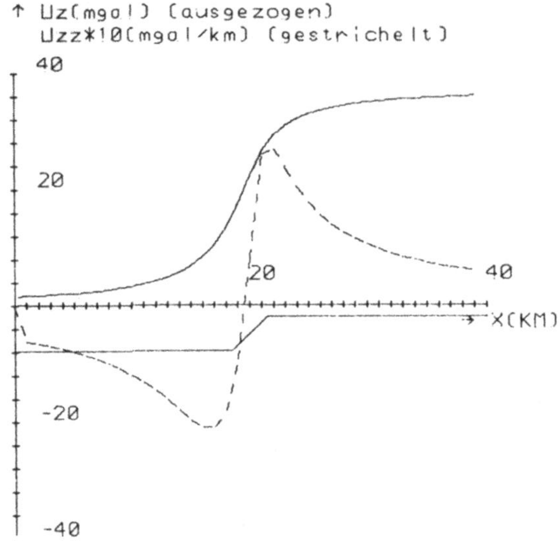

<u>Abb. 3.3.5.2</u>
Schwere U_z und theoretischer Vertikalgradient U_{zz} über einer
schrägen Stufe. Dichtekontrast $\Delta\sigma$ = 0,3 g/cm^3,Tiefe der oberen
Schichtgrenze t_1 = 1 km, der unteren t_2 = 4 km, Einfallswinkel
der Stufe α = 45°. U_z nähert sich am rechten Rand des Untersu-
chungsintervalles asymptotisch dem Wert $2\pi f\Delta\sigma(t_2 - t_1)$=37,699 mgal
(BOUGUER-Platte).Das hier dargestellte U_{zz} läßt sich nicht nach
Gleichung (3.3.5.1) und Nullsetzen von U_z außerhalb des Unter-
suchungsgebietes bestimmen, weil das Schwerefeld keine FOURIER-
Transformierte hat.

Illustration wird auf Abb. 3.3.5.2 verwiesen. Hier hat das Schwerefeld keine FOURIER-Transformierte, denn bei Vergrößerung des Untersuchungsintervalles kann man nie erreichen, daß es am rechts liegenden Rand verschwindende U_z-Werte gibt. Man muß sich also helfen,
indem man z. B. die für die Rechnung benötigten Werte außerhalb des
Untersuchungsintervalles nicht Null setzt, sondern stetig weiter-
führt und u. U. in sehr großer Distanz schließlich auf Null abklin-
gen läßt. Ein solcher Eingriff impliziert natürlich Hypothesen über
die Massenverteilung außerhalb des untersuchten Gebietes und es ist
wiederum eine Sache der geologischen Vorkenntnisse des Auswerters,
wie er das Verhalten der Schwere außerhalb vernünftigerweise annimmt.

Wenn auch die aufgrund numerischer Integration erhaltene Verteilung
des Vertikalgradienten eine Orientierungshilfe für die Lage des Störkörpers darstellt, so muß man sich doch davor hüten, sie zur alleini-
gen Basis einer Störkörperberechnung zu machen. Es ist bekannt, daß
sie oft systematisch zu klein herauskommt. Diese einseitige Abweichung
ist eine Folge des endlichen Rasterabstandes, den man für die punktwei-
se Darstellung des $\partial\delta U/\partial x_3$-Feldes benutzt (siehe z. B. JUNG, 1963 und
viele andere). Seitdem man technisch in der Lage ist, den Vertikalgradienten durch Messungen der Schwere an zwei um ca. 1 m übereinan-
derliegenden Punkten näherungsweise zu bestimmen, weiß man auch, daß
es noch mehr Fehlerquellen gibt. Auf Seite 36 (Beispiel 15) wurde ge-

zeigt, daß der Vertikalgradient in der Umgebung einer Spitze der Masse sehr stark ansteigt, um an der Spitze selbst theoretisch unendlich zu werden. Darum müssen auch Messungen nach der Differenzenmethode mit schwer kontrollierbaren, unvermeidlichen Fehlern behaftet sein. Dieses mag die starken Streuungen von Meßwerten erklären (siehe GÖTZE 1977, GUTDEUTSCH 1983 und andere). Solange es noch keine direkten Methoden der Vertikalgradientenbestimmung gibt, muß man sagen, daß die bisherigen Methoden stark fehlerbehaftete Ergebnisse liefern.

3.4 MODELLBERECHNUNGEN, ABGELEITET AUS RANDWERTAUFGABEN

Die bisherigen Randwertaufgaben setzen voraus, daß das Feld auf einer Meßfläche vorgegeben und nach dem Feldverlauf außerhalb davon gefragt ist. In der Geophysik trifft man aber auch auf Randwertaufgaben mit einer anderen Fragestellung. Hierin bedeuten die Grenzflächen unbekannte Größen, die erst bestimmt werden müssen. Gewisse Stetigkeitsbedingungen des Feldes und seine Quellen werden dabei vorausgesetzt. Die damit befaßten Methoden fallen unter den Themenkreis der Modellberechnungen.

Man sucht nach Grenzflächen im Erdinneren, an denen sich die physikalischen Parameter sprunghaft ändern, d. h. nach geologischen Körpern, die sich von der Umgebung durch abweichende magnetische Permeabilität μ, elektrischen spezifischen Widerstand ρ, Dichte σ oder Wärmeleitfähigkeit λ abheben.

3.4.1 Randbedingungen bei Induktionsaufgaben

Die auftretenden Gleichungen sind im isotropen Fall

Magnetfeld:

$$B_i = \mu H_i \qquad H_i = - \frac{\partial \phi}{\partial x_i} \qquad \frac{\partial B_i}{\partial x_i} = 0 \tag{3.4.1.1}$$

im homogenen magnetisierten Vollraum ist

$$B_i = \mu_0 (H_i + m_i)$$
$$\mu/\mu_0 = 1 + \kappa$$
$$m_i = \kappa H_i$$

Elektrisches Gleichstromfeld (außerhalb der Elektroden):

$$j_i = \frac{1}{\rho} E_i \qquad E_i = - \frac{\partial V}{\partial x_i} \qquad \frac{\partial j_i}{\partial x_i} = 0 \tag{3.4.1.2}$$

Zur Gegenüberstellung seien auch die Gleichungen des Gravitationspotentials und der Temperatur angeführt:

Gravitationsfeld:

$$g_i = \frac{\partial U}{\partial x_i} \qquad \frac{\partial g_i}{\partial x_i} = - 4\pi f \sigma \tag{3.4.1.3}$$

Wärmestromfeld:

$$J_i = - \lambda \frac{\partial T}{\partial x_i} \qquad\qquad \frac{\partial J_i}{\partial x_i} = cT^{\cdot} + Q \qquad\qquad (3.4.1.4)$$

mit

   B_i = magnetische Induktion

   H_i = magnetisches Feld

   ϕ = magnetisches Potential

   j_i = elektrische Stromdichte

   E_i = elektrische Feldstärke

   V = elektrisches Potential

   J_i = Wärmestromdichte

   m_i = Magnetisierung

   c = spezifische Wärme

   λ = Wärmeleitfähigkeit

   κ = magnetische Suszeptibilität

   μ = magnetische Permeabilität

   T = Temperatur

   g_i = Schwerevektor

   U = Gravitationspotential

   Q = Wärmeproduktion pro Volumseinheit

Sofern man die Quellen der Felder von j_i, B_i und g_i außerhalb des betrachteten Gebietes legt, erfüllen sie die LAPLACE-Gleichung. Es wird sofort aus Gleichung (3.4.1.3) klar, daß das Gravitationsfeld eine Sonderstellung unter den übrigen Feldern einnimmt, weil bei ihm der Stoffparameter σ über die POISSONsche Gleichung mit dem Feld verknüpft ist. Die Gleichungen für den Wärmestromdichte-Vektor (3.4.1.4) sind hinzugefügt worden, weil sie für $T^{\cdot} = 0$ (Q unabhängig von t vorausgesetzt) ebenfalls vom gleichen Typ sind. Den Endzustand von Temperaturausgleichsvorgängen charakterisiert $T^{\cdot} = 0$, und genau nach dem Endzustand ist bei vielen geophysikalischen Aufgaben gefragt.Bei statischen elektrischen und magnetischen Feldern stellen die Materialparameter Proportionalitätsfaktoren zwischen zwei Vektoren dar, wie z. B. zwischen B_i und H_i. Die Dichte und die Wärmeproduktion Q charakterisieren physikalisch Quellenstärken. Demgegenüber sind μ, $1/\rho$ und λ *Durchlässigkeitsparameter*. Es ist auch in Kapitel 2.8 (Seite 31) gezeigt worden, daß das Schwerepotential und der Gradientenvektor an einer Grenzfläche mit sprunghafter Änderung der Dichte stetig verlaufen. Aus allen diesen Überlegungen wird ersichtlich, daß die Modellberechnungen bei Gravitationsfeldern nicht unbedingt über die Randbedingungen führen.

Man verwendet die Quellenfreiheit von B_i und die Wirbelfreiheit von H_i an der Grenzfläche, um die Randbedingungen nachzuweisen. Analog geht man bei j_i und E_i bzw. J_i und $\partial T/\partial x_i$ vor. Der Nachweis wird wie in Kapitel 2.8 geführt.

Man betrachtet auch hier einen Zylinder, der sich je zur Hälfte im Medium mit der Permeabilität μ_1 und der Permeabilität μ_2 befindet. Aus der Quellenfreiheit von B_i an der Grenzfläche folgt

$$n_i B_i^{(1)} = n_i B_i^{(2)} \; ,$$

also

$$H_n^{(1)} = H_n^{(2)} \qquad\qquad (3.4.1.5)$$

d.h. die Normalkomponente H_n des Magnetfeldes erleidet beim Überqueren der Grenzfläche einen Sprung um den Faktor μ_2/μ_1.

Um die Wirbelfreiheit von H_i an der Grenzfläche zu beweisen, legt man einen geschlossenen Weg so, daß er zur Hälfte im Medium 1 und zur Hälfte im Medium 2 verläuft. Es folgt hier in Analogie zu den Schlußfolgerungen in Kapitel 2.8

$$H_t^{(1)} = H_t^{(2)}$$

an der Grenzfläche, d. h. die Tangentialkomponente von H_i, H_t verläuft an der Grenzfläche stetig. Daraus folgt das Brechungsgesetz der Feldlinien und Äquipotentialflächen an Grenzflächen.

$$\frac{\tan \alpha_1}{\tan \alpha_2} = \frac{\mu_1}{\mu_2} \qquad\qquad (3.4.1.6)$$

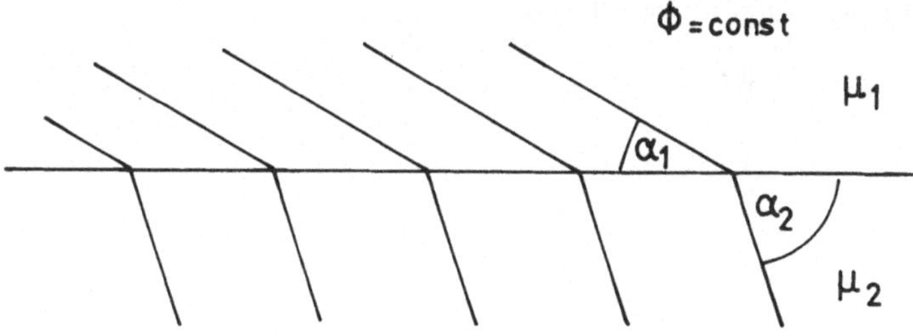

Verdichtung der Äquipotentialflächen bedeutet aber eine Vergrößerung der Feldstärke. Die Feldstärke muß daher für $\alpha_1 \neq 0$ beim Übergang vom Medium mit der kleineren Permeabilität in das größerer Permeabilität abfallen. Die gleichen Überlegungen gelten auch für elektrische Ströme, wenn man anstelle der Permeabilität die elektrische Leitfähigkeit setzt. Eine geophysikalische Nutzanwendung ist das Äquipotentiallinienverfahren. Hier wird die Verringerung von Abständen der Äquipotentiallinien, gemessen auf der Erdoberfläche, als Vergrößerung des lokalen spezifischen Widerstandes im Untergrund gedeutet.

3.4.2 Anwendung der sphärischen Spiegelung zur Modellrechnung

3.4.2.1 Die magnetische Induktion von Kugel und Zylinder

Beim Rechenbeispiel 16 auf Seite 44ff. kam nebenbei heraus, daß Dipolfeld und homogenes Feld auf der Kugeloberfläche bis auf einen konstanten Faktor das gleiche Potential haben können. Bei der Verwendung von Polarkoordinaten ist der Faktor $\cos\theta_0$ abspaltbar. Das hat zur Folge, daß man bestimmte Randwertprobleme für die Kugel besonders einfach lösen kann. Dasselbe gilt für den Zylinder. Es handelt sich insbesonders um die Induktionsaufgabe, welche in der angewandten Geomagnetik eine wichtige Rolle spielt.

Ein geologischer Störkörper, dessen Permeabilität μ_2 sich von der Permeabilität μ_1 des als homogen angenommenen Nebengesteins unterscheidet, wird durch das erdmagnetische Feld mit dem Potential ϕ_0 aufmagnetisiert. Er erzeugt ein Sekundärfeld ϕ_1 mit der Eigenschaft, daß es gemeinsam mit ϕ_0 die Randbedingungen erfüllt. Die Randbedingungen besagen, daß an den Rändern des Störkörpers sowohl das Potential $\phi = \phi_0 + \phi_1$ als auch der magnetische Fluß stetig verlaufen sollen.

Wenn der Störkörper die Gestalt einer Kugel mit dem Radius R hat, läßt sich das Sekundärfeld mit den gewünschten Eigenschaften durch das Feld eines konzentrischen Dipols darstellen. Genaue Ableitungen sind in Lehrbüchern der theoretischen Physik nachlesbar, darum soll der Lösungsweg nur kurz angedeutet werden. Das Potential des primären Feldes sei

$$\phi_0 = T\, x_3 = T\, r\, \cos\theta \qquad (T = \text{Totalintensität des erdmagnetischen Feldes}) .$$

Außenraum: $\quad r \geqq R \qquad \phi_{(a)} = T\, r\, \cos\theta + \dfrac{J}{r^2}\, \cos\theta \qquad \text{mit } r = |x_i| \quad J = \dfrac{M}{4\pi}$

Innenraum: $\quad r \leqq R \qquad \phi_{(i)} = P\, r\, \cos\theta \qquad\qquad (\text{homogenes Feld})$

Aus den Randbedingungen werden J und P bestimmt:

1) $\quad \phi_{(a)} = \phi_{(i)} \qquad$ für $r = R$

2) $\mu_1 \dfrac{\phi_{(a)}}{\partial r} = \mu_2 \dfrac{\phi_{(i)}}{\partial r} \qquad$ für $r = R$

$$J = - \frac{TR^3\left(\dfrac{\mu_2}{\mu_1} - 1\right)}{\dfrac{\mu_2}{\mu_1} + 2} \qquad\qquad P = \frac{3T}{\dfrac{\mu_2}{\mu_1} + 2} \qquad (\text{KUGEL}) \qquad (3.4.2.1.1)$$

Das Sekundärfeld ist proportional R^3 und für $\mu_2/\mu_1 > 1$ auf der x_3-Achse dem primären Feld entgegengesetzt gerichtet. Eine völlig analog geführte Rechnung für den Fall des unendlich langen Kreiszylinders ergibt

Außenraum: $\qquad \phi_{(a)} = T\, \rho\, \cos\psi + \dfrac{J'}{\rho}\, \cos\psi \qquad J' = \dfrac{M'}{2\pi}$

Innenraum: $\qquad \phi_{(i)} = P'\, \rho\, \cos\psi \qquad\qquad x_i = (\rho, \psi, x_3)$

$$J' = - \frac{TR'^2\left(\dfrac{\mu_2}{\mu_1} - 1\right)}{\dfrac{\mu_2}{\mu_1} + 1} \qquad\qquad P' = \frac{2T}{\dfrac{\mu_2}{\mu_1} + 1} \qquad \begin{array}{l}(\text{ZYLINDER}) \qquad (3.4.2.1.2)\\ R' = \text{Zylinderradius} .\end{array}$$

Kugel und unendlich langer Zylinder kommen in der Natur zwar nicht als Störkörper vor, doch stellen sie Grenzfälle dar, mit denen man erste Abschätzungen von gemessenen Anomalien durchführen kann. Für beliebig gestaltete Körper ist das Induktionsproblem weit schwieriger und meist nur näherungsweise zu lösen. Man kann aber zeigen, daß auch für Körper rotations-parabolischer Form und für gestreckte Rotations-

ellipsoide der hier gezeigte Lösungsweg zum Ziele führt (z. B. A.
SOMMERFELD: Vorlesungen über theoretische Physik, Bd. III). In allen
diesen Fällen ist das Feld im Inneren homogen, was die Rechnung vereinfacht, weil es konstante Magnetisierung bedeutet.

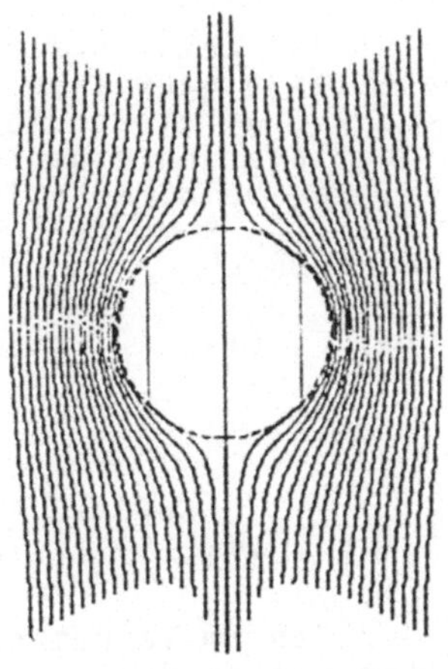

Abb. 3.4.2.1.1

Linien gleichen Potentials für die
magnetisierte Kugel mit extrem hoher relativer Permeabilität

$$\mu_2/\mu_1 = 20$$

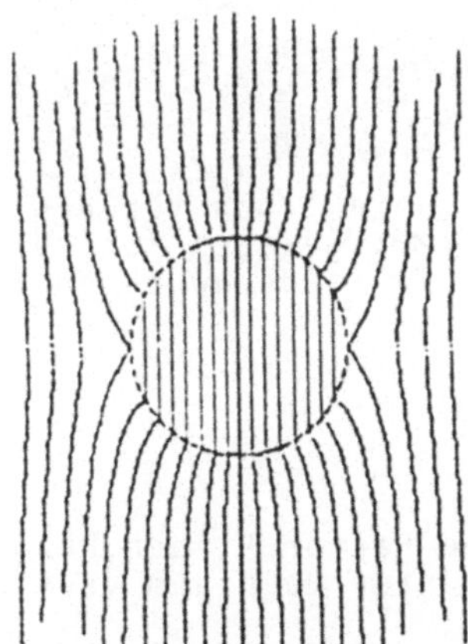

Abb. 3.4.2.1.2

Linien gleichen Potentials für die
magnetisierte Kugel mit extrem kleiner Permeabilität

$$\mu_2/\mu_1 = 0,0001$$

In beiden Abbildungen weist die x_3-Achse vom Kugelmittelpunkt nach
rechts.

Die Abbildungen 3.4.2.1.1 und 3.4.2.1.2 zeigen Äquipotentialflächen
der magnetischen Erregung $H_i = -\partial U/\partial x_i$ in einem feldparallelen Meri-
dianschnitt der Kugel. Es werden zwei extreme Fälle einander gegen-
über gestellt, der mit $\mu_2/\mu_1 = 20$ und der mit $\mu_2/\mu_1 = 0,0001$. Im ersten Fall werden die Äquipotentialflächen aus der Kugel hinausge-
drängt, was im Inneren zu einer Feldschwächung führt, im zweiten Fall
ist es umgekehrt. Der Faktor der Feldschwächung beträgt 0,136 bzw.
der der Feldverstäkung 1,499. In Abb. 3.4.2.1.2 gibt es zwei Äquipotentialflächen mit einem Knick im Außenraum. Es sind die beiden Flächen durch die Punkte $r = R$ und $\theta = 0^0$ bzw. $\theta = 180^0$. Daß diese Knicke
auftreten, scheint im Widerspruch zu der Forderung zu stehen, daß
Ecken und Kanten von Äquipotentialflächen im quellenfreien Außenraum

nicht auftreten dürfen, da sie ja die Richtung des Gradientenvektors definieren. In diesem Falle ist allerdings $\partial\phi_{(a)}/\partial r$ stetig und ungleich Null bei $r = R$, $\theta = 0^\circ$ und $\theta = 180^\circ$. Dagegen ist $\partial\phi_{(a)}/\partial\theta\cdot(1/r)$ gleich Null. Damit entfällt auch die Notwendigkeit der Vorzeichendefinition für $\partial\phi/\partial\theta$ und daher auch die eines glatten Äquipotentiallinienverlaufes.

Die Bedeutung des Entmagnetisierungsfaktors: Auf die Feldschwächung ist schon bei der Besprechung des Brechungsgesetzes hingewiesen worden. Wenn in Gleichung (3.4.1.5) der *Einfallswinkel* α_1 gleich Null ist, kann man diese Schwächung als Folge der Überlagerung eines dem Primärfeld antiparallelen Gegenfeldes erklären, das beim Magnetfeld durch die *induzierte Magnetisierung* $m_i(2) = \kappa H_i(2)$ (κ = magnetische Suszeptibilität) hervorgerufen wird. Dieses hängt durch

$$B_3^{(2)} = \mu_0(H_3^{(2)} + m_3^{(2)}) = \mu H_3^{(2)} = \mu_0 H_3^{(1)} = B_3^{(1)} \qquad (3.4.2.1.3)$$

mit der magnetischen Induktion zusammen

$$B_i^{(1),(2)} = (0,0,B_3^{(1),(2)}) \qquad H_i^{(1),(2)} = (0,0,H_3^{(1),(2)}).$$

Die mit (1) indizierten Größen bezeichnen Feldgrößen im Vakuum des Halbraumes $x_3 \geqq 0$, die mit (2) im magnetisierten Halbraum $x_3 \leqq 0$. Die Feldschwächung beträgt

$$\frac{H_3^{(2)}}{H_3^{(1)}} = \frac{\mu_0}{\mu} = \frac{1}{1 + \kappa} \quad . \qquad (3.4.2.1.4)$$

Man darf nicht vergessen, daß diese Beziehung exakt nur für den idealisierten Fall eines magnetisierbaren Halbraumes gegeben ist. Wir sehen sofort, daß gemäß Gleichung (3.4.2.1.1) die Feldschwächung für die magnetisierte Kugel geringer ausfällt, nämlich

$$\frac{H_3^{(2)}}{H_3^{(1)}} = \frac{3\mu_2}{2\mu_1 + \mu_2} = \frac{3}{3 + \kappa} \quad .$$

Die Wirkung der Magnetisierung m ist um einen Faktor P, den Entmagnetisierungsfaktor, im Vergleich zum magnetisierten Halbraum verkleinert. Man schreibt

$$H_3^{(1)} = H_3^{(2)} + \kappa P H_3^{(2)} = H_3^{(2)}\cdot(1 + \kappa P) \quad . \qquad (3.4.2.1.5)$$

Den Entmagnetisierungsfaktor bestimmt man aus

$$P = \frac{\dfrac{H_3^{(1)}}{H_3^{(2)}} - 1}{\kappa} \quad . \qquad (3.4.2.1.6)$$

Er hat den Wert 1 für den magnetisierten Halbraum, 1/3 für die magnetisierte Kugel und 1/2 für den magnetisierten Zylinder. P ist nur dann eine Konstante, wenn ein homogenes Primärfeld ein paralleles Sekundärfeld im Inneren des magnetisierten Körpers erzeugt. Auch bei der magnetischen Modellberechnung komplizierter gestalteter Störkörper setzt man oft konstante Magnetisierung voraus, was sicher nicht be-

rechtigt ist. Besonders bei Körpern mit scharfen Ecken und Kanten ist
anzunehmen, daß sie inhomogen aufmagnetisiert werden. Dann ist natürlich der Entmagnetisierungsfaktor keine Konstante mehr. Vor der Einführung der Großrechner hielt man Wege zur Lösung komplizierter Randwertaufgaben durch einen Ansatz für den Entmagnetisierungsfaktor für
aussichtsreich. Die Entwicklung hat dann aber eher jenen Methoden
recht gegeben, die über Iterationsverfahren nach Näherungen der Feldverteilung suchen.

Die homogene Magnetisierung $I_i = m_i/4\pi$ der permeablen Kugel läßt sich
einfach darstellen. Mit $r \cdot \cos\theta = x_3$, $r = |x_i|$ folgt aus der Stetig-
keit der Normalkomponente der magnetischen Induktion an der Grenzfläche
$r = R$

$$B_{(a)_r} = B_{(i)_r} \quad \text{für die Kugel mit } I_r = I_3\cos\theta \, , \, I_1 = I_2 = 0 \quad ;$$

$$\mu_0(P\cos\theta + 4\pi I_r) = \mu_0(T\cos\theta - 2\,\frac{J}{R^3}\,\cos\theta) \quad (\text{s. Gl.}(3.4.1.1))$$

$$4\pi I_r = (\,\frac{\mu_2}{\mu_1} - 1)P\cos\theta = \frac{3T(\,\frac{\mu_2}{\mu_1} - 1)}{\frac{\mu_2}{\mu_1} + 2}\,\cos\theta$$

$$4\pi I_3 = \frac{3T(\,\frac{\mu_2}{\mu_1} - 1)}{\frac{\mu_2}{\mu_1} + 2} \quad .$$

Das Sekundärfeld der Kugel im Außenraum beträgt

$$\psi_a^{(s)} = -\,\frac{4\pi R^3}{3}\,I_3\,\frac{\cos\theta}{r^2} \qquad (\text{KUGEL}) \qquad . \qquad (3.4.2.1.7)$$

Eine ähnliche Rechnung für den Zylinder mit $\rho = \sqrt{x_1^2 + x_2^2}$ und
$\rho\cos\theta = x_3$ führt auf

$$\psi_a^{(s)} = -\,2\pi R^2 I_3'\,\frac{\cos\theta}{r} \qquad (\text{ZYLINDER}) \qquad (3.4.2.1.8)$$

In Gleichung (3.4.2.1.7) ist das Potential eines magnetischen Dipols
mit dem magnetischen Moment $-I_3 4\pi R^3/3$ dargestellt. Magnetische Explo-
rationsarbeiten können in diesem einfachen Fall, wenn Angaben über
die Magnetisierung fehlen, eindeutige Aussagen über das magnetische
Moment machen, das Produkt aus Volumen und Magnetisierung. Entspre-
chendes gilt für den magnetisierten Zylinder. Bei diesem ist anstelle
des Volumens die doppelte Fläche des Querschnittes zu nehmen.

Wie erwähnt, setzt man oft für die Interpretation magnetischer Anomalien voraus, daß der Störkörper wie der magnetisierte Halbraum durch
$m_i' = \kappa H_i$ homogen aufmagnetisiert wird. Man begeht hierdurch einen
Fehler, und zwar kommt, wenn es sich um eine Kugel oder einen Zylinder handelt, ein zu großer Wert heraus. Bezeichnet man mit $I_3' =$
$\kappa T/(4\pi)$ diese Magnetisierung, so folgt

$$I_3'/I_3 = (3 + \kappa)/3 \qquad (\text{KUGEL}) \qquad \text{in SI-Einheiten}$$
$$(3.4.2.1.9)$$
$$I_3'/I_3 = (2 + \kappa)/2 \qquad (\text{ZYLINDER}) \quad \text{in SI-Einheiten} \, .$$

Für sehr kleine Beträge von κ ist der Fehler vernachlässigbar, d. h. man erhält mit dem Ansatz $m_i' = \kappa H_i$ praktisch den gleichen Wert wie für die Lösung der Induktionsaufgabe.

Beispiel 26: Zeichnen der Isolinien δZ einer homogenen, magnetisierten Kugel mit den Mittelpunktskoordinaten $(0, 0, \xi_3)$ und dem magnetischen Moment $(J_i, 0, J_3)$ an der Erdoberfläche $x_3 = 0$.

Man kann einen analytischen Ausdruck für die Isolinien $\delta Z = const$ in zylindrischen Polarkoordinaten

$$x_1 = p \cos\lambda \qquad x_2 = p \cos\lambda \qquad x_3 = z$$

finden: Das magnetische Potential der Kugel ist das eines konzentrischen Dipols (Gleichung (2.3.2), Seite 14). Wir setzen

$$\phi = \delta\phi \ , \qquad -\frac{\partial\phi}{\partial x_3} = \delta Z \qquad \text{und} \qquad J \cos\theta = \frac{J_i x_i}{\rho} = \frac{J_1 p \cos\theta + J_3 z}{\rho} \ ,$$

dann ist das Potential

$$\delta\phi = \frac{J_1 p \cos\lambda + J_3 z}{\rho^3} \ , \qquad\qquad \rho = \sqrt{p^2 + z^2}$$

und

$$\delta Z = -\frac{\partial\delta\phi}{\partial z} = \frac{3(J_1 p \cos\lambda + J_3 z)z}{\sqrt{p^2 + z^2}^5} - \frac{J}{\sqrt{p^2 + z^2}^3} \ .$$

Diese Gleichung läßt sich nach $\cos\lambda$ auflösen

$$\cos\lambda = \frac{J_3(p^2 - 2z^2) + \delta Z \sqrt{p^2 + z^2}^5}{3 J_1 p \, z} \ .$$

Hiermit wird einem Wert von p ein Wert von $\cos\lambda$ zugeordnet. Es kann jedoch vorkommen, daß mehrere Werte von p auf das gleiche λ fallen, d.h. die Formel ist nicht umkehrbar eindeutig. Einen geschlossenen Ausdruck erhält man nur für die wichtige Isolinie $\delta Z = 0$

$$p = + \frac{3 J_1 z}{2 J_3} \cos\lambda \pm \sqrt{2 z^2 + \left(\frac{3 J_1 z}{2 J_3} \cos\lambda\right)^2} \ .$$

Dieses ist aber die Gleichung eines Kreises, also besonders leicht zu konstruieren:

Die Isoline $\delta Z = 0$ eines Dipols mit $(J_1, 0, J_3)$ in der Tiefe z ist an der Erdoberfläche ein Kreis mit dem Mittelpunkt

$$x_0 = + \frac{3 J_1 z}{2 J_3} \ , \qquad y = 0$$

und dem Radius

$$R = \sqrt{2 z^2 + x_0^2} \ .$$

Die Extrema auf der x_1-Achse ($\cos\lambda = + 1$) folgen aus $\partial\delta Z / \partial p = 0$.

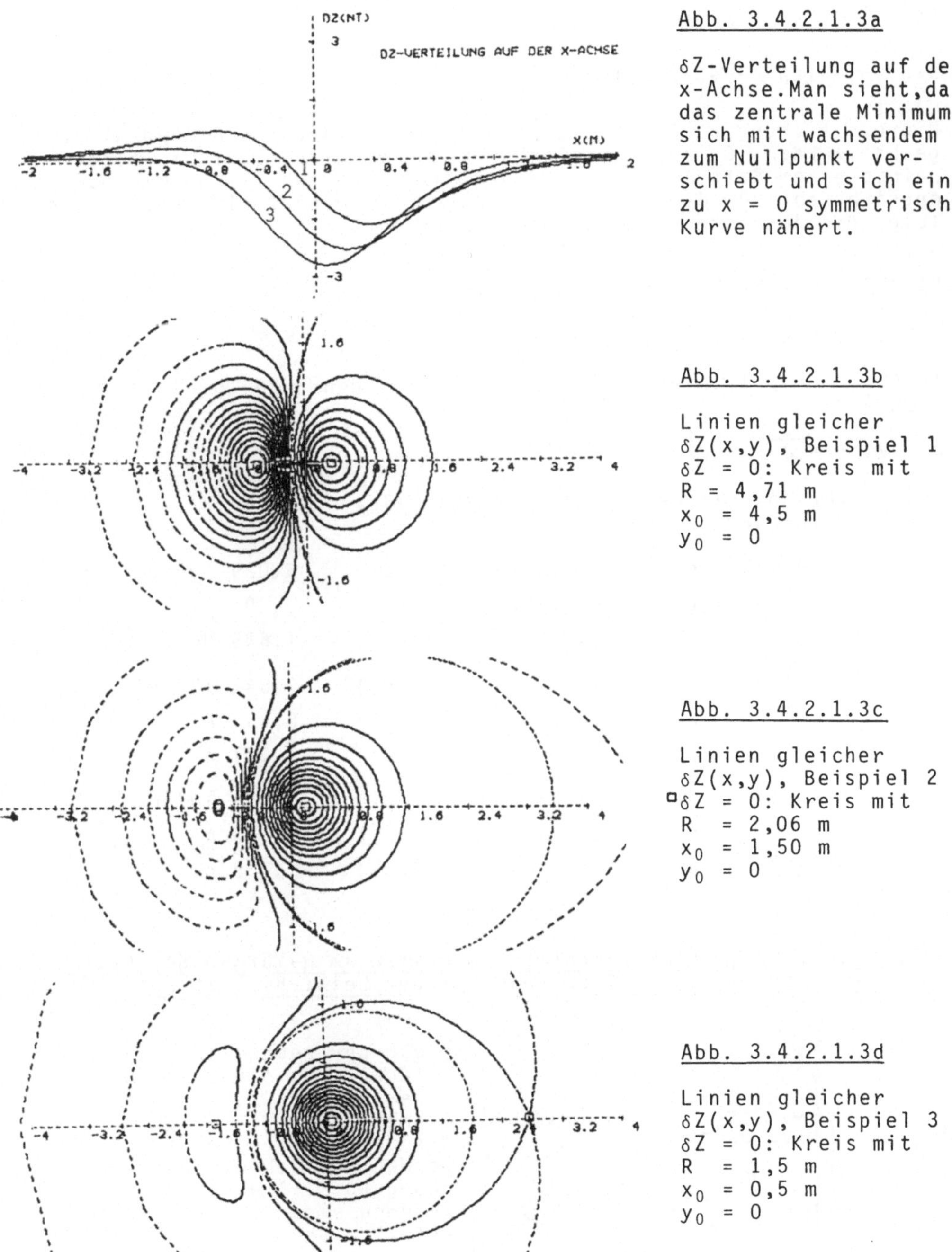

Abb. 3.4.2.1.3a

δZ-Verteilung auf der x-Achse. Man sieht, daß das zentrale Minimum sich mit wachsendem I zum Nullpunkt verschiebt und sich einer zu x = 0 symmetrischen Kurve nähert.

Abb. 3.4.2.1.3b

Linien gleicher $\delta Z(x,y)$, Beispiel 1
$\delta Z = 0$: Kreis mit
R = 4,71 m
x_0 = 4,5 m
y_0 = 0

Abb. 3.4.2.1.3c

Linien gleicher $\delta Z(x,y)$, Beispiel 2
$\delta Z = 0$: Kreis mit
R = 2,06 m
x_0 = 1,50 m
y_0 = 0

Abb. 3.4.2.1.3d

Linien gleicher $\delta Z(x,y)$, Beispiel 3
$\delta Z = 0$: Kreis mit
R = 1,5 m
x_0 = 0,5 m
y_0 = 0

Abbildungen 3.4.2.1.3b bis d: Die negativen Isolinien sind im Abstand δZ = 0,2 nT durchgezogen, die kreisförmige Isolinie δZ = 0 enggestrichelt und die positiven Isolinien im Abstand δZ = 0,05 nT weitabständig gestrichelt. Die Isolinien durch den Sattelpunkt p ist gestrichelt gezeichnet.

Das ist aber eine kubische Gleichung

$$J_3 p^3 - 4J_1 z p^2 - 4J_3 z^2 p + J_1 z^3 = 0.$$

Diese Gleichung 3. Grades kann nach dem Verfahren von CARDANI auf-
gelöst werden. Es ergeben sich drei reele Wurzeln, die im allgemeinen einem Sattelpunkt p_1, einem Maximum p_2 und einem Minimum p_3
entsprechen. Für $J_1 = 0$, d. h. senkrechte Magnetisierungsrichtung
folgt die bekannte symmetrische Lösung

$$p_1 = + 2z, \qquad p_2 = - 2z, \qquad p_3 = 0 ,$$

wobei p_1 ebenfalls zum Maximum wird.

In Abb. 3.4.2.1.3a bis d (s. Seite 97) werden 3 Beispiele mit kon-
stantem

$$J = \sqrt{J_1^2 + J_3^2} = \sqrt{2}$$

aber unterschiedlichem Inklinationswinkel $I = \arctan(J_3/J_1)$ mit
$z = 1$ m einander gegenübergestellt.

1. $I = 18,43^\circ$ $p_1 = 12,305$ m $\delta Z(p_1) = 6,029 \; 10^5$ nT

    $p_2 = - 0,669$ m $\delta Z(p_2) = 0,792$ nT

    $p_3 = 0,364$ m $\delta Z(p_3) = -1,685$ nT

2. $I = 45^\circ$ $p_1 = 4,791$ m $\delta Z(p_1) = 2,343 \; 10^3$ nT

    $p_2 = - 1,000$ m $\delta Z(p_2) = 0,353$ nT

    $p_3 = 0,208$ m $\delta Z(p_3) = -2,321$ nT

3. $I = 71,56^\circ$ $p_1 = 2,746$ m $\delta Z(p_1) = 1,758 \; 10^2$ nT

    $p_2 = - 1,494$ m $\delta Z(p_2) = 0,123$ nT

    $p_3 = 0,081$ m $\delta Z(p_3) = -2,738$ nT

3.4.2.2 Punktförmige elektrische Stromquellen im Halbraum der Leit-fähigkeit σ_1 über einem Halbraum der Leitfähigkeit σ_2

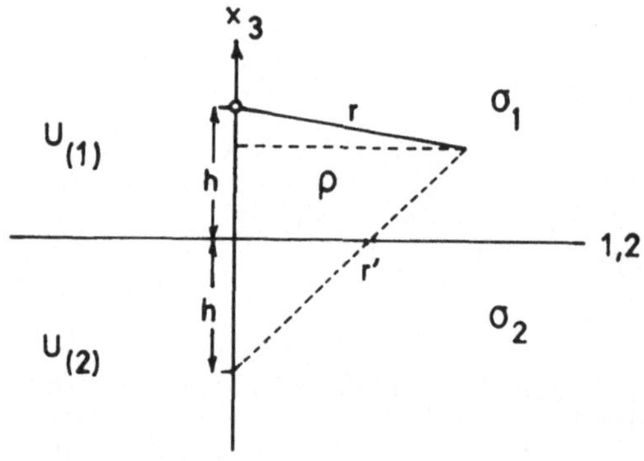

Gemäß der nebenstehenden Abbildung möge die Stromquelle
Q den Abstand $x_3 = h$ von der
Grenzfläche $z_3 = 0$ haben. Die
Randbedingungen bei $x_3 = 0$
werden ähnlich wie bei Gleichung (3.2.1) durch das Hinzufügen einer Spiegelquelle
erfüllt, deren Stromstärke I'
zunächst als Unbekannte behandelt werden muß.

Der Lösungsansatz lautet:

$$U_{(1)} = \frac{I}{4\pi\sigma_1 r} + \frac{I'}{4\pi\sigma_1 r'} \qquad \text{für} \quad x_3 \gtreqless 0 \qquad\qquad (3.4.2.2.1)$$

$$U_{(2)} = \frac{I''}{4\pi\sigma_2 r} \qquad\qquad \text{für} \quad x_3 \lesseqgtr 0 \qquad\qquad (3.4.2.2.2)$$

Die Randbedingungen führen auf

$$U_{(1)} = U_{(2)} \qquad\qquad \text{für} \quad x_3 = 0$$

$$\sigma_1 \frac{\partial U_{(1)}}{\partial x_3} = \sigma_2 \frac{\partial U_{(2)}}{\partial x_3} \qquad\qquad \text{für} \quad x_3 = 0 \quad .$$

Damit erhält man die Bestimmungsgleichungen

$$I + I' = \frac{\sigma_1}{\sigma_2} I''$$

$$I - I' = I''$$

mit den Lösungen

$$I' = \frac{\sigma_1 - \sigma_2}{\sigma_1 + \sigma_2} I \; ; \qquad I'' = \frac{2\sigma_2}{\sigma_1 + \sigma_2} I \quad . \qquad\qquad (3.4.2.2.3)$$

$\dfrac{\sigma_1 - \sigma_2}{\sigma_1 + \sigma_2} = K$ nennt man wegen seiner formalen Ähnlichkeit mit

$\dfrac{\rho_1 v_1 - \rho_2 v_2}{\rho_1 v_1 + \rho_2 v_2}$,der Wellenausbreitung,den *Reflexionsfaktor* (ρ = Dichte, v = P-Wellengeschwindigkeit).

Bei $\sigma_2 = 0$ ist das angrenzende Medium ein Isolator (z. B. Luft) mit $K = 1$, $I' = I$, $I'' = 0$. Die Spiegelquelle hat die Stärke der Original- quelle. Die Äquipotentialflächen stehen senkrecht auf der Grenzfläche $z = 0$. Das Potential im oberen Halbraum ist überall größer als das der Einzelquelle, für $r/h \gg 1$ wird es sogar doppel so groß.

$$U_{(1)} \qquad \frac{I}{2\pi\sigma_1 r} \qquad\qquad \text{für} \quad r/h \to \infty$$

Unendliche Leitfähigkeit im Medium 2 ($\sigma_2 \to \infty$) führt dagegen für $K=-1$ auf $I'=-I$, $I''=2I$. Die Grenzfläche $x_3 = 0$ ist gleichzeitig die Äquipo- tentialfläche $U = 0$. Im Medium tritt eine Schwächung des Feldes ein. Das ist eine Folge davon, daß die Stromlinien (die Orthogonalen zu den Äquipotentialflächen) ins Medium 2 hineingezogen werden. In sehr gro- ßen Entfernungen $r/h \gg 1$ nähert sich das Feld dem des Dipols.

3.4.2.3 Halbraum mit der elektrischen Leitfähigkeit σ_2 unter einer Schicht σ_1

Die nachfolgende Skizze veranschaulicht die Situation.

Die Stromquelle befindet sich in der Deckschicht. Gesucht ist die Po- tentialverteilung für $z \gtreqless 0$. Auch bei dieser wichtigen Aufgabe der Geophysik führt das Spiegelungsprinzip zum Ziel. Die primäre Strom-

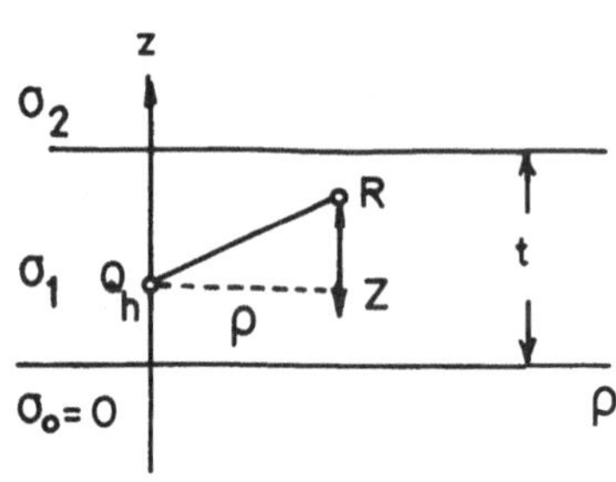

quelle mit dem Potential

$$U = \frac{I}{4\pi\sigma_1\sqrt{p^2+(z-h)^2}}$$

sei vorgegeben. Man erfüllt die Randbedingungen durch das Hinzufügen von
Spiegelquellen, von denen es unendlich
viele geben muß, weil jede Spiegelquelle erneut gespiegelt wird. Das Bildungs-
gesetz der multiplen Spiegelung wird in
Abb. 3.4.2.3.1 veranschaulicht. Bei
Spiegelung der Primärquelle an der
Grenzschicht z = t ergibt sich das links
stehende Schema, bei Spiegelung an der Grenzfläche z = 0 das rechtsstehende. Die Stärken der Quellen sind angeschrieben.

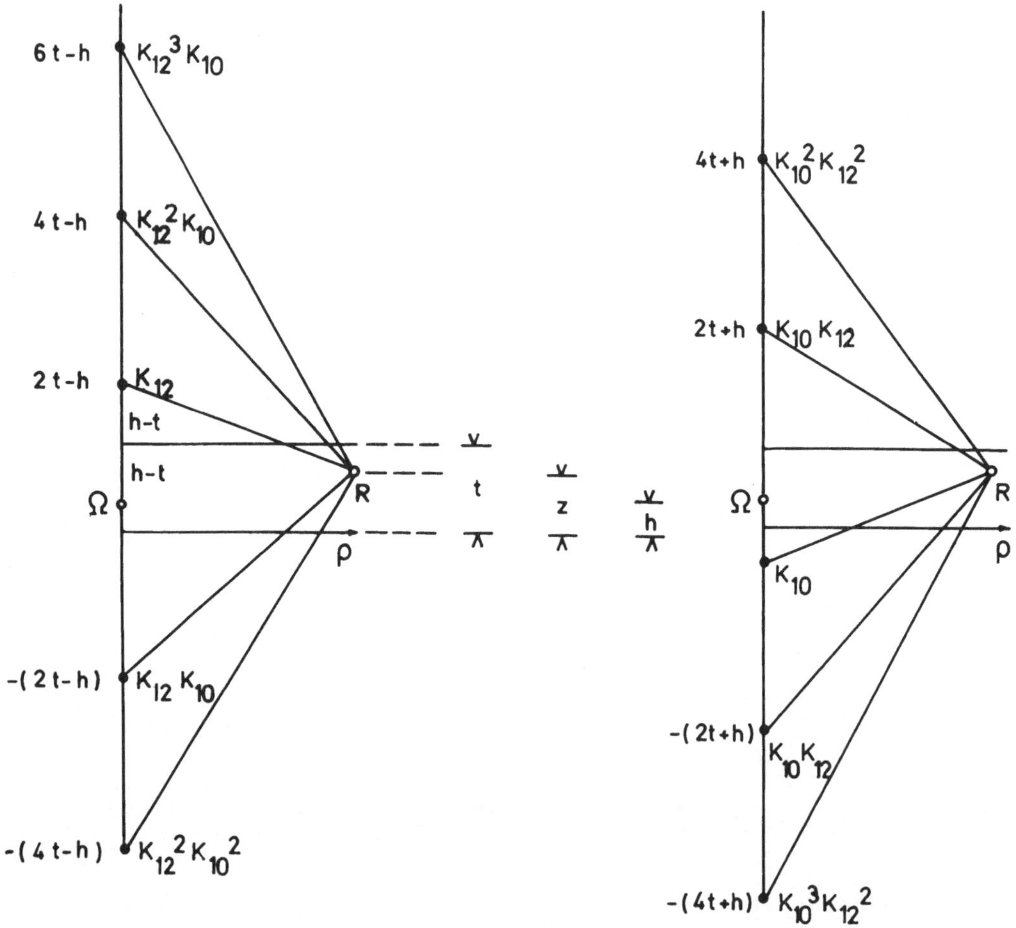

Die Koordinaten der Spiegelquellen sind demnach:

$$z_{n_3} = -h + 2nt \qquad n = 1,2,\ldots \qquad z_{n_1} = h + 2nt \qquad n = 1,2,\ldots$$

$$z_{n_4} = h - 2nt \qquad n = 0,1,2\ldots \qquad z_{n_2} = -h - 2nt \qquad n = 1,2,\ldots$$

Daher ist die Lösung für $0 \leq z \leq t$ $(K_{12} = K, K_{10} = 1)$

$$U_{(1)} = \frac{I}{4\pi\sigma_1} \left[\frac{1}{\sqrt{\rho^2+(z-h)^2}} + \frac{1}{\sqrt{\rho^2+(z+h)^2}} + \right.$$

$$+ \sum_{n=1}^{\infty} \left[\frac{K^n}{\sqrt{\rho^2+(z-2nt-h)^2}} + \frac{K^n}{\sqrt{\rho^2+(z+2nt+h)^2}} + \right.$$

$$\left.\left. + \frac{K^n}{\sqrt{\rho^2+(z-2nt+h)^2}} + \frac{K^n}{\sqrt{\rho^2+(z+2nt-h)^2}} \right]\right] \quad .$$

Und die Lösung für $z \geq t$ ist

$$U_{(2)} = \frac{I(1-K)}{4\pi\sigma_2} \left[\sum_{n=1}^{\infty} \left[\frac{K^n}{\sqrt{\rho^2+(z+2nt+h)^2}} + \frac{K^n}{\sqrt{\rho^2+(z+2nt-h)^2}} \right] + \right.$$

$$\left. + \frac{1}{\sqrt{\rho^2+(z-h)^2}} + \frac{1}{\sqrt{\rho^2+(z+h)^2}} \right] \quad .$$

Für $h = 0$ folgt:

$$U_{(1)} = \frac{I}{2\pi\sigma_1} \left[\frac{1}{\sqrt{\rho^2+z^2}} + \sum_{n=1}^{\infty} \left(\frac{K^n}{\sqrt{\rho^2+(z-2nt)^2}} + \frac{K^n}{\sqrt{\rho^2+(z+2nt)^2}} \right) \right]$$

$$U_{(2)} = \frac{I(1-K)}{2\pi\sigma_2} \left[\frac{1}{\sqrt{\rho^2+z^2}} + \sum_{n=1}^{\infty} \frac{K^n}{\sqrt{\rho^2+(z+2nt)^2}} \right]$$

Man hätte auf wesentlich einfachere Weise die hiermit identische Lösung

$$U_{(1)} = \frac{I}{2\pi\sigma_1} \left[\frac{1}{\sqrt{\rho^2+z^2}} + 2K \int_0^{\infty} \frac{\cosh(\lambda z)J_0(\lambda\rho)d\lambda}{e^{2\lambda h} - K} \right]$$

$$\quad (3.4.2.3.1)$$

$$U_{(2)} = \frac{I}{2\pi\sigma_2} \int \left[\left(1 + \frac{e^{2\lambda h} + 1}{e^{2\lambda h} - K} \right) e^{-\lambda z} J_0(\lambda\rho)d\lambda \right]$$

durch einen Ansatz mit der BESSEL-Funktion nullter Ordnung $J_0(\lambda\rho)$ in Zylinderkoordinaten erhalten. Diese Lösung hat STEFANESCU (1930) gefunden. Es sollte an dieser Stelle nur gezeigt werden, daß auch die Spiegelungsmethode zum Ziele führt. Im Prinzip ließen sich nach dem Spiegelungsprinzip selbst Lösungen für mehr als zwei Grenzflächen entwickeln, nur sind die Formeln dann entsprechend komplizierter. und es empfiehlt sich,dann doch eher die der Gleichung (3.4.2.3.1) entsprechende Lösung zu verwenden.

Aus Gleichung 3.4.2.3.1 bekommt man sofort die Formel für den "scheinbaren spezifischen Widerstand" $1/\sigma_a = \rho_a = 2\pi a \Delta U/I$ für eine WENNER-Anordnung mit dem Sondenabstand a. Das Auflösungsvermögen des Verfahrens zur Bestimmung von σ_1/σ_2 und h ist aus Abb. 3.4.2.3.2 zu entnehmen. Jedenfalls muß der Elektrodenabstand s = 3a mindestens drei mal

so groß sein wie die Tiefe h, um einen deutlichen Effekt zu erzielen.
Je größer der Leitfähigkeitskontrast und damit K ist, umso schlechter
ist die relative Auflösbarkeit von $\sigma_2/\sigma_1 = \rho_1/\rho_2$.

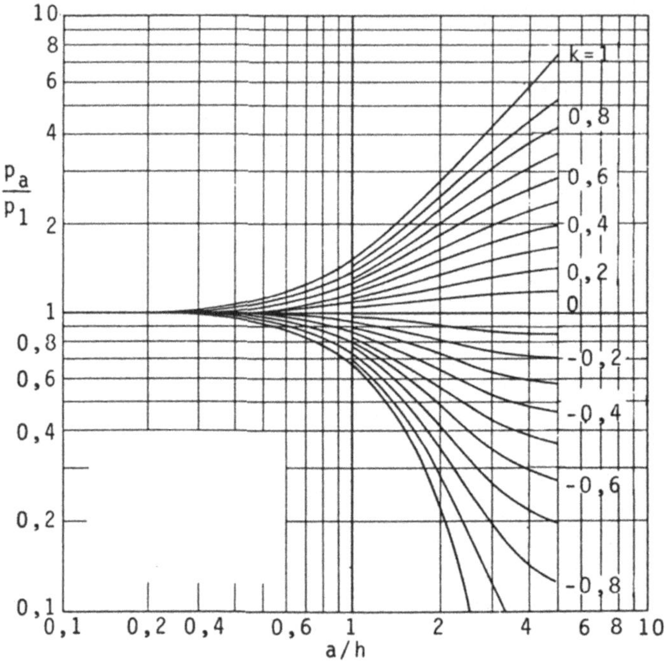

Abb. 3.4.2.3.2 (umgezeichnet nach GRANT & WEST (1965))

3.4.2.4 Die Theorie des magnetischen Sturmbeginns (SSC) von CHAPMAN und FERRARO

Wenn sich eine Plasmawolke von der Sonne der Erde nähert, werden durch
den Einfluß des Erdmagnetfeldes in der Stirnfläche elektrische Ströme
induziert. Diese sind von einem sekundären Magnetfeld begleitet, das
das resultierende Magnetfeld innerhalb einer Plasmawolke stark schwächt.
Wenn man unendliche elektrische Leitfähigkeit des Plasmas voraussetzt,
bleibt die Plasmawolke sogar völlig feldfrei. Diesen Sachverhalt kann
man auch durch die Randbedingungen des magnetischen Potentials auf der
Stirnfläche n_i : $\partial\phi/\partial n_i = 0$ (d. h. Verschwinden der Normalkomponente)
ausdrücken. Das Problem ist aber unter dem Kapitel "Lösung der 2.Rand-
wertaufgabe für die Ebene" (Kapitel 3.2) besprochen worden. Man kann
die Randbedingungen durch Hinzufügen eines an der Stirnfläche gespiegelten Dipols erfüllen.

Abbildung 3.4.2.4 veranschaulicht die Situation. Für den plasmafreien
Raum $x_1 > 0$ ist das magnetische Potential

$$\phi = \frac{M}{4\pi}\, x_3 \left(\frac{1}{\sqrt{(x_1-a)^2+x_2^2+x_3^2}^3} + \frac{1}{\sqrt{(x_1+a)^2+x_2^2+x_3^2}^3} \right) \ .$$

$\partial\phi/\partial x_1$ verschwindet offenbar für $x_1 = 0$.

Wenn man die SSC-Amplitude mit 25nT annimmt,so ergibt sich eine Größen-

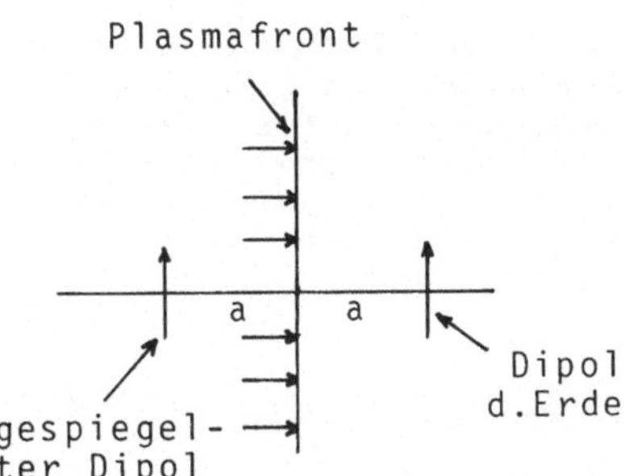

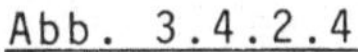

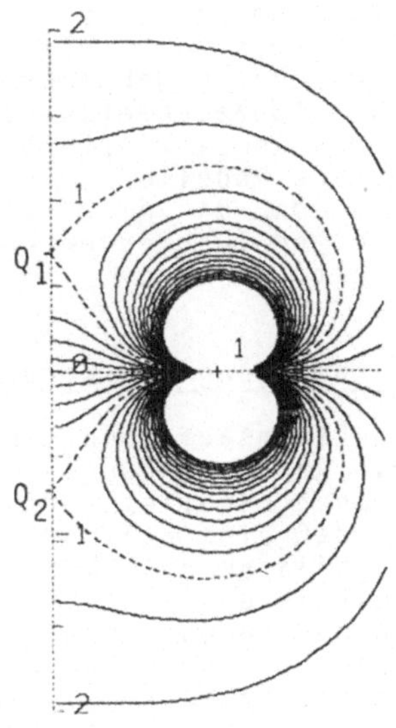

Abb. 3.4.2.4

Links: Prinzipskizze

Rechts: Äquipotentialflächen ϕ = const für
$M = 4\pi$ Am^2, a = 1 m, in der Ebene x_2 = 0.
Die durch die neutralen Punkte $x_3 = \pm\ a/\sqrt{2}$
gehende Äquipotentialfläche ϕ_N = 0,7698 A
ist gestrichelt. Abstand der Äquipotentialflächen $\Delta\phi$ = 0,2 A.

ordnung für den Abstand der Plasmafront zum Erdmittelpunkt a aus fol-
gender Abschätzung für $\partial\phi/\partial x_3$ am Äquator x_3 = 0, x_1 = a, x_2 = 0

$$\frac{\partial\phi}{\partial x_3}_{(\text{Spiegelquelle})} = \frac{M}{4\pi(2a)^3} = \left(\frac{R_E}{a}\right)^3 \cdot \frac{1}{8}\ H_{0\,\text{Äqu}}$$

mit $H_{\text{Äqu}}$ = 31.000 nT folgt wegen

$$H_\theta = \frac{M}{4\pi\rho^3} = \frac{M}{4\pi R_E^3}$$

$$a\ =\ 5,4\ R_E\ ;$$

d.h. die CHAPMAN-FERRARO-Ströme fließen im Abstand von einigen Erdra-
dien.

Die rechte Seite der Abb. 3.4.2.4 gibt die Potentialverteilung im plasmafreien Raum an, und zwar im Schnitt durch die Ebene x_2 = 0. In die-
ser Ebene verschwindet aus Symmetriegründen $\partial\phi/\partial x_2$. Es gibt daher außerdem zwei ausgezeichnete Punkte auf der Stirnfläche, wo außerdem $\partial\phi/\partial x_3$
verschwindet und damit das ganze Magnetfeld. Es sind dies die Punkte
Q_1 und Q_2, die man auch *neutrale Punkte* nennt. Man bestimmt ihre Position x_3' aus

$$\frac{\partial\phi}{\partial x_3}_{(x_2=x_1=0)} = 0 = \frac{2M}{4\pi r} - \frac{6}{2}\frac{M}{4\pi}\left(\frac{x_3^2}{r^5} + \frac{3^2}{r^5}\right)\qquad \text{mit } r = \sqrt{x_3^2 + a^2}$$

und erhält dafür:

$$x_3'\ =\ \pm\ a/\sqrt{2}$$

An diesen Punkten wäre das Eindringen von einzelnen Ladungsträgern des
Plasmas in den sonst plasmafreien Raum denkbar, weil sie durch kein
Magnetfeld daran gehindert werden. Die Theorie von CHAPMAN und FERRARO
ist ein ausgezeichnetes Beispiel für die Anwendung des Spiegelungsprin-
zipes, das komplizierte physikalische Zusammenhänge auf einfache, aber
informative Modelle zurückführt. Obgleich man durch Satellitenmessun-
gen weiß, daß das hier dargestellte Modell unzulässig vereinfacht ist,
hält man zum Zwecke von Abschätzungen auch heute noch im wesentlichen
daran fest.

3.4.3 Anwendung der Koordinatentransformation zur Modellrechnung

Bei Induktionsaufgaben sind an den Grenzflächen des gesuchten Störkörpers die Randbedingungen zu erfüllen. Es liegt bei einfach geformten
Störkörpern nahe, ein orthogonales Koordinatensystem μ, η, ξ so zu
wählen, daß eine Fläche ξ = const, η = const oder μ = const mit der Begrenzungsfläche des Körpers übereinstimmt. Die Randbedingungen geben
dann relativ einfache Formeln. Die LAPLACE-Gleichung muß hierbei aber
auch in den neuen Koordinaten dargestellt werden. Es gibt nur wenige
Beispiele, bei denen dann noch die Trennung der Variablen durch den
Produktsatz gelingt. Im Zweidimensionalen ist es noch verhältnismäßig
einfach, weil die Hilfsmittel der Funktionentheorie anwendbar sind.
Da man eine Methode am besten durch das Nachvollziehen von praktischen
Beispielen lernen kann, werden in diesem Kapitel zwei typische und für
die Exploration wichtige Anwendungen in einiger Ausführlichkeit gebracht. Es handelt sich um ein zweidimensionales und ein dreidimensionales Modell.

3.4.3.1 Methode der konformen Abbildung zur Lösung spezieller Induk-
tionsaufgaben

Bei der geoelektrischen Erzprospektion ist oft die Annahme begründet,
daß der Erzkörper eine wesentlich bessere elektrische Leitfähigkeit
besitzt als das Nebengestein. Die Zahl der Randbedingungen reduziert
sich dann auf eine

$$U \; = \; U' \; = \; U'' \qquad\qquad\qquad (3.4.3.1.1)$$

an der Grenzfläche (U' = Potential im Nebengestein, U'' = Potential im
Erzkörper), nämlich die Stetigkeit des Potentials auf der Grenzfläche.
Nach den Überlegungen in Kapitel 4.3.2 bleibt das Innere feldfrei
oder, was dasselbe bedeutet: U'' = const. Die Äquipotentialflächen U
können daher nicht in den Körper eindringen, sondern schließen ihn ein.
Es muß eine Äquipotentialfläche geben, die direkt auf der Körperoberfläche liegt.

Wir wollen davon ausgehen, daß der Störkörper in z-Richtung sehr lang
ausgestreckt ist, so daß man das Induktionsproblem zweidimensional behandeln darf. Man wählt zweckmäßigerweise ein neues krummliniges Koordinatensystem ξ, η, in dem die Fläche ξ = const die Körperoberfläche
darstellt. Zur ·Lösung solcher Aufgaben kann man die Methode der kon-
formen Abbildungen anwenden.

Betrachtet man nämlich die analytische Funktion

$$z = x + iy = f(w) ; \qquad w = \xi + i\eta$$

zwischen den komplexen Veränderlichen z und w, so sind sowohl $x(\xi,\eta)$
und $y(\xi,\eta)$ als auch $\xi(x,y)$ und $\eta(x,y)$ Potentialfunktionen. Wenn es gelingt, das Potential ξ = const in der w-Ebene eine vertikale Gerade

in der z-Ebene auf die Berandung des Störkörpers abzubilden, dann ist
das Problem im Prinzip gelöst.

Auf diese Weise sind die Lösungen von Randwertaufgaben verschiedener
Störkörperformen gefunden worden. Eine hiervon soll diskutiert werden,
nämlich die, des elektrisch leitfähigen *Streifens* im homogen elektrischen Primärfeld (engl. *RIBBON model*).Dieses einfache Modell hat praktische Bedeutung, denn es stellt näherungsweise einen Erzgang großer
Längserstreckung dar.Es wird vorausgesetzt, daß die Quelle sich in sehr
großer Entfernung vom Erzgang befindet und das Primärfeld daher näherungsweise als homogen angesehen werden darf. Der in z-Richtung unendlich ausgedehnte *Streifen* habe das Einfallen γ gegen die x-Achse.Seine
Breite sei 2c . Es soll gezeigt werden, daß die konforme Abbildung

$$x + iy = c\, e^{i\gamma} \cosh(\xi + i\eta) \qquad (3.4.3.1.2)$$

die gewünschten Eigenschaften besitzt. Die Trennung in Real- und Imaginärteil ergibt

$$
\begin{aligned}
x &= c(\cos\gamma\,\cos\eta\,\cosh\xi - \sin\gamma\,\sin\eta\,\sinh\xi)\\
y &= c(\cos\gamma\,\sin\eta\,\sinh\xi + \sin\gamma\,\cos\eta\,\cosh\xi)
\end{aligned}
\qquad (3.4.3.1.3)
$$

Die Drehung des Koordinatensystems um den Winkel γ führt auf die neu-
en Koordinaten

$$
\begin{aligned}
x' &= x\,\cos\gamma + y\,\sin\gamma\\
y' &= y\,\cos\gamma - x\,\sin\gamma \quad,
\end{aligned}
$$

die in viel einfacherer Weise mit η und ξ verknüpft sind:

$$
\begin{aligned}
x' &= c\,\cos\eta\,\cos\xi\\
y' &= c\,\sin\eta\,\sin\xi \quad.
\end{aligned}
$$

Hält man ξ konstant und eliminiert η, so folgt

$$\frac{x'^2}{c^2\cosh\xi} + \frac{y'^2}{c^2\sinh\xi} = 1 \quad. \qquad (3.4.3.1.4)$$

Hält man dagegen η konstant und eliminiert ξ, erhält man

$$\frac{x'^2}{c^2\cos^2\eta} + \frac{y'^2}{c^2\sin^2\eta} = 1 \quad. \qquad (3.4.3.1.5)$$

Die Linien ξ = const und η = const bilden Scharen konfokaler Ellipsen
und Hyperbeln in der x', y'-Ebene, also auch in der x, y-Ebene. Der
Abstand der Brennpunkte ist 2c. Man kann leicht einsehen, daß der Wertevorrat

$$0 < \xi < \infty$$

$$-\pi < \eta < +\pi \quad,.$$

d. h.,der bei ξ = 0 begrenzte und nach rechts gerichtete Streifen der
Breite 2π,vom w-Bereich auf die gesamte z-Ebene abgebildet wird. ξ und
η dürfen daher nur in diesem Bereich variieren. Die nachfolgenden Skiz-
zen (s. Abb. 3.4.3.1.1) zeigen die jeweils abgebildeten Gebiete.

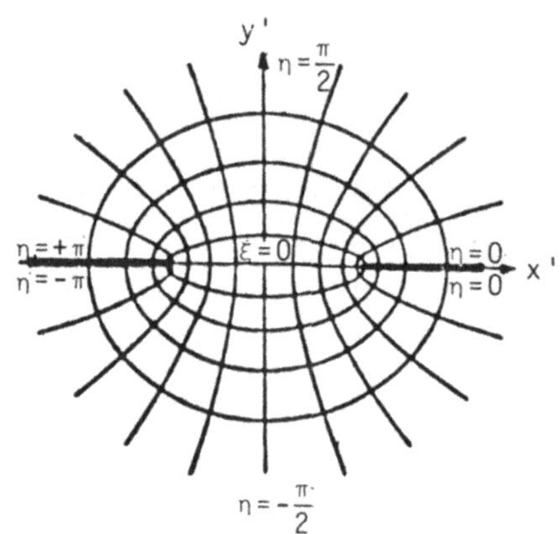

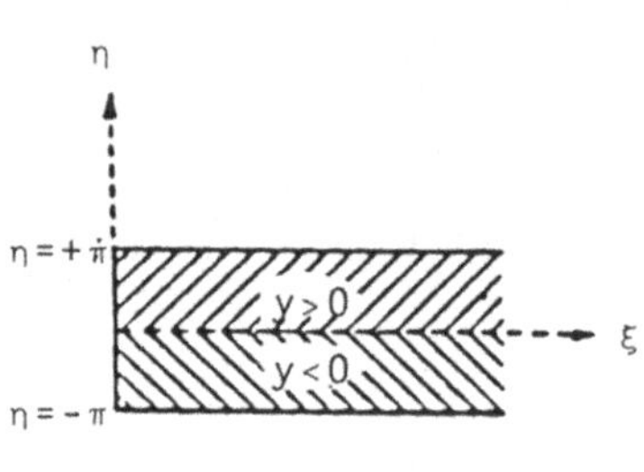

System der konfokalen Ellipsen
und Hyperbeln ξ=const und η=const.

Abbildung der (x+iy)-Ebene
in die (ξ+iη)-Ebene.

Abb. 3.4.3.1.1
(entnommen aus A. SOMMERFELD: *Vorlesungen über Theoretische Physik, II*)

Die Gerade $\xi = 0$ im w-Bereich stellt gemäß Gleichung (3.4.3.1.4) im z-Bereich eine extrem schlanke, zu einer Strecke der Länge 2c entartete, Ellipse dar. Die Abbildung hat also genau die gewünschte Eigenschaft für unsere Aufgabe.

Das homogene Feld q·x ergibt, in die Koordinaten ξ, η transformiert, das Potential

$$U_0 = q \cdot x = q \cdot c \cdot (\cos\gamma \cos\eta \cosh\xi - \sin\gamma \sin\eta \sinh\xi) \ .$$

Das Sekundärfeld U_S muß daher ebenfalls eine Linearkombination von $\sin\eta$, $\cos\eta$, $\cosh\xi$, $\sinh\xi$, $\sin\gamma$ und $\cos\gamma$ sein, aber im Unendlichen verschwinden. Diese Bedingung kann allein durch die Kombination

$$U_S \simeq \cosh\xi - \sinh\xi = e^{-\xi}$$

erfüllt werden. Das leistet der Ansatz

$$U_S = e^{-\xi} \cdot (A \cos\eta + B \sin\eta) \ .$$

Für $\xi = \xi_0$ soll die Randbedingung (3.4.3.1.1) erfüllt sein, das heißt

$$U = U_0 + U_S = 0 \qquad \text{für } \xi = \xi_0 \ . \tag{3.4.3.1.6}$$

Das führt durch Koeffizientenvergleich von A und B zu der Lösung

$$U = q \cdot c \cdot (\cos\gamma \; \cos\eta \; (\cosh\xi - e^{\xi_0 - \xi} \cosh\xi_0 -$$
$$- \sin\gamma \; \sin\eta \cdot (\sinh\xi - e^{\xi_0 - \xi} \sinh\xi_0)) \quad , \qquad (3.4.3.1.7)$$

gültig für einen Störungskörper mit elliptischem Querschnitt. Man hat damit eine Parameterdarstellung $U(\eta,\xi)$ und $x(\eta,\xi)$, $y(\eta,\xi)$, d. h., eine indirekte Zuordnung des Potentials U zu den Koordinaten x und y.

Wir betrachten nun U als den Imaginärteil des komplexen Potentials $W = V + iU$, wobei $z = \xi + i\eta$ die komplexe Variable darstellt, und suchen den zu W gehörigen Realteil U. Der Weg über W erweist sich als übersichtlicher Zugang zu einigen wichtigen Folgerungen, wie z. B. bei SOMMERFELD: *Vorlesungen über Theoretische Physik*, Band II, Mechanik der deformierten Medien, bei vergleichbaren Problemen aus der Mechanik der laminaren Strömungen nachzulesen ist. Man erhält V durch Anwendung der CAUCHY-RIEMANNschen Differentialgleichungen

$$\frac{\partial V}{\partial \xi} = \frac{\partial U}{\partial \eta} \quad ; \qquad \frac{\partial V}{\partial \eta} = - \frac{\partial U}{\partial \xi} \quad ,$$

und zwar

$$V = - q \cdot c \cdot (\cos\gamma \; \sin\eta \cdot (\sinh\xi + e^{\xi_0 - \xi} \cosh\xi_0) +$$
$$+ \sin\gamma \; \cos\eta \cdot (\cosh\xi + e^{\xi_0 - \xi} \sinh\xi_0)) \quad . \qquad (3.4.3.1.8)$$

Die Schar der Flächen $V = \text{const}$ steht wegen der besonderen Eigenschaft komplexer analytischer Funktionen senkrecht auf der Schar der Flächen $U = \text{const}$. So findet man, daß auf der Leiteroberfläche $\partial V / \partial \xi = 0$ ist, wie es auch sein muß, weil hier ja $U(\xi_0,\eta) = 0$. Man kann aus Gleichung (3.4.3.1.8) den Summanden

$$V_p = - q \cdot c \cdot (\cos\gamma \; \sin\eta \; \sinh\xi + \sin\gamma \; \cos\eta \; \cosh\xi_0) = - q \cdot c \cdot y$$

abspalten, also das Potential eines konstanten, in negativer y-Richtung gerichteten Potentialfeldes. Dieses erfüllt gemeinsam mit dem Sekundärfeld

$$V_s = - q \cdot c \cdot e^{\xi_0 - \xi} \cos\gamma \; \sin\eta \; \cosh\xi_0 + \sin\gamma \; \sin\eta \; \sinh\xi_0)$$

an der Leiteroberfläche die spezielle Randbedingung

$$\partial(V_p + V_s)/\partial\xi = 0 \quad ,$$

nämlich daß die Normalkomponente des Feldes hier verschwindet. Das hat zur Folge, daß die Flächen $V = \text{const}$ senkrecht auf der Leiteroberfläche stehen, so als ob dieser ein idealer Isolator sei. Wir können daher V als jenes Feld interpretieren, welches sich bei einem in negativer y-Richtung gerichteten Primärfeld bei Anwesenheit eines Isolators mit elliptischem Querschnitt einstellen würde. Hierbei wäre, sozusagen als *Nebenprodukt*, auch die Induktionsaufgabe für den elliptischen Isolator im homogenen Feld gelöst.

Wir erhalten nach einigen Umformungen für das komplexe Potential den Ausdruck

$$W = V + iU = i \cdot q \cdot c \cdot (\cosh(\xi+i\eta)e^{i\gamma} - e^{\xi_0-\xi-i\eta}\cosh(\xi_0-i\gamma)) \quad \text{für } \xi \geqq \xi_0 .$$

$$(3.4.3.1.9)$$

Der erste Term der rechten Seite ist das *komplexe Primärfeld* $iqc(x+iy)$. Die Feldstärke des Sekundärfeldes

$$W_s = - i \cdot q \cdot c \cdot e^{\xi_0-\xi-i\eta} \cosh(\xi_0-i\gamma) \qquad (3.4.3.1.10)$$

ist aber

$$E_y + iE_x = \frac{dU/d(\xi+i\eta)}{d(x+iy)/d(\xi+i\eta)} = \frac{i \cdot q \cdot e^{\xi_0-\xi-i\eta} \cosh(\xi_0-i\gamma)}{e^{i\gamma} \sinh(\xi+i\eta)} \qquad (3.4.3.1.11)$$

und zeigt, daß sie überall endlich bleibt, da ja $\xi \gtreqless \xi_0 > 0$. Im Kapitel 4.3.1 soll gezeigt werden, daß das nicht nur für den idealen Leiter oder idealen Isolator mit elliptischem Querschnitt sondern ganz allgemein für beliebig gestaltete Körper mit stetigen Grenzflächen gilt (Sättigungseffekt).

Nahfeld: Wir wollen einen interessanten Grenzfall untersuchen, bei dem die Voraussetzungen dieses Ergebnisses nicht mehr stimmen. Lassen wir nämlich die Ellipse als Querschnittsfläche schlanker und schlanker werden, so erhalten wir schließlich eine einfache Platte der Dicke Null und der Längenausdehnung 2c. Ihr Querschnitt ist eine Strecke der Länge 2c. Die Skizze auf Seite 106 zeigt diesen Grenzübergang anschaulich an den Kurvenscharen ξ = const mit dem Grenzwert ξ = 0. Man liest ab, daß bei η = 0 und η = π, ξ = 0 die Kanten der Platte liegen. Hier geht das Feld gegen unendlich, was begreiflich ist, da die Flächennormale hier nicht definiert ist. Der Nachweis ist leicht zu führen, wenn man

$$x + iy = c \cdot e^{i\gamma} \cdot \cosh(\xi + i\eta)$$

in Gleichung (3.4.3.1.11) einsetzt, so folgt für ξ_0 = 0

$$E_y + iE_x = i \cdot q \cdot e^{-i\gamma} \left[\frac{c \cdot e^{i\gamma}}{\sqrt{(x+iy)^2 - (c \cdot e^{i\gamma})^2}} - 1 \right] \cdot \cos\gamma \quad (\xi_0 = 0).$$

Diese Schreibweise zeigt deutlich, daß zwei wesentliche Singularitäten existieren, und zwar an den Kanten der Platte

$$x_{1,2} = \pm c \cdot \cos\gamma \qquad y_{1,2} = \pm c \cdot \sin\gamma .$$

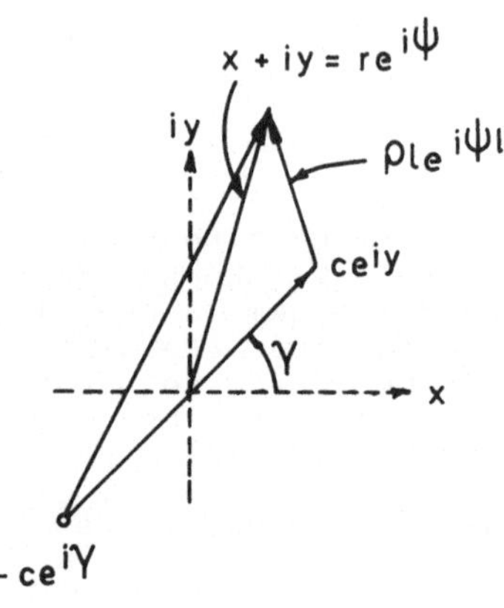

Wenn der Beobachtungspunkt $x + iy = r \cdot e^{i\psi}$ in die unmittelbare Umgebung der Plattenkante rückt, kann man entsprechend der nebenstehenden Skizze näherungsweise schreiben:

$$x + iy = r \cdot e^{i\psi}$$

$$\rho_1 e^{i\psi_1} = x + iy - c \cdot e^{i\gamma} \ll 1$$

$$x + iy + c \cdot e^{i\gamma} \simeq 2 \cdot c \cdot e^{i\gamma}$$

$$(x + iy)^2 - (2 \cdot c \cdot e^{i\gamma})^2 \simeq 2\rho_1 \cdot c \cdot e^{i(\psi_1+\gamma)}$$

$$E_y + iE_x = i \cdot q \cdot e^{-i\gamma} \left(\frac{c\, e^{i\gamma}}{\sqrt{2c\rho_1} e^{i(\psi_1+\gamma)}} - 1 \right) \cdot \cos\gamma$$

Wenn ρ_1 sehr klein ist, wächst der erste Term auf der rechten Seite dieser Gleichung stark an, so daß man schreiben kann

$$E_y + iE_x \simeq q \cos\gamma \sqrt{c/2\rho_1}\; e^{i(\pi/2 - (\psi_1+\gamma)/2)}$$

$$E_x \simeq \lim_{\rho_1 \to 0} (q\sqrt{c/2\rho_1}\; \cos\gamma \cos(\tfrac{\gamma + \psi_1}{2})$$

$$E_y \quad \lim_{\rho_1 \to 0} (q\sqrt{c/2\rho_1}\; \cos\gamma \sin(\tfrac{\gamma + \psi_1}{2}) \qquad \text{für } \xi_0 = 0 \qquad (3.4.3.1.12)$$

Dieses Ergebnis hat Konsequenzen für die Praxis: Da bekanntlich die Natur niemals eine Feldstärke unendlich hervorbringt, darf man die Näherung durch die Platte der Dicke Null sicher nur in Entfernungen anwenden, die groß gegen die Querausdehnung des elliptischen Körpers sind.

Schließlich wollen wir noch jene Punkte auf dem Leiter feststellen, an denen sowohl U als auch $\partial U/\partial\xi$ verschwinden, die sogenannten *neutralen Punkte*. Das sind die Punkte $\eta_1 = \pi/2 - \gamma$ und $\eta_2 = - \pi/2 - \gamma$. Die Abbildungen 3.4.3.1.2 bis 3.4.3.1.4 zeigen, daß hier die Potentialfläche U = 0 senkrecht auf dem Leiter steht im Gegensatz zu allen übrigen, die sich dem Ellipsenumfang eher anschmiegen. Interpretiert man die Äquipotentiallinien als Strömungslinien einer Flüssigkeit, die einen Körper elliptischen Querschnittes umströmt, so stellen die neutralen Punkte *Staupunkte* dar.

Fernfeld: GRANT und WEST diskutieren das RIBBON-Modell mit $\xi_0 = 0$ ausführlich. Sie geben master-Kurven der Maximum-Minimum-Anomalie für verschiedene Parameter γ und c an, jedoch nur für kleine ρ_1/c

$$0,01 = \rho_1/c = 0,4 \; .$$

Das Ergebnis bleibt insofern unbefriedigend, als die für die Exploration wichtigen Angaben sich nicht klar daraus trennen lassen. Abbildung 3.4.3.1.5 zeigt das anschaulich. (" ... There seems to be, unfortunately, an inverse relationship between the sensitivity of an estimator and its confidence value in curves of this type, and we must be guided more by what can be observed in practice than what we would like to use ... ".) Der Grund dafür ist natürlich der, daß die master-Kurven von Profilen herrühren, die zu nahe am RIBBON-Modell verlaufen. Die erwähnte Singularität bei $\xi_0 = \xi = \eta = 0$ dominiert hier bereits so stark, daß sie die übrigen Feldanteile überdeckt. Gleichung (3.4.3.1.12) zeigt zwar, daß das Nahfeld von beiden, c und γ mitbestimmt wird, jedoch ziemlich unempfindlich z. B. gegenüber dem Faktor $\sqrt{c}$ ist. Eine weit differenziertere Übersicht dagegen bietet das Fernfeld r >> c. Wir machen daher die Näherung

$$\cosh\xi \simeq \sinh\xi \simeq \frac{e^\xi}{2}$$

und erhalten aus Gleichung (3.4.3.1.3)

$$x \simeq \frac{c}{2} e^\xi \cos(\eta + \gamma) \; , \qquad y \simeq \frac{c}{2} e^\xi \sin(\eta + \gamma)$$

Abbildungen 3.4.3.1.2 bis 3.4.3.1.4: Normalschnitte der Potentialflä-
chen des Gesamtfeldes in Abständen $\Delta V = 0,1$ V und q = 1V/m.Verteilung
des Sekundärpotentials auf 4 Profilen, die in Richtung x/A, also zum
Primärfeld,parallel laufen. (Dimensionsloser Maßstab x/A mit A = lange
Halbachse des elliptischen Leiters, b = kurze Halbachse), $\gamma = 45^0$.
In den rechts stehenden Abbildungen bedeuten die Kurven

   1 : Profil bei y_1 = A
   2 : Profil bei y_2 = 1,5 A
   3 : Profil bei y_3 = 2,0 A
   4 : Profil bei y_4 = 2,5 A

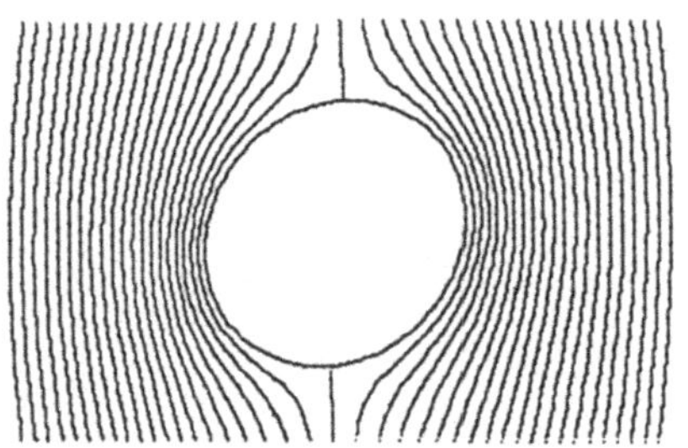
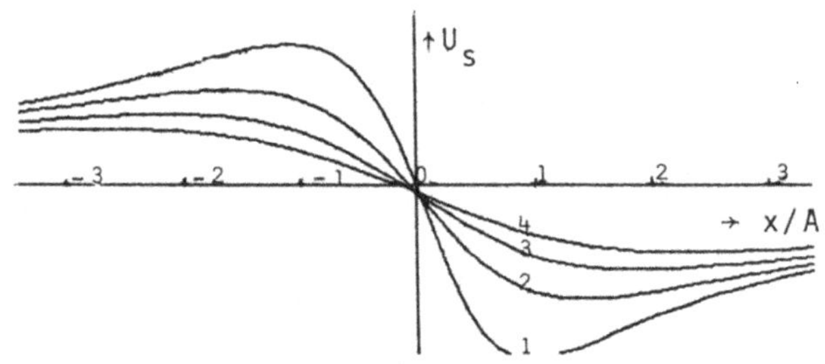

Skalenlänge=0,4831 V

<u>Abb. 3.4.3.1.2</u>
Der Leiterquerschnitt ist fast kreisförmig, d. h. B/A = 0,866, die
Feldverteilung annähernd die eines dem Primärfeld antiparallelen Dipolfeldes. Darum ist das Potential auf den 4 Profilen so gut wie spiegel-
symmetrisch zum Koordinatenursprung und zeigt zwei Extrema von + 0,48V,
und zwar ein Maximum etwa bei x/A $\simeq$ -1 und ein Minimum bei x/A $\simeq$ + 1.

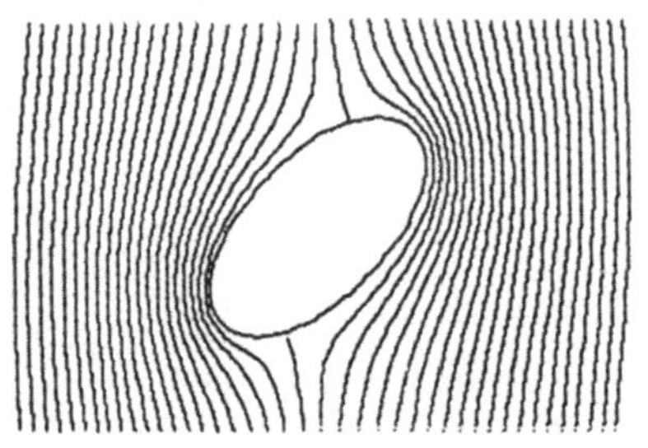
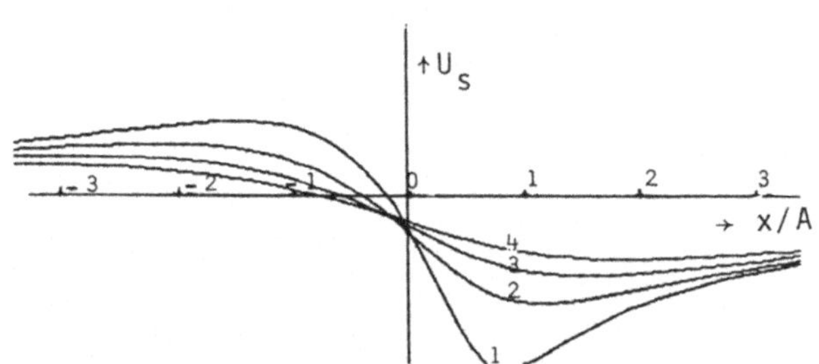

Skalenlänge=0,4349 V

<u>Abb. 3.4.3.1.3</u>
Der Leiterquerschnitt ist eine Ellipse mit dem Achsenverhältnis 0,510.
Man beobachtet in der Umgebung der Ellipsenenden eine etwas stärkere
Verdichtung der Potentialflächen als in Abb. 3.4.3.1.2. Doch erweist
sich die Amplitude auf den Profilen deutlich kleiner (0,435 V). Die
den Profilen zugewandte Seite des Leiters erzeugt ein etwas schärfe-
res Minimum, dagegen ist der Einfluß der abgewandten Seite stärker ab-
geschwächt, was zu dem abgeschwächten Maximum bei negativem x/A führt.
Im ganzen hat die Potentialverteilung Ähnlichkeit mit einem geringfügig (weniger als 45^0) gegen die Primärfeldrichtung geneigten Dipolfeld (vergl. Fernfeldeinflüsse Gleichung (3.4.3.1.14)).

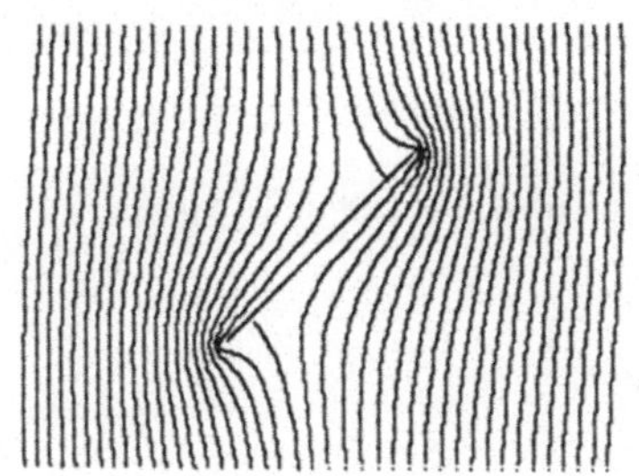

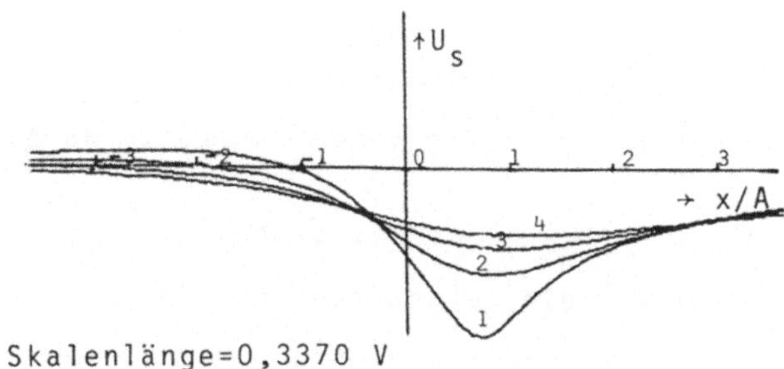

Abb. 3.4.3.1.4
Der Leiterquerschnitt ist zu einer Strecke der Länge A entartet (Modell der dünnen leitfähigen Platte mit B/A = 0). Die Stauchung der Potentialflächen in der Umgebung der Kanten der Platte ist stärker als bei den vorangegangenen Beispielen an den Ellipsenenden. Auf den Profilen ist die Extremamplitude noch kleiner (0,337 V), doch das Minimum tritt stärker als in Abb. 3.4.3.1.3 hervor.

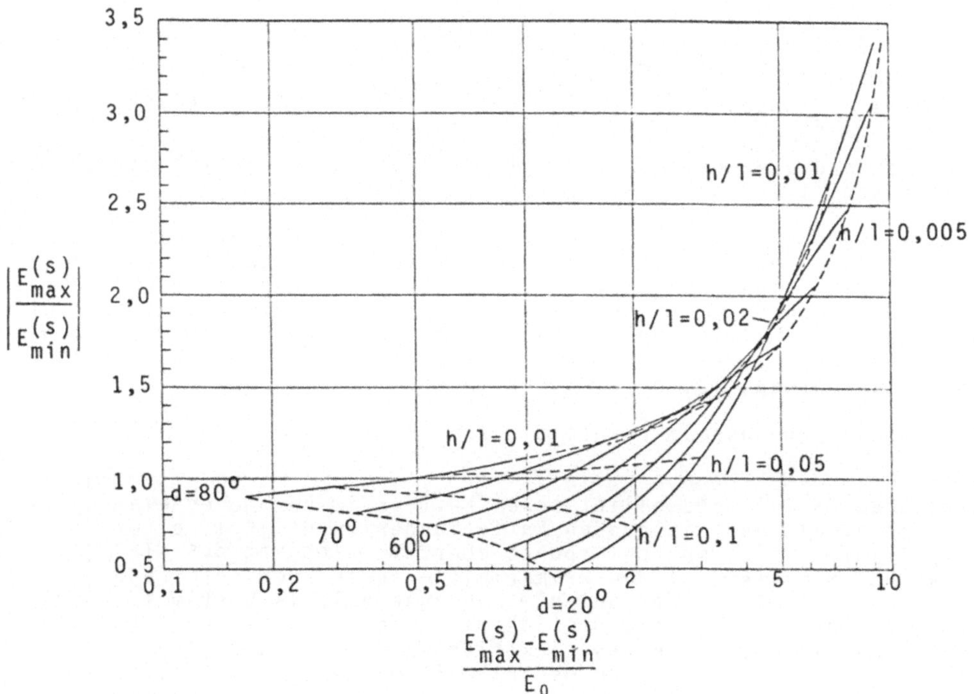

Abb. 3.4.3.1.5
Anomalie des Verhältnisses $E_{max}^{(s)}/E_{min}^{(s)}$ für Profile parallel zur Primärfeldrichtung für das Plattenmodell $\xi_0 = 0$ nach GRANT & WEST, S. 430. Es bedeuten $E_0 = q$, $h = y-c\sin\gamma$ (Höhe des Profiles über der oberen Kante des Modelles), $1 = 2c$ (Breite der Platte), $d = \gamma$ (Einfallswinkel). Mit kleiner werdenden Werten von h/1 nimmt das Auflösungsvermögen $E_{max}^{(s)}/E_{min}^{(s)}$ bezüglich der Einfallswinkel und 1 ab, weil die Singularität schon zu nahe am Profil liegt.

$$r = \frac{c}{2}\, e^{\xi} \, , \qquad \tan\psi = \frac{y}{x} \, , \qquad \psi = \eta + \gamma \quad .$$

Wenn wir außerdem die lange und kurze Halbachse a und b der Ellipse
einführen

$$a = c\, \cosh\xi_0 \qquad b = c\, \sinh\xi_0 \, ,$$

so folgt für die Sekundärpotentiale

$$U_s \simeq - \frac{q(a+b)}{2r}\, (a\, \cos\gamma\cos(\psi - \gamma) - b\, \sin\gamma\sin(\psi - \gamma))$$

$$\text{(3.4.3.1.13)}$$

$$V_s \simeq \frac{q(a+b)}{2r}\, (a\, \cos\gamma\sin(\psi - \gamma) + b\, \sin\gamma\cos(\psi - \gamma)) \quad .$$

U_s geht für $a = b$ in das Potential des kreis-zylindrischen Leiters in

$$U_s(a{=}b) = - \frac{qa^2}{r}\, \cos\psi$$

und für $b = 0$ (dünne Platte $\xi_0 = 0$, $a = c$) in

$$U_s(b{=}0) = - \frac{qc^2}{2r}\, \cos\gamma\cos(\psi - \gamma) \qquad\qquad \text{(3.4.3.1.14)}$$

über. Zwischen diesen beiden Grenzfällen liegt das Potential des elliptischen Leiters im Fernfeld.

Die Formeln zeigen, daß Variationen der wichtigen Parameter a, b, c
und γ wesentlich empfindlicher als im Nahfeld (Gleichung (3.4.3.1.12))
auf die Anomalie einwirken. Zum Beispiel geht c im Nahfeld durch $\sqrt{c}$,
im Fernfeld jedoch durch c^2 in die Amplitude ein. Ähnliches beobachtet
man auch bei gravimetrischen und magnetischen, besonders aber aeromagnetischen Messungen. Der Grundsatz, so nah wie nur irgend möglich am
Störkörper zu messen, ist daher nicht immer der optimale.

Wir fassen das Ergebnis im Fernfeld zusammen:

Das Sekundärfeld des elliptischen Leiters im homogenen elektrischen Feld geht in großen Entfernungen in das Feld einer
Dipollinie durch den Schwerpunkt über. Die Richtung des elektrischen Momentes ist dem Primärfeld entgegen gerichtet und
wird vom Einfallswinkel und vom Achsenverhältnis bestimmt.
Entartet der elliptische Querschnitt zu einer Strecke, ist
das Sekundärfeld das eines elektrischen Dipols, der gegen
das negative Primärfeld um den Einfallswinkel geneigt ist
und dessen Sekundärfeld proportional dem halben Cosinus des
Einfallswinkels ist.

Für kompliziertere Formen leitfähiger Störkörper verwendet man die
Annäherung durch einen geschlossenen Polygonzug im z-Bereich, der nach
der SCHWARZ-CHRISTOFFELschen Formel im w-Bereich eine Halbebene abbil-
det (siehe z. B. U. SCHMUCKER 1964).

3.4.3.2 Die elektrisch leitfähige Kugel im leitfähigen Halbraum

In diesem Beispiel wollen wir das dreidimensionale Problem der Kugel
mit den Mittelpunktskoordinaten (0,0,d), dem Radius R und der elektrischen Leitfähigkeit σ_2 im Halbraum $x_3 > 0$ der Leitfähigkeit σ_1 behandeln. Es stelle $x_3 = 0$ dabei die Erdoberfläche dar. In Kapitel 3.4.2
hatte sich eine sehr einfache Lösung für die magnetisierte Kugel im
Vollraum ergeben. Diese Ergebnisse lassen sich auf die elektrisch leitfähige Kugel im Vollraum analog übertragen. Wenn man nun den Einfluß
der Erdoberfläche mitberücksichtigen will, wird die Sache wesentlich
komplizierter. Es kann aber eine analytische Lösung angegeben werden.
Tatsächlich gehört diese Randwertaufgabe zu den wenigen, die überhaupt
mit den Mitteln der Koordinatentransformation lösbar ist. V' sei die
Lösung im Außenraum, V" die Lösung im Innenraum der Kugel. An der Erdoberfläche $x_3 = 0$ ist die Randbedingung, daß die Normalkomponente des
Stromdichtevektors $j_3 = - \sigma_1 \cdot \partial U'/\partial x_3$ verschwindet, einzusetzen und an
der Kugelfläche müssen sowohl die Normalkomponente des Stromdichtevektors als auch das Potential stetig verlaufen. Da es also drei Randbedingungen gibt, brauchen wir nachher auch drei Unbekannte in den Lösungsansätzen. Es wird angenommen, daß die Elektroden in großer Entfernung von der Kugel liegen, so daß der Ansatz eines homogenen Primärfeldes berechtigt ist.

$$V_p = - E_0 x \qquad\qquad (3.4.3.2.1)$$

Es geht nun darum, das Koordinatensystem x_1, x_2, x_3 in ein neues μ, η, ξ
zu transformieren, in dem sowohl die Erdoberfläche als auch die Kugeloberfläche durch Konstanthalten einer der neuen Koordinaten dargestellt
werden. Genau das aber vermag das Bipolar-Koordinatensystem:

$$x_1 = \frac{q \sin\eta\cos\xi}{\cosh\mu - \cos\eta} \ , \qquad x_2 = \frac{q \sin\eta\sin\xi}{\cosh\mu - \cos\eta} \ , \qquad x_3 = \frac{q \sinh\mu}{\cosh\mu - \cos\eta}$$

$$(3.4.3.2.2)$$

Eliminieren wir η und μ, so folgt die Gleichung

$$\frac{q^2}{\sinh^2\mu} = x_1{}^2 + x_2{}^2 + (x_3 - q \coth\mu)^2 \qquad\qquad (3.4.3.2.3)$$

μ = const ergibt Scharen von Kugelflächen symmetrisch zur $x_1 x_2$-Ebene.
Die Fläche $\mu = 0$ artet aus in die $x_1 x_2$-Ebene. Diese Ebene soll für
unsere Aufgabe als Erdoberfläche und eine Kugelfläche $\mu = \mu_0$ als Begrenzung des Störkörpers definiert werden. Der Zusammenhang mit d und
R läßt sich leicht darstellen:

$$\mu_0 = \operatorname{arsinh}(q/R) \ , \qquad q = \sqrt{d^2 - R^2} \qquad\qquad (3.4.3.2.4)$$

Eliminiert man in den Gleichungen (3.4.3.2.2) μ und ξ, so erhält man

$$\frac{q^2}{\sin^2\eta} = (\underline{\pm} \sqrt{x_1{}^2 + x_2{}^2} - q \coth\eta)^2 + x_3{}^2 \ . \qquad\qquad (3.4.3.2.5)$$

η = const bildet Scharen von geschlossenen, zur 3-Achse rotationssymmetrischen Flächen vierter Ordnung. Die Querschnittsfiguren dieser
Rotationsflächen sind zwei einander in den Punkten $x_3 = \pm q$ schneidende Kreise. Dadurch entsteht eine zeppelinartige, zugespitzte oder torusähnliche, einwärtsgebuchtete Rotationsfläche. Bei $\eta_{1,2} = \pi \pm \pi/2$
stellt sich die Grenzfigur zwischen den beiden Rotationsflächen, nämlich die Kugel mit dem Radius q, in Mittelpunktslage ein:

$$x_1{}^2 + x_2{}^2 + x_3{}^2 = q^2 \qquad \text{(Vergleiche Abb. 3.4.3.2.1)}$$

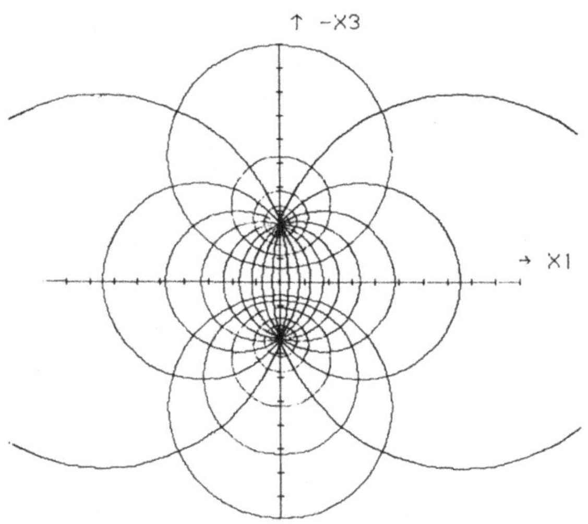

Abb. 3.4.3.2.1
Bipolarkoordinaten in der x_2-Ebene. Länge der x_1- und x_2-Achse 4,745 m.
Kreise mit den Mittelpunkten auf der x_3-Achse von außen nach innen:
μ = 0,69317; 1,38634; 2,0791; 2,77268. Die Kugel mit R = 2 m, d = 2,5 m,
f = 1,5 m ist gestrichelt eingetragen. Kurven mit η = $\pi/10$, $2\pi/10$, ...
$10\pi/10$ (von außen nach innen) sind Schnitte der Rotationsflächen
η = const in der x_1x_3-Ebene.

Wir betrachten für unser Problem den Bereich $0 \lesseqgtr \mu \lesseqgtr \infty$ und $0 < \eta < \pi$,
weil aus Symmetriegründen auch $\eta > \pi$ damit automatisch beschrieben
wird und $\mu > 0$ den elektrisch leitenden Halbraum festlegt. Man macht
den Ansatz

$$V = \sqrt{\cosh\mu - \cos\eta}\ F(\mu,\eta,\xi)$$

und rechnet die LAPLACE-Gleichung in Biploarkoordinaten um:

$$\frac{\partial^2 F}{\partial\mu^2} + \frac{1}{\sin\eta}\frac{\partial}{\partial\eta}\left(\sin\eta\frac{\partial F}{\partial\eta}\right) + \frac{1}{\sin^2\eta}\frac{\partial^2 F}{\partial\xi^2} - \frac{1}{4}F = 0 \ .$$

Der Produktsatz

$$F(\mu,\eta,\xi) = M(\mu)H(\eta)\phi(\xi)$$

ermöglicht eine Trennung in drei Differnetialgleichungen. Es sind dies
die Gleichungen

$$\frac{d^2\phi}{d\xi^2} = -m^2\phi \ ; \qquad \frac{d^2M}{d\mu^2} = \left(n + \frac{1}{2}\right)^2 M$$

und

$$\frac{1}{\sin^2\eta} \frac{d}{d\eta}\left(\sin\eta \frac{dH}{d\eta}\right) + \left(n(n+1) - \frac{m^2}{\sin^2\eta}\right)H = 0$$

ϕ ist eine Winkelfunktion und M eine Exponentialfunktion. Die Gleichung für H ist nach Anlage II ebenfalls bekannt. Ihre Lösung ist die zugeordnete Kugelfunktion $P_n^m(\cos\eta)$. Daher muß die Lösung von der Form sein:

$$V = \sqrt{\cosh\mu - \cos\eta}\; e^{\pm(n+1/2)\mu}\; P_n^m(\cos\eta)\; \genfrac{}{}{0pt}{}{\cos(m\xi)}{\sin(m\xi)} \tag{3.4.3.2.6}$$

Es geht nun darum, das Primärfeld (Gleichung (3.4.3.2.1)) in eine mit Gleichung (3.4.3.2.6) vergleichbare Gestalt zu bringen:

$$V_p = - E_0 f\; \frac{\sin\eta\cos\xi}{\cosh\mu - \cos\eta}$$

Die Entwicklung von $1/\sqrt{\cosh\mu - \cos\eta}$ in eine TAYLOR-Reihe zeigt, daß

$$\frac{1}{\sqrt{\cosh\mu - \cos\eta}} = \sqrt{2} \sum_{n=o}^{\infty} e^{-(n+1/2)\mu}\; P_n^o(\cos\eta)$$

ist. Daraus erhält man durch Ableitung nach η wegen

$$P_n^1(\cos\eta) = \sin\eta\; \frac{dP_n(\cos\eta)}{d(\cos\eta)}$$

$$\frac{\sin\eta}{\sqrt{\cosh\mu - \cos\eta}^3} = 2\sqrt{2} \sum_{n=1}^{\infty} e^{-(n+1/2)\mu}\; P_n^1(\cos\eta)\;. \tag{3.4.3.2.7}$$

Die allgemeine Lösung unseres Problems muß demnach von der Gestalt (3.4.3.2.7) sein. Das Primärpotential V_p ist

$$V_p = - E_0 f\cdot 2\sqrt{2}\; \cos\xi\sqrt{\cosh\mu - \cos\eta} \sum_{n=o}^{\infty} e^{-(n+1/2)\mu}\; P_n^1(\cos\eta)\;. \tag{3.4.3.2.8}$$

V_p bildet zusammen mit V_S das resultierende Potential $V' = V_p + V_S$ im Außenraum $\mu < \mu_0$, welches an den Grenzflächen die folgenden Randbedingungen zu erfüllen hat:

$$\mu = 0 : \qquad \frac{\partial V_S}{\partial\mu} = 0$$

$$\mu = \mu_0 : \qquad \sigma_2 \frac{\partial V''}{\partial\mu} = \sigma_1 \frac{\partial V'}{\partial\mu}\;; \qquad V'' = V'\;.$$

Da die Randbedingungen nur in μ auftreten, bleiben die Kugelfunktionen $P_n^m(\cos\eta)$ unangetastet. Das heißt, das Sekundärfeld kann wie das Primärfeld nur Terme mit $m = 1$ enthalten.

Wir machen den Ansatz

$$V'' = 2\sqrt{2}E_0 f\sqrt{\cosh\mu-\cos\eta}\left(\sum_{n=1}^{\infty}(-e^{-(n+1/2)\mu} + A_n\cosh(n+1/2)\mu + \right.$$
$$\left. + B_n\sinh(n+1/2)\mu\right)P_n^{\;1}(\cos\eta)\cos\xi$$

$$V' = 2\sqrt{2}E_0 f\sqrt{\cosh\mu-\cos\eta}\sum_{n=1}^{\infty} C_n e^{-(n+1/2)\mu}\,P_n^{\;1}(\cos\eta)\cos\xi \quad .$$

$$(3.4.3.2.9)$$

Für $\sigma_2 \gg \sigma_1$, also eine hochleitfähige Kugel, gestalten sich die Randbedingungen besonders einfach, und zwar aus folgenden Gründen: Erstens hat man in der Kugel keine Spannungsunterschiede und darf daher ähnlich wie beim letzten Beispiel (Seite 104, Gleichung (3.4.3.1.6)) $V'=0$ und daher auch $C_n = 0$ setzen. Zweitens ist es für diesen speziellen Fall möglich, den Faktor $\sqrt{\cosh\mu - \cos\eta}$ abzuspalten, was eine weitere sehr wesentliche Vereinfachung ergibt. Die in diesem Sinne vereinfachten Randbedingungen lauten

für $\mu = 0$ (freie Oberfläche) $\dfrac{\partial V_S}{\partial\mu} = 0$

für $\mu = \mu_0$ (Kugeloberfläche) $V' = V'' = 0$

und führen auf die Lösung

$$V' = -E_0 x_1 + \sqrt{32}\,E_0 f\cos\xi\sqrt{\cosh\mu-\cos\eta}\sum_{n=1}^{\infty}\frac{\cosh((n+1/2)\mu)}{1 + e^{2(n+1/2)\mu_0}}\,P_n^{\;1}(\cos\eta)$$

$$V'' = 0 \quad .$$

$$(3.4.3.2.10)$$

Abbildung 3.4.3.2.2 zeigt Beispiele, die in der Bildunterschrift ausführlich diskutiert werden. An ihnen wird ersichtlich, daß für große μ_0, also d $\gg$ R das Ergebnis sich sehr vereinfacht. LIPSKAYA (1949) und viele andere haben die exakte Lösung, Gleichung (3.4.3.2.10), mit der Näherungslösung des *gespiegelten Dipols* verglichen. Diese Näherungslösung ist völlig analog der des erdmagnetischen Sturmbeginns (Theorie von CHAPMAN und FERRARO, Seite 102ff.) zu behandeln, nur daß wir es hier mit einem elektrischen, nicht mit einem magnetischen Dipolpaar zu tun haben. Man ersetzt die Wirkung der Kugel durch die eines in x_1-Richtung weisenden Dipols im Kugelmittelpunkt. Dieser würde bei Abwesenheit der zusätzlichen Grenzfläche $x_3 = 0$ für sich schon die Randbedingungen an der Kugeloberfläche erfüllen. Die Randbedingung bei $x_3 = 0$ wird durch die Hinzunahme des *gespiegelten Dipols* befriedigt, der sich im Abstand $x = -d$, also über der Erdoberfläche befindet. Allerdings hat sein Feld zur Folge, daß die Randbedingungen an der Kugeloberfläche nicht mehr genau stimmen. Der auftretende Fehler ist umso geringer, je größer d/R ist. Schon dann, wenn d/R $>$ 1,3 ist, weicht die Näherungslösung um weniger als 10% von der exakten (Gleichung (3.4.3.2.10) ab.

3.5   LÖSUNG VON RANDWERTAUFGABEN NACH ITERATIONSVERFAHREN

Die Einführung der Großrechner hat iterativen Lösungsmethoden für Randwertaufgaben ein weites Anwendungsgebiet ermöglicht. Man setzt hierbei keine Lösungsansätze voraus wie bei den Spiegelungsverfahren,

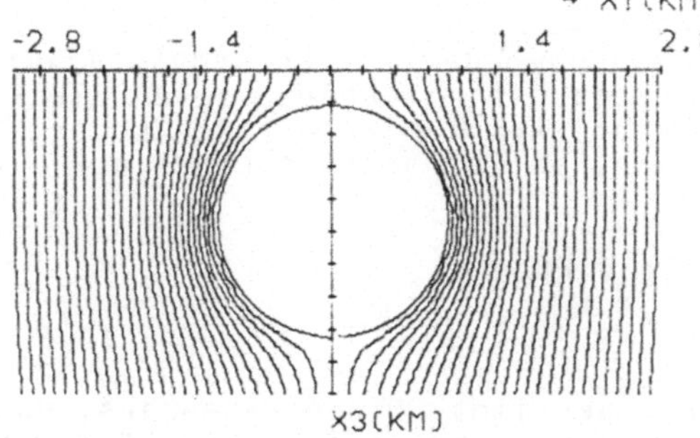

a) Hochleitfähige Kugel mit
R = 1,01 km, d = 1,3 km im Ver-
tikalschnitt. Abstand der Isolinien ΔV = 0,1 V. Berücksichtigung von Kugelfunktionen bis
zur 6. Ordnung. Äquipotentialflächen sind oberhalb der Kugel
mehr als um das Doppelte ausein-
andergezerrt als unterhalb. Daraus folgt, daß das Sekundär-
potential V_S an der Erdoberfläche kleiner sein muß als beim
Feld eines Dipolpaares.

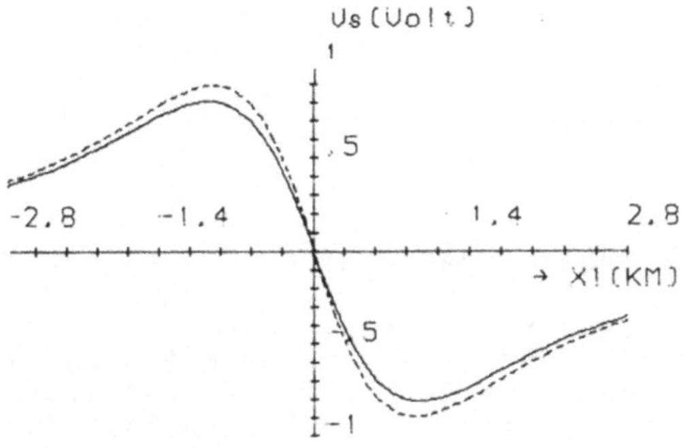

b) V_S nach Abb. 3.4.3.2.2a auf
einem Profil an der Erdoberfläche ($x_2=x_3=0$, x_1 variabel).

——— = V_S nach Gl.(3.4.3.2.10)

- - - - = $V_S{}'$ für Dipolpaar (s.
Kapitel 3.4.2.4 auf
Seite 102).

Abb. 3.4.3.2.2

sondern versucht, nach einem systematischen Verfahren der rekursiven
Fehlerverkleinerung, das Feld schrittweise mit den Randbedingungen und
der Differentialgleichung in Einklang zu bringen. Die hierbei auftretenden Differentialquotienten werden durch Differenzenquotienten ersetzt. Zu diesem Zwecke teilt man das Gebiet in ein z. B. quadratisches
Gitternetz auf, an dessen Eckpunkten die Werte des Potentials bzw. seine Näherungswerte vorgegeben werden. Hier soll aus Gründen der Vereinfachung nur der zweidimensionale Fall diskutiert werden.

Die Feldgleichungen

Man muß das mit dem Gitternetz überzogene Gebiet so groß wählen, daß
die darin enthaltene und zu untersuchende Feldanomalie klein gegen die
Dimensionen des gesamten Raumes ist. Wenn dies erfüllt ist, kann man
annehmen, daß die Randpunkte des Gebietes vom Störkörper praktisch un-
beeinflußt sind; die Potentiale an den Randpunkten stellen dann das
ungestörte Feld dar. Sie werden als feste Werte vorgegeben. In einem
quadratischen Netz

$$x_k = x_0 + k \Delta s , \qquad y_1 = y_0 + 1 \Delta s$$

$$\text{mit } k = 1, \ldots M; \quad 1 = 1, \ldots N; \quad \Delta s = \text{Schrittweite}$$

(3.5.1)

sind die Punkte x_k , y_l mit (k = 0, 1), (k, 1 = 0), (k = M, 1) , (k, 1 = N) Randpunkte. Für jeden Punkt im Inneren x_k, y_l mit dem Potential $U_{k,l}$ kann man die Bestimmungsgleichung für $U_{k,l}$ entweder aus der hier gültigen Differenzengleichung oder den Randbedingungen aufstellen. Das gibt (M - 1)·(N - 1) Unbekannte mit ebensovielen Gleichungen. Weil M und N große Zahlen sind, kommt eine direkte Lösung nach dem Determinantenformalismus nicht in Betracht, sondern nur ein Näherungsverfahren.

Das Feld wird neben der Differentialgleichung

$$\Delta U = f(x,y) \tag{3.5.2}$$

von den Randbedingungen am Störkörper bestimmt. Diese sagen aus, daß die Tangentialkomponente von grad U an der Grenzfläche S stetig verläuft, die Normalkomponente dagegen einen Sprung erleidet

$$\lambda_1 \left[\frac{\partial U}{\partial N}\right]_1 = \lambda_2 \left[\frac{\partial U}{\partial N}\right]_2 \qquad \text{auf S}$$

$$\left[\frac{\partial U}{\partial \tau}\right]_1 = \left[\frac{\partial U}{\partial \tau}\right]_2 \qquad \text{auf S} \quad , \tag{3.5.3}$$

wobei der Index 1 das Medium 1, der Index 2 das Medium 2 bezeichnet.

Mit f(x,y) = 0 in Gleichung (3.5.2) lassen sich eine Reihe sehr wichtiger Randwertaufgaben der Geophysik behandeln. Wenn man mit U das magnetische Potential und mit λ die magnetische Permeabilität bezeichnet, so löst Gleichung (3.5.3) die Induktionsaufgabe, die bekanntlich für allgemein geformte Körper analytisch bisher noch nicht gelöst werden konnte. Ist $\lambda = \sigma$ die elektrische Leitfähigkeit, so stellt U den Feldverlauf für die vorgegebenen Leitfähigkeitsanomalien dar. Interpretiert man aber U als Temperatur und λ als Wärmeleitfähigkeit, so wird die Temperaturverteilung bestimmt,die sich aus der Wärmeleitungsgleichung mit $T^\cdot$ = 0 ergibt. $T^\cdot$ = 0 ist jene Temperaturverteilung,die sich als Endzustand eines Ausgleichsvorganges eingestellt. Viele geothermische Fragestellungen beziehen sich genau auf diese Temperaturverteilung.

Das hier zu besprechende Verfahren von GAUSS und SEIDEL geht davon aus, daß das Potential U(x,y) in der Umgebung eines Punktes (x_k,y_l) gut durch eine quadratische Funktion angenähert werden kann.

$$U = A + B(x-x_k) + C(y-y_l) + 2D(x-x_k)(y-y_l) + E(x-x_k)^2 + F(y-y_l)^2 \tag{3.5.4}$$

Wenn es sich um ein LAPLACE-Feld handelt, so gilt die Gleichung

$$\frac{\partial^2 U}{\partial x^2} + \frac{\partial^2 U}{\partial y^2} = 2(E + F) = 0 \quad . \tag{3.5.5}$$

Um E und F zu bestimmen, genügt aber die Kenntnis von

$$U_{k,l} \ , \ U_{k,l-1} \ , \ U_{k,l+1} \ , \ U_{k-1,l} \ , \ U_{k+1,l} \ ,$$

da ja

$$U_{k,1} = A$$

$$U_{k,1-1} = A \qquad - C\Delta s \qquad + F\Delta s$$

$$U_{k,1+1} = A \qquad + C\Delta s \qquad + F\Delta s^2$$

$$U_{k-1,1} = A - B\Delta s \qquad + E\Delta s^2$$

$$U_{k,1-1} = A + B\Delta s \qquad + E\Delta s^2$$

$$U_{k,1-1} + U_{k,1+1} + U_{k-1,1} + U_{k+1,1} - 4A = 2\Delta s^2(F + E) \quad .$$

Gleichung (3.5.5) stellt sich also als Differentialgleichung dar:

$$U_{k,1-1} + U_{k,1+1} + U_{k-1,1} + U_{k+1,1} - 4\,U_{k,1} = 0$$

Das Verfahren setzt voraus, daß eine Näherung (n-1)-ter Ordnung vorliegt und eine bessere Näherung n-ter Ordnung erzielt werden soll.
Man schreibt:

$$U_{k,1-1}^{(n)} + U_{k,1+1}^{(n-1)} + U_{k-1,1}^{(n)} + U_{k+1,1}^{(n-1)} - 4\,U_{k,1}^{(n-1)} = v^{(n-1)} \;, \qquad (3.5.6)$$

d. h.,die aus (n-1) Termen bestehende Näherung ergibt nicht Null,son-
dern einen Fehler $v^{(n-1)}$. Man wählt $U_{k,1}^{(n)}$ so, daß der Fehler mit
dem Faktor (1 - Ω) kleiner wird, d. h.:

$$U_{k,1-1}^{(n)} + U_{k,1+1}^{(n-1)} + U_{k-1,1}^{(n)} + U_{k+1,1}^{(n-1)} - 4\,U_{k,1}^{(n)} = v^{(n-1)}(1-\Omega) \quad (3.5.7)$$

Aus den Gleichungen (3.5.6) und (3.5.7) folgt die Rekursionsformel
zur Berechnung des verbesserten Wertes

$$U_{k,1}^{(n)} = \frac{\Omega}{4}\left(U_{k-1,1}^{(n)} + U_{k,1-1}^{(n)} + U_{k+1,1}^{(n-1)} + U_{k,1+1}^{(n-1)}\right) + (1-\Omega)U_{k,1}^{(n-1)} \quad . \quad (3.5.8)$$

Ω = 1 bedeutet, daß der Ansatz (3.5.8) den Einzelfehler zum Verschwinden bringt. Dieser Ansatz geht auf GAUSS zurück. $0 < \Omega < 1$ läßt das
Vorzeichen des Fehlers unverändert (Unterrelaxation). $\Omega > 1$ verändert
das Vorzeichen (Überrelaxation) und hat oft eine rasche Verringerung
des Fehlers $v^{(n)}$ mit wachsendem n zur Folge, jedoch kann auch das Umgekehrte eintreten.

Randbedingungen

An der Grenzfläche k = I mögen Randbedingungen der Form (3.5.3), Stetigkeit der Tangentialkomponente und Unstetigkeit der Normalkomponente
des Gradienten $\ddot{U}$ zu erfüllen sein. Der quadratische Ansatz (3.5.3)
zeigt, daß die Stetigkeit der Tangentialkomponente an der Grenzfläche
automatisch erfüllt ist. Um das zu beweisen, betrachten wir einen
Punkt $x_{k,1}(k=I)$ an der Grenzfläche

$$U_{(1)} \qquad\qquad U_{(2)}$$

$$\bullet \qquad \bullet \qquad \bullet$$
$$k-1,l+1 \quad k,l+1 \ k+1,l+1$$

$$\bullet \qquad \bullet \qquad \bullet \qquad \bullet \qquad \bullet$$
$$k-2,l \quad k-1,l \qquad k,l \qquad k+1,l \qquad k+2,l$$

$$\bullet \qquad \bullet \qquad \bullet$$
$$k-1,l-1 \quad k,l-1 \ k+1,l-1$$

$$U = U_{(1)} \quad k = I \qquad U = U_{(2)}$$

für $x = x_I$:

$$U_{(1)} = U_{k,l} + B_1(x-x_k) + C_1(y-y_1) + D_1(x-x_k)(y-y_1) + $$
$$+ E_1(x-x_k)^2 + F_1(y-y_1)^2$$

für $x = x_I$:

$$U_{(2)} = U_{k,l} + B_2(x-x_k) + C_2(y-y_1) + D_2(x-x_k)(y-y_1) + $$
$$+ E_2(x-x_k)^2 + F_2(y-y_1)^2 \quad .$$

$$(3.5.9)$$

Aus der Stetigkeit des Potentials folgt:

$$U_{(1)} = U_{(2)}{}_{(x=x_I)} = U_{k,l} + C_1\Delta s + F_1\Delta s^2 = U_{k,l} + C_2\Delta s + F_2\Delta s^2$$

Wegen der Unabhängigkeit von Δs gilt also $C_1 = C_2$ und $F_1 = F_2$. Nun
sind die Tangentialkomponenten $\partial U_{(1)}/\partial y$ und $\partial U_{(2)}/\partial y$

$$\frac{\partial U_{(1)}}{\partial y} = C_1 + 2F_1(y-y_1) + D_1(x-x_k) \; ; \quad \frac{\partial U_{(2)}}{\partial y} = C_2 + 2F_2(y-y_1) + D_2(x-x_k)$$

$$\left(\frac{\partial U_{(1)}}{\partial y}\right)_{x=x_k} = \left(\frac{\partial U_{(2)}}{\partial y}\right)_{x=x_k} \qquad \text{q.e.d.} \qquad (3.5.10)$$

Der Sprung der Normalkomponente

$$\lambda(B_1 + D_1(y - y_1)) = B_2 + D_2(y - y_1)$$

wird durch

$$B_2 = \lambda B_1 \qquad \text{bei} \quad x = x_k \; , \quad y = y_1 \qquad\qquad (3.5.11)$$

erfüllt. Darum ist

$$B_1 = \frac{U_{k-2,1} + 3\,U_{k,1} - 4\,U_{k-1,1}}{2}$$

$$B_2 = \frac{4\,U_{k+1,1} + 3\,U_{k,1} - U_{k+2,1}}{2} \quad .$$

Wegen Gleichung (3.5.11) muß also

$$\lambda(U_{k-2,1} + 3\,U_{k,1} - 4\,U_{k-1,1}) - 4\,U_{k+1,1} + 3\,U_{k,1} + U_{k+2,1} = 0$$

sein. Hieraus kann man eine Rekursionsformel ableiten. Gegeben sei eine Näherung $(n-1)$-ter Ordnung für

$$U_{k,1} = U_{k,1}^{(n-1)} \quad ,$$

die mit einem Fehler v in folgender Weise behaftet ist:

$$\lambda(U_{k-2,1}^{(n)} + 3U_{k,1}^{(n-1)} - 4U_{k-1,1}^{(n)}) - 4U_{k+1,1}^{(n-1)} + 3U_{k,1}^{(n-1)} + U_{k+2,1}^{(n-1)} = v$$

$U_{k,1}^{(n)}$ wird so gewählt, daß der Fehler sich mit dem Faktor $(1-)$ verkleinert.

$$\lambda(U_{k-2,1}^{(n)} + 3U_{k,1}^{(n-1)} - 4U_{k-1,1}^{(n)}) - 4U_{k+1,1}^{(n-1)} + 3U_{k,1}^{(n-1)} + U_{k+2,1}^{(n-1)} = (1-\Omega)v$$

Daraus erhält man die Rekursionsformel

$$U_{k,1} = (1-\Omega)U_{k,1}^{(n-1)} - \frac{\Omega}{3(\lambda+1)}\left[\lambda(U_{k-2,1}^{(n)} - 4U_{k-1,1}^{(n)} - 4U_{k+1,1}^{(n-1)} + U_{k+2,1}^{(n-1)}\right]$$

$U_{k,1}^{(n)}$ ist das Potential eines Quellenfeldes. Die Quellen sitzen auf der Grenzfläche. Das Verfahren ermöglicht eine Bestimmung der Flächendichte. Der Sprung der Normalkomponente des Gradienten im Falle des Schwerefeldes ist gemäß Gleichung (2.8.4) $4\pi f$ mal der Flächendichte. Wenn U dagegen das magnetische Potential bedeutet, ergibt sich die magnetische Polstärke pro Flächeneinheit m. In diesem Fall kann man schreiben:

$$\left(\frac{\partial U^{(1)}}{\partial x}\right)_{\substack{x=x_k \\ y=y_k}} - \left(\frac{\partial U^{(2)}}{\partial x}\right)_{\substack{x=x_k \\ y=y_k}} = -\,m_{k,1} = B_2 - B_1 \qquad (3.5.12)$$

$$m_{k,1} = \frac{6U_{k,1} + U_{k-2,1} - 4(U_{k-1,1} + U_{k+1,1}) + U_{k+2,1}}{2\,\Delta s} \qquad (3.5.13)$$

Die Randbedingungen für $1 = L$ sind in analoger Weise ableitbar.

Randbedingungen an der Kante k = I, l = L

An einer Kante des Störkörpers ist die Normale der Begrenzungsfläche nicht definiert, darum darf man Gleichung (3.5.11) nicht verwenden.

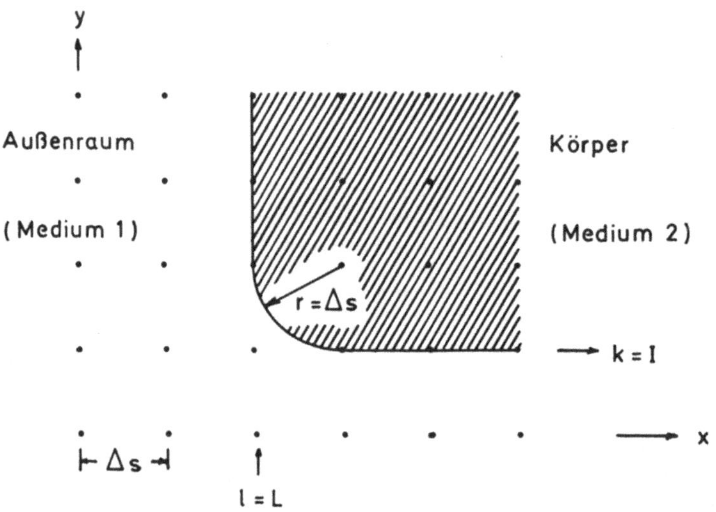

Im Falle des Beispieles der Skizze liegt die Kante des Störkörpers bei k = I und l = L. Man kann den Kantenpunkt (x_I, y_L) vom Körper dadurch ausschließen, daß man die Kante durch einen Viertelkreis mit dem Mittelpunkt (x_{I+1}, y_{L+1}) und $r = \Delta s$ abrundet. Damit wird nicht nur der Eckpunkt in den Außenraum verlegt, sondern gleichzeitig erreicht, daß die Nachbarpunkte (x_I, y_{L-1}), (x_{I+1}, y_L), (x_I, y_{L+1}) und (x_{I-1}, y_L) zur Gänze im Medium 1 (Außenraum) liegen. In diesem Falle liegt der Kantenpunkt im Gültigkeitsbereich der LAPLACE-Gleichung und ist nach der Rekursionsformel (3.5.8) zu behandeln. Man muß sich jedoch darüber im Klaren sein, daß damit nicht die exakte Lösung für den Körper mit scharfen Kanten angenähert wird, sondern die für einen Körper mit abgerundeter Kante. Die Krümmung ist also durch den reziproken Gitterabstand Δs festgelegt. Es gibt auch andere Wege der Behandlung des Kantenproblems, die hier aber nicht diskutiert werden. Der Interessierte sei auf die einschlägige Fachliteratur (siehe Literaturverzeichnis) verwiesen.

Beispiel 27: Die Magnetisierung des permeablen Balkens mit quadratischem Querschnitt im homogenen Magnetfeld.

Das hier behandelte Beispiel setzt wiederum eine zweidimensionale Feldverteilung voraus. Ein in z-Richtung unendlich ausgedehnter Körper habe quadratischen Querschnitt. Seine relative Permeabilität $\mu = \mu_2/\mu_1$ sei 5, das Potential des induzierten Primärfeldes

$$\Phi = T \, x \cos\psi + T \, y \sin\psi \qquad \text{mit } T = 1 \text{ A m}^{-1} \text{ und } \psi = 45^0 \; .$$

Es wird ein Zahlenfeld mit N = 60 und M = 60 - also 3600 Feldpunkten - vorgegeben, dessen Randpunkte das ungestörte Feld beschreiben sollen. Das Quadrat wird durch $I_1 = 25$, $I_2 = 35$ und $L_1 = 25$, $L_2 = 35$ abgegrenzt. Demnach wird das Feld im Inneren durch

$(I_2 - I_1)(L_2 - L_1) - 4 = 117$ Punkte beschrieben.

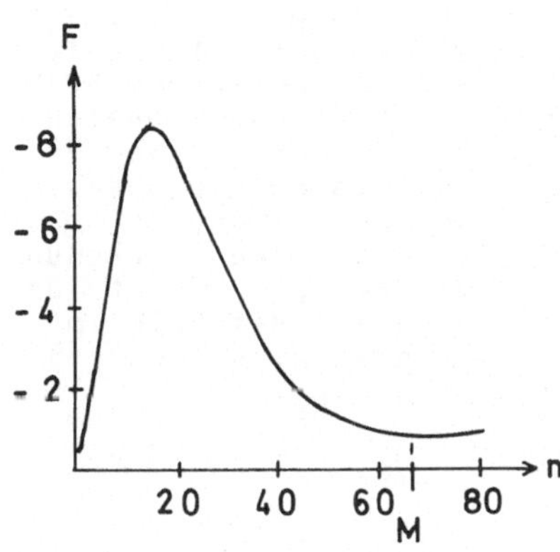

Abb. 3.5.1
Fehlersumme F, aufgetragen
gegen die Anzahl n der Iterationen. M = minimale Fehlersumme.

Die iterative Fehlerverkleinerung
erfolgte in aufeinanderfolgenden
Schritten, einmal mit wachsendem k
und l (von links unten nach rechts
oben im Zahlenfeld) und einmal mit
abfallendem k und l (von rechts oben
nach links unten). Damit wurde erreicht, daß die Fehler sich gleich-
mäßiger verteilen als bei einseitiger
Iteration. Abbildung 3.5.1 zeigt die
Fehlersumme als Funktion der Anzahl
der Iterationen. Im vorliegenden Fall
liegt mit Ω = 1,5 ein schwaches Minimum bei etwa n = 66 vor. Für noch
größere n steigt der Fehler langsam
wieder an, d. h., daß das Verfahren
nur halb konvergent arbeitet.

Abbildung 3.5.2 zeigt das gestörte Potentialfeld, Abb. 3.5.3 das
Sekundärfeld allein (siehe Seite 124). Ein Vergleich der beiden
Bilder zeigt, daß auch in diesem speziellen Fall das Feld im Inneren des Störkörpers wenigstens näherungsweise konstant ist. Das Sekundärfeld stellt geschlossene Äquipotentiallinien dar, was auf
das Vorhandensein von Quellen hindeutet. Diese Quellen sitzen auf
den Berandungsflächen des Balkens. Sie sind am stärksten in der Umgebung bei den in Magnetrichtung liegenden Kanten. Auf den Kanten
senkrecht dazu sind sie Null. Abbildung 3.5.4 zeigt die Quellenverteilung an der unteren Flä-
che des Balkens. Der Abfall
an der Kante A ist auf den
systematischen Fehler bei
der Iteration zurückzuführen, bei der eine Abrundung
der Kante in Form eines
Viertelkreises vorliegt.

Das Amplitudenverhältnis
der Normalkomponente von
H_i sollte 0,2 an den Grenzflächen betragen. Diese Bedingung ist mit einem relativen Fehler von maximal
2% an der unteren Grenzfläche erfüllt. Am Punkt A
beträgt er jedoch 19%. Man
könnte aus der Feldverteilung im Inneren näherungsweise den Entmagnetisie-
rungsfaktor berechnen.

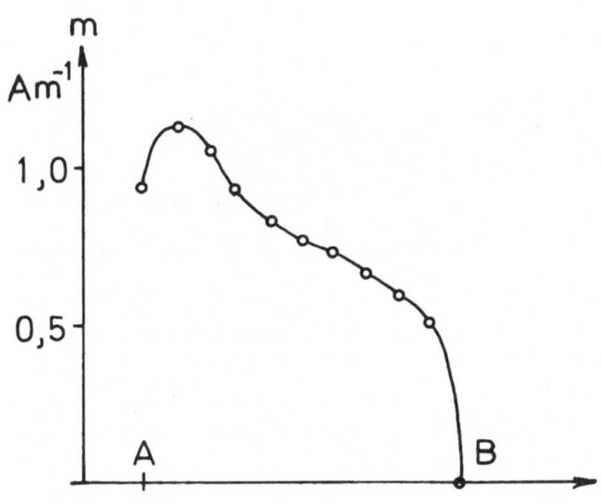

Abb. 3.5.4
Verteilung der Flächendichte m der
Magnetisierung, gewonnen aus Abb.3.5.3
zwischen den dort bezeichneten Punkten A und B.

Das Verhalten von Normal-
komponente H_z und Tangentialkomponente H_x wird in

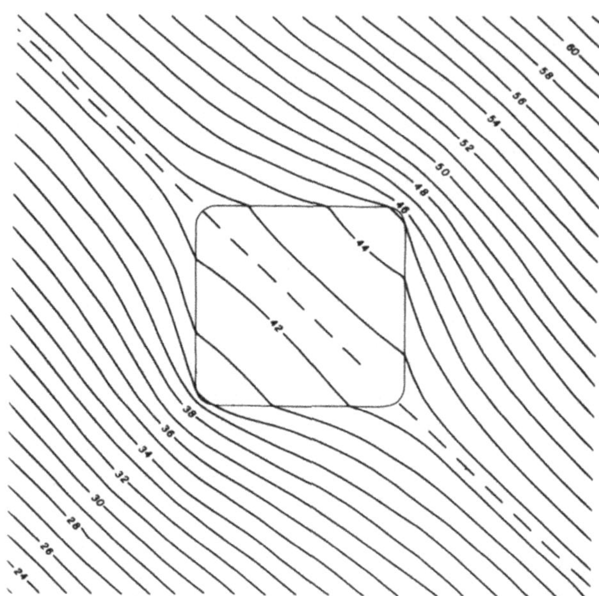

Abb. 3.5.2

Durch magnetisierten Balken gestörtes Feld. Die teilweise beschrifteten Flächen konstanten Potentials werden aus dem Balken herausgedrückt, wodurch im Inneren eine Schwächung des Feldes erfolgt. Jedoch ist das Feld im Inneren nicht homogen.

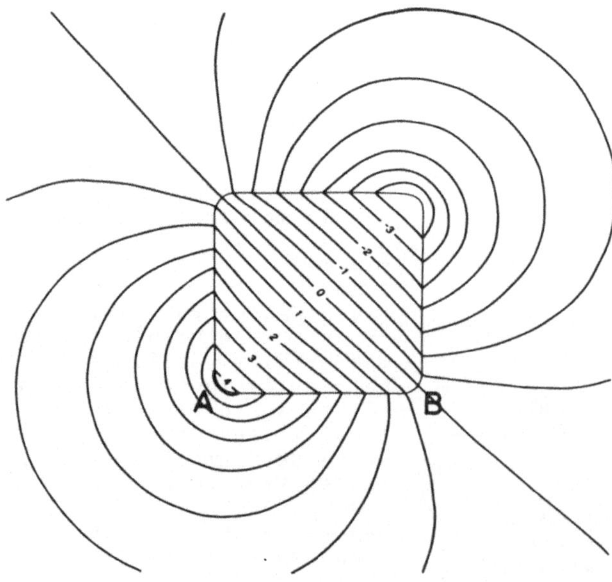

Abb. 3.5.3

Durch magnetisierten Balken erzeugtes Sekundärfeld. Die teilweise beschrifteten Flächen konstanten magnetischen Potentials sind in sich geschlossen bis auf die durch B gehende Fläche. Die Knicke an den Grenzflächen geben Aufschluß über die Verteilung der Quellen des Feldes. Im Gegensatz zum homogen magnetisierten Balken kommt es an den Punkten A und B zu keiner Singularität des Feldes.

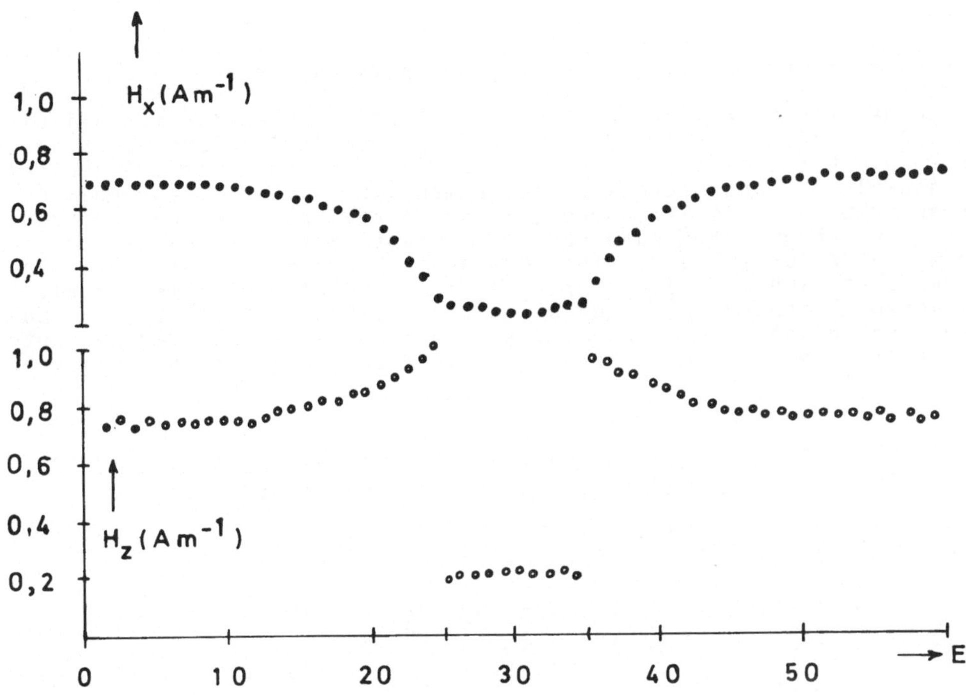

Abb. 3.5.5
H_x und H_z auf einem Profil, welches den magnetisierten Balken bei
x = 30 E von z = 0 E bis z = 60 E durchsetzt. Im Inneren des Balkens 25E < z < 35E ist das Feld nicht konstant.

Abb. 3.5.5 dargestellt. Die Werte gehören zu einem Profil x = 30 E,
z variabel. Die Normalkomponente zeigt die erwartete Unstetigkeit,
wogegen die Tangentialkomponente die Grenzfläche stetig durchsetzt.
Für große |z| streben beide Komponenten, H_x und H_z, dem ungestör-
ten Verlauf des Primärfeldes zu.

$$H_x \to \frac{1}{\sqrt{2}} \quad \text{in A m}^{-1} \, , \qquad H_z \to \frac{1}{\sqrt{2}} \quad \text{in A m}^{-1} \; .$$

3.6 DIE BERECHNUNG DES FELDES AUS EINER THEORETISCH VORGEGEBENEN VERTEILUNG DER QUELLEN

In Gravimetrie und Magnetik geht man zur Modellrechnung von vorgegebenen Quellenverteilungen aus und bestimmt das Feld im Außenraum. In
der Gravimetrie wird die Dichte-, in der Magnetik die Magnetisierungs-
verteilung vorgegeben.

Im wesentlichen laufen die Modellberechnungen auf die Integration der
nach x_i abgeleiteten Gleichung (2.2.3) bzw. der Gleichung (2.3.7) hinaus. Die Literatur über diesen Themenkreis ist in den letzten Jahren
gewaltig angewachsen. Im selben Maße wie sich die Computertechnik

weiterentwickelt, werden genauere und vor allem schnellere Rechenver-
fahren zur Modellberechnung erfunden. Zusammenfassende Darstellungen
zu diesem Thema sind im Literaturverzeichnis zu finden.

Da man das Wichtige an allen Verfahren auch an vereinfachten Beispielen sehen kann, soll sich diese Vorlesung eben auf solche beschränken.
Die Praxis hat gezeigt, daß gravimetrische und magnetische Anomalien
oft schmal und langgestreckt sind. Dementsprechend darf angenommen
werden, daß auch die Störkörper, welche diese Anomalien hervorrufen,
eine große Längserstreckung haben. Es liegt dann der Gedanke nahe, die
Störkörper durch zweidimensionale Modelle anzunähern. Normalerweise
lassen sich magnetische und gravimetrische Felder zweidimensionaler
Störkörper leichter berechnen als die dreidimensionaler. Die Begrün-
dung liegt nicht allein in der Verkleinerung der Anzahl der bekannten
Parameter, sondern vielmehr in der Ausnutzung funktionstheoretischer
Hilfsmittel.

3.6.1 NEWTONsches Potential δW und Gravitationsbeschleunigung δg_i bei zweidimensionaler Massenverteilung im Außenraum

Um auf die Gravitationsbeschleunigung zu kommen, gehen wir von Gleichung (2.2.2) aus, die wir nach x_1 und x_3 differenzieren.

$$\delta g_1 = f \int\int\int_{-\infty}^{+\infty} \frac{\sigma(\xi_1,\xi_3)(\xi_1 - x_1)d\xi_1\ d\xi_2\ d\xi_3}{r^3}$$

$$\delta g_3 = f \int\int\int_{-\infty}^{+\infty} \frac{\sigma(\xi_1,\xi_3)(\xi_3 - x_3)d\xi_1\ d\xi_2\ d\xi_3}{r^3} \quad .$$

σ soll von ξ_2 unabhängig sein. Dann ist die Integration nach ξ_2 durchführbar und es ergibt sich analog zum Beispiel 18 (siehe Seite 54 ff.):

$$\frac{\partial \delta W}{\partial x_1} = \delta g_1 = 2f \int\int \frac{\sigma(\xi_1,\xi_3)(\xi_1 - x_1)d\xi_1\ d\xi_2}{(\xi_1 - x_1)^2 + (\xi_3 - x_3)}$$

$$\frac{\partial \delta W}{\partial x_3} = \delta g_3 = 2f \int\int \frac{\sigma(\xi_1,\xi_3)(\xi_3 - x_3)d\xi_1\ d\xi_2}{(\xi_1 - x_1)^2 + (\xi_3 - x_3)^2} \quad .$$

Hieraus bekommt man sofort durch Integration das Potential zweidimensionaler Massen W_L.

$$\delta W_L = - 2f \int\int \sigma(\xi\ ,\xi\ )\ln\sqrt{(\xi_1 - x_1)^2 + (\xi_3 - x_3)^2}\ d\xi_1\ d\xi_3 \qquad (3.6.1.1)$$

W_L nennt man das *logarithmische Potential*. Es unterscheidet sich vom
dreidimensionalen Potential U durch seinen weniger stark ausgepräg-
ten Abfall mit r. Es hat jedoch die unangenehme Eigenschaft, für
sehr große r wieder positiv zu werden und beliebig anzuwachsen. Das
steht im Widerspruch zu der plausiblen Forderung vieler potentialtheoretischer Aufgaben, nach der das Potential im Unendlichen verschwinden
soll. Bereits daran erkennt man, daß zweidimensionale Potentiale Idealisierungen darstellen. Die Gravitationsbeschleunigung zweidimensiona-

ler Massen verschwindet allerdings im Unendlichen. Eine weitere Beson-
derheit ist der Faktor - 2f vor dem Integral (3.6.1.1). Dieser Faktor begegnete uns schon beim Vergleich der Magnetisierung I_3 der Kugel und I_3' des Zylinders (siehe Seite 95 ff.) und bei der Berechnung
der Schwerewirkung des Streifens (siehe Seite 54 ff.) in Beispiel 18.

3.6.2 Das komplexe Potential

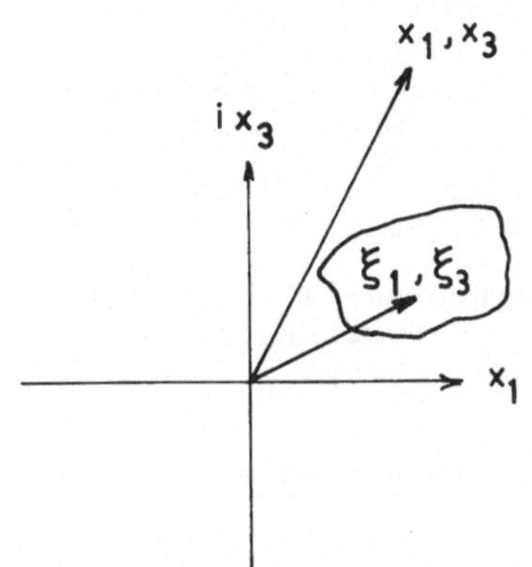

Die nebenstehende Skizze stellt die
GAUSSsche Zahlenebene $z = x_1 + ix_3$ dar.
Man kann ein komplexes Potential mit

$$\rho^2 = (\xi_1 - x_1)^2 + (\xi_3 - x_3)^2$$

$$z = e^{i\psi} = (\xi_1 - x_1) + i(\xi_3 - x_3)$$

$$\psi = \arctan \frac{\xi_3 - x_3}{\xi_1 - x_1}$$

definieren:

$$\delta W_K = \delta W_R + i\delta W_I = - 2\sigma \iint \ln z \, df$$

$$= - 2\sigma \iint (\ln\rho + i\psi) \, df \ .$$

Der Realteil dieses Potentials ist das logarithmische Potential. Man
findet durch Umformung die Komponenten des Schwerevektors

$$\frac{\partial \delta W_K}{\partial x_1} = 2 \, f \, \sigma \iint \frac{1}{(\xi_1 - x_1) + i(\xi_3 - x_3)} \, df$$

$$\frac{\partial \delta W_K}{\partial x_3} = 2 \, f \, \sigma \iint \frac{i}{(\xi_1 - x_1) + i(\xi_3 - x_3)} \, df$$

$$\frac{\partial \delta W_R}{\partial x_1} + i \frac{\partial \delta W_I}{\partial x_1} = 2f\sigma \iint \left[\frac{\xi_1 - x_1}{(\xi_1-x_1)^2+(\xi_3-x_3)^2} - \frac{i(\xi_3 - x_3)}{(\xi_1-x_1)^2+(\xi_3-x_3)^2} \right] df$$

$$\frac{\partial \delta W_R}{\partial x_3} + i \frac{\partial \delta W_I}{\partial x_3} = 2f\sigma \iint \left[\frac{i(\xi_1 - x_1)}{(\xi_1-x_1)^2+(\xi_3-x_3)^2} + \frac{\xi_3 - x_3}{(\xi_1-x_1)^2+(\xi_3-x_3)^2} \right] df$$

$$(3.6.2.1)$$

$$\frac{\partial \delta W_L}{\partial x_1} = \delta g_1 \qquad \frac{\partial \delta W_I}{x_3} = \delta g_1$$

$$\frac{\partial \delta W_L}{\partial x_3} = \delta g_3 \qquad \frac{\partial \delta W_I}{\partial x_1} = - \delta g_3 \quad .$$

Diese Identitäten folgen aus den CAUCHY-RIEMANNschen Differentialgleichungen

$$\frac{\partial \delta W_L}{\partial x_1} = \frac{\partial \delta W_I}{\partial x_3}$$

$$- \frac{\partial \delta W_I}{\partial x_1} = \frac{\partial \delta W_L}{\partial x_3} \quad .$$

Aus (3.6.2.1) folgt z. B. die wichtige Beziehung

$$\delta g_1 - i\delta g_3 = 2 \ f \ \sigma \iint \frac{df}{(\xi_1 - x_1) + i(\xi_3 - x_3)} \quad . \qquad (3.6.2.2)$$

Dieses komplexe Integral ergibt nach Trennung in Real- und Imaginärteil beide Komponenten des zweidimensionalen Schwerevektors.

Das Ausrechnen des komplexen Integrals ist oft einfacher als das des reelen. Darin liegt der Vorteil dieser Methode, wie durch Rechenbeispiele nachgewiesen werden kann.

3.6.3 Das Magnetfeld homogen magnetisierter zweidimensionaler Körper im Außenraum

Man könnte, um das Magnetfeld solcher Körper auszurechnen, Gleichung (2.10.4.3) benutzen. Wir wollen aber das dort vorkommende Oberflächenintegral mit Hilfe des GAUSSschen Satzes in ein Volumsintegral umwandeln. Das magnetische Potential des Modellkörpers nennen wir analog zu seinem Gravitationspendant $\delta\phi$ und schreiben dafür

$$\delta\phi = - \frac{1}{4\pi} \iiint m_i \frac{\partial}{\partial x_i} \frac{1}{\rho} \ d\xi_1 \ d\xi_2 \ d\xi_3 \quad . \qquad (3.6.3.1)$$

$m_i(\xi_1,\xi_2)$ ist nicht von ξ_2 abhängig, darum kann die Integration über ξ_2 direkt ausgeführt werden und ergibt mit der Abkürzung $I_i = m_i/4\pi$

$$\delta\phi_L = - 2 \iint I_i \frac{\partial}{\partial x_i} \ln \rho \ d\xi_1 \ d\xi_2 \qquad i = 1, \ 2 \quad . \qquad (3.6.3.2)$$

Man setzt das komplexe Potential $\ln z$ in Gleichung (3.6.2.1) ein und erhält ein komplexes magnetisches Potential

$$\delta\phi_K = \delta\phi_L + i\delta\phi_I \quad ,$$

dessen Realteil das gesuchte Potential ist

$$\delta\phi_K = - 2 \iint I_i \frac{\partial}{\partial x_i} \ln \rho \ d\xi_1 \ d\xi_2 \quad .$$

Durch Differenzieren bekommt man Ausdrücke für die magnetischen Feldvektoren

$$\delta Z = - \frac{\partial \delta\phi_L}{\partial x_3} \quad , \qquad \delta H = - \frac{\partial \delta\phi_L}{\partial x_1}$$

129

$$\frac{\partial \delta\phi_K}{\partial x_1} = \frac{\partial \delta\phi_L}{\partial x_1} + i\,\frac{\partial \delta\phi_I}{\partial x_1} \quad ; \qquad \frac{\partial \delta\phi_K}{\partial x_3} = \frac{\partial \delta\phi_L}{\partial x_3} + i\,\frac{\partial \delta\phi_I}{\partial x_3}$$

$$\delta H = \frac{\partial \delta\phi_K}{\partial x_1} = 2\iint \frac{I_1 + iI_3}{((\xi_1 - x_1) + i(\xi_3 - x_3))^2}\, d\xi_1\, d\xi_3$$

$$\delta Z = \frac{\partial \delta\phi_K}{\partial x_3} = 2i\iint \frac{I_1 + iI_3}{((\xi_1 - x_1) + i(\xi_3 - x_3))^2}\, d\xi_1\, d\xi_3 \quad .$$

Aus den CAUCHY-RIEMANNschen Differentialgleichungen folgt wiederum:

$$\frac{\delta H - i\delta Z}{I_1 + iI_3} = 2\iint \frac{d\xi_1\, d\xi_3}{((\xi_1 - x_1) + i(\xi_3 - x_3))^2} \quad . \tag{3.6.3.3}$$

Nach (3.6.3.3) kann man verhältnismäßig einfach die Wirkung von magnetischen Massen ausrechnen.

3.6.4 Polygonquerschnitte: Praktische Anwendungsbeispiele komplexer Potentiale

Der Querschnittsumriß eines beliebig geformten Körpers läßt sich mit hinreichender Genauigkeit durch ein Polygon annähern. Darauf beruht ein Verfahren zur Berechnung von Schwere- und Magnetfeld für sehr langgestreckte Massenverteilungen, welches 1959 von TALWANI entwickelt worden ist. Die Formeln, die sich für δg_1 bzw. δg_3 ergeben, eignen sich gut zur Programmierung.

Mit Gleichung (3.6.2.1) und $z = \rho e^{i\psi} = (\xi_1 - x_1) + i(\xi_3 - x_3)$ gilt:

$$\delta g_1 - i\delta g_3 = 2\,f\,\sigma \int_{\psi=\psi_A}^{\psi_B} \int_{\rho=o}^{R} \frac{\rho\,d\rho\,d\psi}{e^{-i\psi}}$$

$$\delta g_1 - i\delta g_3 = 2\,f\,\sigma \int_{\psi=\psi_A}^{\psi_B} R\,e^{i\psi}\,d\psi \tag{3.6.4.1}$$

(siehe Abb. 3.6.4.1). Gleichung (3.6.4.1) läßt sich mit Hilfe des Sinussatzes

$$R = \frac{\sin\alpha}{\sin(\alpha + \psi)} = a\,\sin\alpha\,\frac{2i}{e^{i(\alpha+\psi)} - e^{-i(\alpha+\psi)}}$$

umformen zu

$$\delta g_1 - i\delta g_3 = 2\,f\,\sigma\,a\,\sin\alpha \int_{\psi=\psi_A}^{\psi_B} \frac{2i\,e^{-i\psi}}{e^{i(\alpha+\psi)} - e^{-i(\alpha+\psi)}}\,d\psi$$

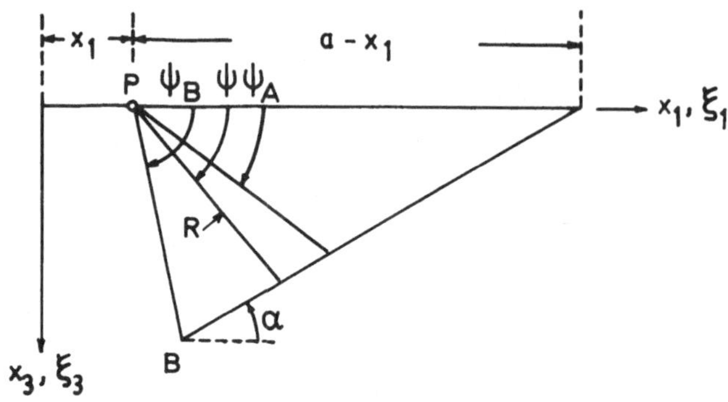

<u>Abb. 3.6.4.1</u>
Zur Integration der Polygonquerschnitte

oder nach Integration[1]:

$$\delta g_1 - i\delta g_3 = 2f\sigma a \, \sin\psi \; e^{-i\alpha} \; e^{2i\alpha} \left[\ln \frac{e^{2i\psi_B} - e^{-2i\alpha}}{e^{2i\psi_A} - e^{-2i\alpha}} - 2i(\psi_B - \psi_A) \right]$$

Da die wenigsten Rechenanlagen die Möglichkeit der direkten Programmierung komplexer Zahlen bieten, geht man zweckmäßigerweise zu reellen über.

Nach der Trennung von Real- und Imaginärteil gilt für δg_1 und δg_3:

$$\delta g_1 = 2f\sigma(a-x_1)\sin\alpha(\cos\alpha\ln\frac{R_A}{R_B} - \sin\alpha\cdot(\psi_B - \psi_A)) \qquad (3.6.4.2)$$

$$\delta g_3 = 2f\sigma(a-x_1)\sin\alpha(\sin\alpha\ln\frac{R_B}{R_A} + \cos\alpha\cdot(\psi_B - \psi_A)) \qquad (3.6.4.3)$$

Diese Formeln bilden die Grundlage der o.g. Methode von TALWANI zur Berechnung von Schwerefeldern vorgegebener Modelle. Sie ermöglichen es, die Wirkung eines langgestreckten Körpers zu bestimmen, dessen Querschnitt einen geschlossenen Polygonzug darstellt.

Man zerlegt das Querschnittspolygon des Störkörpers entsprechend in Dreiecke und summiert zyklisch auf, wie in Abb. 3.6.4.2 veranschaulicht ist.

Durch vollständige Induktion läßt sich dann leicht nachweisen, daß

$$\delta g_3 = 2f\sigma \sum_{\nu=1}^{n} (a_\nu - x_1)\sin\alpha_\nu(\sin\alpha_\nu \, \ln \frac{R_{\nu+1}}{R_\nu} + (\psi_{\nu+1} - \psi_\nu)\cos\alpha_\nu) \;^1$$

$$(3.6.4.4)$$

bzw.

---

[1] Ein interaktiv arbeitendes Rechenprogramm zur Bestimmung des Schwere- und Magnetfeldes 2-dimensionaler Massen nach TALWANI findet sich im Anhang III.

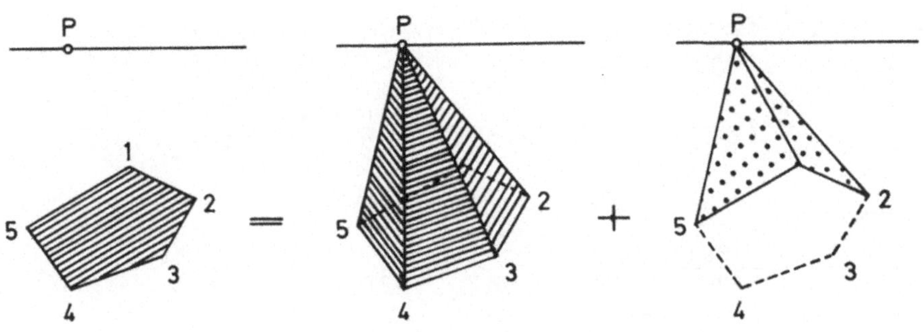

<u>Abb. 3.6.4.2</u>
Zur Wirkung von Querschnittspolygonen δg_1 und δg_3

$$\delta g_1 = 2f\sigma \sum_{\nu=1}^{n} (a_\nu - x_1)\sin\alpha_\nu \left(\cos\alpha_\nu \ln \frac{R_\nu}{R_{\nu+1}} - (\psi_\nu - \psi_{\nu+1})\sin\alpha_\nu\right) \quad . \tag{3.6.4.5}$$

n ... Eckenzahl des Polygons
α_ν ... Neigung der Polygonseite $(\nu,\nu+1)$
$n + j = j$ für $j = 1$ bis N

Bei der Modellrechnung magnetischer Massen geht man von den magnetischen Feldkomponenten einer schiefen Stufe aus. Abb. 3.6.4.3 veranschaulicht die Situation. Es wird das Magnetfeld am Punkt P ausgerechnet.

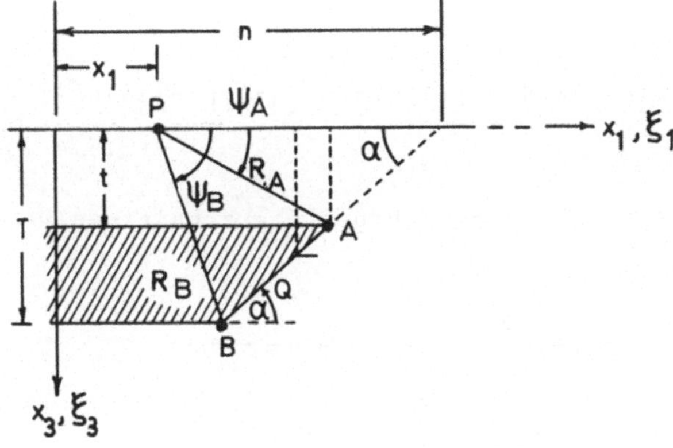

<u>Abb. 3.6.4.3</u>
Zur Integration der Querschnittspolygone

$$J = \frac{\delta H - i\delta Z}{I_1 + iI_3} = 2 \int_{t}^{T} \int_{-\infty}^{\xi_1} \frac{d\xi_1 \, d\xi_3}{(\xi_1 - x_1 + i\xi_3)^2}$$

$$J = -2 \int_t^T \frac{d\xi_3}{\xi_1 - x_1 + i\xi_3} \qquad \text{wegen} \quad \xi_1 = n - \xi_3 \cot\alpha :$$

$$J = -2 \int_t^T \frac{d\xi_3}{n - x_1 + \xi_3(i - \cot\alpha)} = -\frac{2}{i - \cot\alpha} \ln \frac{n - x_1 + T(i - \cot\alpha)}{n - x_1 + t(i - \cot\alpha)}$$

Mit den Umformungen

$$-\frac{2}{i - \cot\alpha} = -\frac{2\sin\alpha}{i\sin\alpha - \cos\alpha} = \frac{2\sin\alpha}{\cos\alpha - i\sin\alpha} = 2\sin\alpha \cdot e^{i\alpha}$$

und der geometrischen Deutung

$$r_A(\cos\psi_A + i\sin\psi_A) = r_A e^{i\psi_A} = n - x_1 - t\cot\alpha + i \cdot t$$

$$r_B(\cos\psi_B + i\sin\psi_B) = r_B e^{i\psi_B} = n - x_1 - T\cot\alpha + i \cdot T$$

folgt:

$$J = 2\sin\alpha\, e^{i\alpha} \ln \frac{r_B e^{i\psi_B}}{r_A e^{i\psi_A}} = 2\sin\alpha\left[(\cos\alpha + i\sin\alpha)\left(\ln\frac{r_B}{r_A} + i(\psi_B - \psi_A)\right)\right]$$

$$= 2\sin\alpha\left[\left(\cos\alpha \ln\frac{r_B}{r_A} - (\psi_B - \psi_A)\sin\alpha\right) + i\left(\sin\alpha \ln\frac{r_B}{r_A} + (\psi_B - \psi_A)\cos\alpha\right)\right]$$

$$\delta H = 2\sin\alpha\left[I_1\left(\cos\alpha \ln\frac{r_B}{r_A} - (\psi_B - \psi_A)\sin\alpha\right) - I_3\left(\sin\alpha \ln\frac{r_B}{r_A} + (\psi_B - \psi_A)\cos\alpha\right)\right]$$

$$(3.6.4.6)$$

$$\delta Z = -2\sin\alpha\left[I_1\left(\sin\alpha \ln\frac{r_B}{r_A} + (\psi_B - \psi_A)\cos\alpha\right) + I_3\left(\cos\alpha \ln\frac{r_B}{r_A} - (\psi_B - \psi_A)\sin\alpha\right)\right]$$

$$(3.6.4.7)$$

Die Wirkung von magnetischen Massen und beliebigen Querschnittspolygonen erhält man nach Abb. 3.6.4.4.

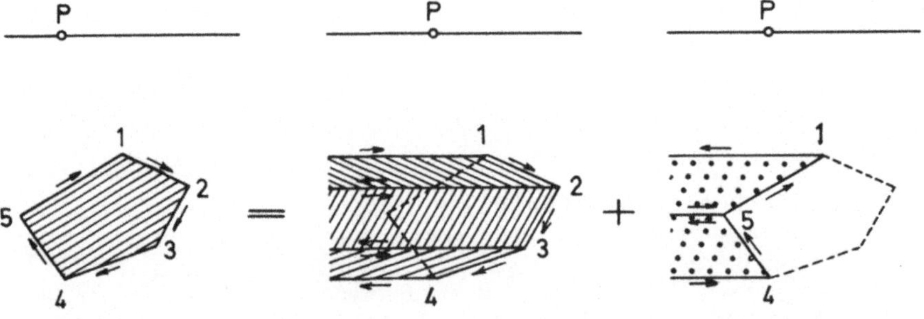

<u>Abb. 3.6.4.4:</u> Zur Wirkung von Querschnittspolygonen

$$\delta H = 2 \sum_{\nu=1}^{N} \sin\alpha_\nu \left(I_1 \left(\cos\alpha_\nu \ln \frac{r_{\nu+1}}{r_\nu} - (\psi_{\nu+1} - \psi_\nu)\sin\alpha_\nu \right) + \right.$$
$$\left. - I_3 \left(\sin\alpha_\nu \ln \frac{r_{\nu+1}}{r_\nu} + (\psi_{\nu+1} - \psi_\nu)\cos\alpha_\nu \right) \right) \qquad (3.6.4.8)$$

$$\delta Z = - 2 \sum_{\nu=1}^{N} \sin\alpha \left(I_1 \left(\sin\alpha_\nu \ln \frac{r_{\nu+1}}{r_\nu} + (\psi_{\nu+1} - \psi_\nu)\cos\alpha_\nu \right) + \right.$$
$$\left. + I_3 \left(\cos\alpha_\nu \ln \frac{r_{\nu+1}}{r_\nu} - (\psi_{\nu+1} - \psi_\nu)\sin\alpha_\nu \right) \right) \qquad (3.6.4.9)$$

Randeffekte, "Reflexionen des Magnetfeldes an Kanten".

In der Umgebung einer Kante kommt es zu einer Spitzenwirkung und die Feldkomponenten wachsen stark an (Bündelung der Feldlinien). Beim Messen in gebirgigem Gelände, wenn das magnetische Gestein zutage tritt, ist damit zu rechnen. Das kann leicht zu Fehlinterpretationen führen, wenn man die Bodentopographie nicht genügend genau kennt.

Nach den Ausführungen in Kapitel 2.10.4 (Seite 39ff.) führt die Annahme homogener Magnetisierung an den Ecken der Störkörper zu Singularitäten. Da die Natur ebensowenig das Unendlichwerden einer Feldgröße wie eine ideale Kante mit unstetiger Flächennormale hervorbringt, stellen solche Fälle Idealisierungen dar. Es ist die Frage, bis zu welchem Grade die Idealisierung berechtigt ist, und wie weit der Meßpunkt einer Ecke des Modelles genähert werden darf, ohne daß erhebliche Fehler entstehen.

Auch in den Gleichungen (3.6.4.8) und (3.6.4.9) sind diese Singularitäten erkennbar. Wir wollen sie genauer untersuchen und legen den Meßpunkt in unmittelbare Nähe der ν-ten Kante des Polygons:

$$r_\nu \ll \varepsilon \qquad \text{d. h.: } \ln \frac{r_{\nu+1}}{r_\nu} \rightarrow - \ln r_\nu \; ; \quad \ln \frac{r_\nu}{r_{\nu+1}} \rightarrow \ln r_\nu = \ln r \; .$$

Dabei setzen wir die Magnetisierung I, ihre Richtung β

$$I_1 = + I \cdot \cos\beta \; , \qquad I_3 = + I \cdot \sin\beta$$

und führen die mittlere Bodenneigung

$$\alpha_0 = \frac{\alpha_\nu + \alpha_{\nu-1}}{2}$$

und den komplementären Öffnungswinkel der Kante $2 \cdot \Delta\alpha = \alpha_\nu - \alpha_{\nu-1}$ als neue Variable ein. Dann folgt:

$$\delta H \approx 2 \, I \, \ln(r) \cdot \sin(2\Delta\alpha) \, \cos(\beta + 2\alpha_0)$$

$$\delta Z \approx 2 \, I \, \ln(r) \cdot \sin(2\Delta\alpha) \, \sin(\beta + 2\alpha_0)$$

$$\delta T \approx 2 \, I \, \ln(r) \cdot \sin(2\Delta\alpha) \; .$$

Es liegt eine logarithmische Singularität vor. Wenn man $\Delta\alpha$ verkleinert, entartet die Kante schließlich in eine Ebene, wobei die Feldstärke proportional $\Delta\alpha$ abnimmt. Bei wachsendem $\Delta\alpha$ nimmt auch die Feldstärke vorerst zu, erreicht dann bei $\alpha = 45^\circ$ (rechtwinkelige Kante) ein Maximum und fällt dann wieder ab. Bei $\alpha = 90^\circ$, d. h., wenn die Kante in eine

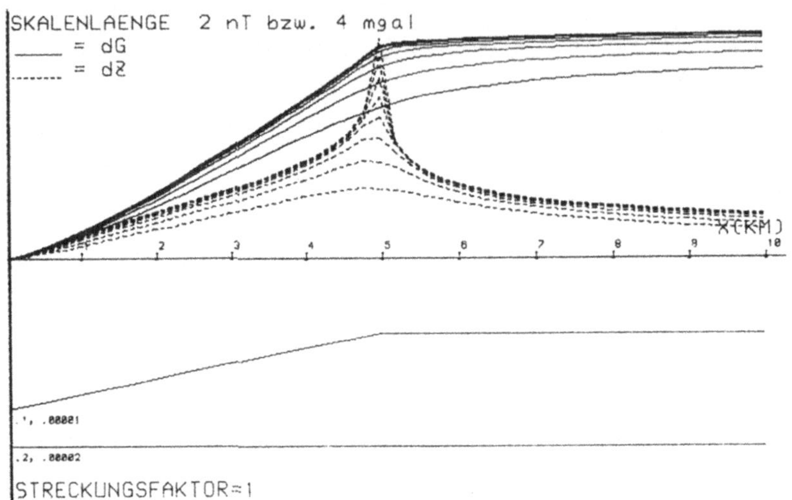

<u>Abb. 3.6.4.5</u> (Berechnung siehe Anhang III)
Schwerefeld dg und Magnetfeld dZ (obere Bildhälfte) über einer
schrägen Stufe (maßstäbliche Skizze in der unteren Bildhälfte).
Die Schicht ist nach links und rechts bis ξ_1 = -10^5 km und
ξ_2 = 10^5 km fortzusetzen. Dichtedifferenz $d\sigma$ = 0,1 g/cm^3; Suszeptibilität κ = 0,00001; Inklination I = 58°. Die Kurven gehören zu Profilen mit verschiedenen x_3 = const.

x_3 = 0   km (Profil an der Erdoberfläche)
x_3 = 0,5   km oder 500   m über der Kante
x_3 = 0,75   km oder 250   m über der Kante
x_3 = 0,875   km oder 125   m über der Kante
x_3 = 0,9375   km oder 62,5   m über der Kante
x_3 = 0,96875   km oder 31,25   m über der Kante
x_3 = 0,984275   km oder 15,125   m über der Kante
x_3 = 0,9921875   km oder   7,8125 m über der Kante

"Schneide" übergeht, wird das Feld Null. Das ist nicht erstaunlich,
weil ja gleichzeitig das Volumen des Körpers und damit seine magnetische Masse verschwindet. Für positive $\Delta\alpha$, also Bergrücken, ist die
magnetische Anomalie positiv, für negative, die Täler, negativ. Für
kleine r nähert sich die Richtung des Feldvektors dem festen Grenzwert $\beta + 2\alpha_0$. Das ist die Magnetisierungsrichtung, vermehrt um die
doppelte mittlere Bodenneigung, wobei α_0 die Richtung des primären
Feldes und $\beta + 2\alpha_0$ die Richtung des Sekundärfeldes darstellt. Hier of-
fenbart sich eine Analogie zu den Reflexionsgesetzen der Optik. Trifft
nämlich eine Lichtwelle unter dem Einfallswinkel β, gemessen gegen die
Vertikale, auf eine reflektierende Fläche, deren Normale gegen die
Vertikale um α_0 geneigt ist, so wird diese Welle unter dem Winkel
$\beta + 2\alpha_0$ reflektiert. Abbildung 3.6.4.5 zeigt ein Beispiel, in dem sich
die Singularität an einer Kante auswirkt, wenn das Beobachtungsprofil
sehr nahe an diese heranrückt. Während dg sich an der Kante einer "ab-
geknickten", im übrigen aber völlig stetigen Kurve nähert, wächst lnr
über alle Grenzen. Hier wird also ein "pathologischer Fall" demon-
striert, den man in der Praxis der Modellrechnung vermeiden sollte: Die

zu starke Annäherung des Profiles an den theoretischen Störkörper.Man beachte, daß die Kante in 7,8125 m unter dem Profil das dZ-Feld sogar noch in 200 m Entfernung deutlich beeinflußt. Eine Abschätzung der Halbwertsbreite der logarithmischen Funktion ist nicht möglich, weil sie für große r nicht wie andere Feldverteilungen einem endlichen Grenzwert zustrebt. In der Praxis wird die resultierende Halbwertsbreite auch von Länge und Richtung anschließender Polygonseiten abhängen.

Man könnte die Singularität nur dadurch vermeiden, daß man die Kante durch eine Kurve mit stetiger Ableitung ersetzt, die ihrerseits mit stetiger Ableitung an das Polygon anschließt. Ein Querschnitt, bei dem alle Eckpunkte durch solche Kurven ersetzt sind, kann keine Singularitäten der Magnetfeldverteilung mehr verursachen.

3.6.5 Vergleich des Magnetfeldes eines Balkens mit konstanter Magnetisierung mit dem, des durch ein homogenes äußeres Feld aufmagnetisierten Balkens

Die Quellen des Magnetfeldes bei konstanter Magnetisierung sitzen auf den Grenzflächen des Körpers. Das hat zur Folge, daß die Normalkomponente des Magnetfeldes beim Durchgang durch eine Grenzfläche des Körpers einen Sprung erleidet.

Wir setzen in (3.6.4.6) und (3.6.4.7) $\alpha = 90^0$ und betrachten somit den durch die Kanten B und A begrenzten Flächenstreifen, dessen Normale in x_1-Richtung weist:

$$\delta H = - 2\left(I_1(\psi_B - \psi_A) + I_3 \ln \frac{r_B}{r_A}\right) - 4\pi I_1 n \qquad \begin{array}{l} \text{außen: } n = 0 \\ \text{innen: } n = 1 \end{array}$$

$$\delta Z = - 2\left(I_1 \ln \frac{r_B}{r_A} - I_3(\psi_B - \psi_A)\right) - 4\pi I_1 m \qquad \text{außen u. innen: } m = 0$$

ψ_B und ψ_A sind um ganze Vielfache m bzw. n von 2π unbestimmt. Die Randbedingungen erfordern aber, daß die Unstetigkeit von δH an der Grenzfläche durch Hinzufügen von $-4\pi I_1$ oder n = 1 und die Stetigkeit von δZ durch m = 0 erreicht wird. Die Flächenquellenverteilung von $(\delta H, \delta Z)$ ist nach Gleichung (2.8.4) zu bestimmen:

$$\delta H_{\text{außen}} - \delta H_{\text{innen}} = 4\pi I_1 = m_1 \, .$$

Die Flächenbelegung ist also eine vom Ort unabhängige Konstante.Dieses wichtige Ergebnis unterscheidet sich von dem, welches wir beim aufmagnetisierten Balken erhalten haben.Dort konzentrieren sich die Flächenladungen in der Umgebung derjenigen Kanten, deren Verbindungslinie mit der Richtung des äußeren Feldes übereinstimmt. Die hierzu senkrecht liegenden Kanten tragen die Flächenladung Null, was im Gegensatz zum Balken mit homogener Magnetisierung steht. Dieser tiefreichende Unterschied hat Folgen für die Feldverteilung (siehe Abb. 3.6.5.1). Das Totalfeld δT in Am^{-1} des homogen magnetisierten Balkens mit quadratischem Querschnitt und $\mu = 5\mu_0$ ($\mu_0 = 4\pi \cdot 10^{-7}$cgs), $\kappa = 4$, $I_1 = \kappa T \cos(\pi/4)$, $I_3 = I_1$ mit T = 1 wird auf einem geraden Profil über dem Balken dargestellt. Es zeigt einen - in bezug auf den Schwerpunkt des Balkens - spiegelbildlichen Kurvenverlauf. Die Werte, welche bei Lösung der Induktionsaugabe erhalten werden würden,sind durch einzelne Punkte ebenfalls eingetragen. Sie zeigen keineswegs die spiegelsymmetrische Ver-

teilung, was wegen der ungleichen Verteilung der Flächenladungen ver-
ständlich ist.

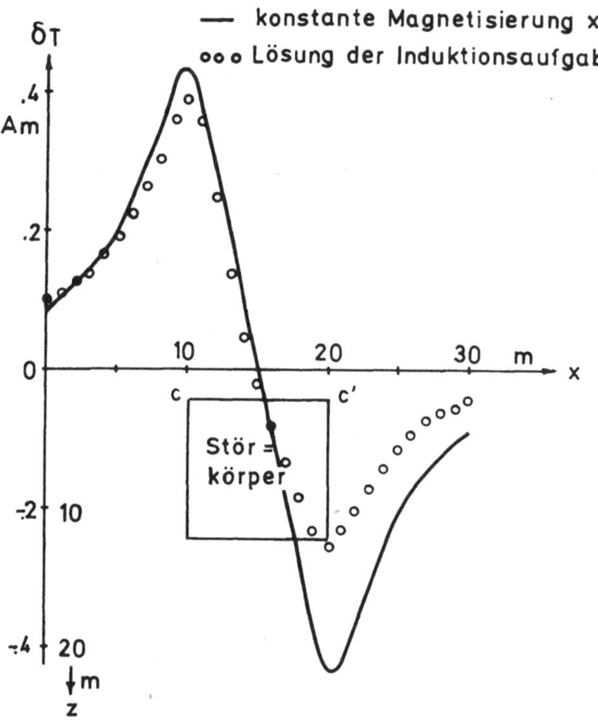

Abb. 3.6.5.1

4. DIE AUS POTENTIALVERFAHREN GEWINNBARE INFORMATION

In diesem Kapitel soll die Aufgabe des Geophysikers, aus einer gemessenen Feldverteilung auf die Störungsursache zu schließen, unter dem
Gesichtspunkt der Gewinnung und Deutung von Informationen betrachtet
werden. Meßwerte, beispielsweise die Schwere, mögen auf einem mehr
oder weniger dichten räumlichen Netz vorliegen. Diese Meßwerte sind
nur Daten. Sie tragen aber die interessierende Information, welche jedoch durch Störeffekte, etwa das Regionalfeld, aber auch Meßfehler
verschiedener Art überlagert wird. Hierdurch wird die Deutung erschwert.
Der Auswerter findet sich in ähnlicher Lage wie der Seismologe, der
die durch starkes Rauschen gestörten Signale eines Seismogrammes herausfinden will. Er sucht durch geeignete Methoden der Filterung,das
Verhältnis der Nutz- zur Störamplitude zu vergößern. Die hierbei nützlichen Methoden sind heute sehr weit entwickelt. Obwohl sie nicht Gegenstand dieser Vorlesung sind, wird es sich doch als nützlich erwei-
sen, gewisse Analogien nachzuvollziehen. Ebenso,wie der Seismologe
aus einem stark gestörten Seismogramm durch geeignete Filterung das gewünschte Signal herausfindet, kann auch der Auswerter einer Schwereanomalie durch analoge Verfahren die gewünschte Information hervorhe-
ben, nur liegt bei ihm meistens keine eindimensionale,sondern allgemein eine zweidimensionale Datenverteilung vor. Die Rückgewinnung des
Modelles aus der Information, die "Inversion", ist bei Potentialfel-
dern allgemein nicht möglich, jedoch gibt es gewisse Ausnahmen dann,
wenn das gesuchte Modell selbst eindimensional ist.

Es soll der Begriff der Information selbst aber noch genauer betrachtet werden. Es gibt verschiedene Arten, die natürlich von der Fragestellung abhängen.So könnten bei einer gravimetrischen Aufgabe weniger
der Dichtekontrast oder die genaue Gestalt des Störkörpers, sondern
nur sein Einfallen gegen die Horizontale wichtig sein. Man müßte also
überlegen, wie das gemessene Feld gerade von diesen wichtigen Parametern abhängt.Anders läge die Aufgabe bei einer magnetischen Vermessung,
wenn nur die Gesteinskörper mit einer bestimmten Mindestmagnetisierung
gefunden werden sollen, wobei es aber gleichgültig ist, von welcher
Gestalt sie sind. Auch hier wäre zu überlegen, wie denn dieser wichtige Parameter zur Feldverteilung beiträgt.Man sieht daran, daß die Gewinnung der wirklich nützlichen Angaben oft gar nicht eine vollständige "Dateninversion" erfordert. Das ist ein großer Vorteil. Man sieht
aber auch, daß es verschiedene Arten von Aussagen über die Störkörper-
verteilung gibt. Die damit verbundene Begriffsunterscheidung soll
ebenfalls in diesem Kapitel vollzogen werden.

4.1 DIE BEDEUTUNG DER FALTUNG FÜR POTENTIALFELDER

In den vorangegangenen Kapiteln sind Schwere- und Magnetfeld einer homogenen Kugel mit der Dichte σ und der homogenen Magnetisierung $I_i = (0,0,I)$ diskutiert worden:

$$\delta U_{Schwere} = \left(\frac{4\pi R^3}{3} \right) \cdot (\sigma) \cdot \left(\frac{1}{\rho}\right) \; ; \quad \delta\phi_{Magnetfeld} = \left(\frac{4\pi R^3}{3} \right) \cdot (I) \cdot \left(\frac{\cos\theta}{\rho^2}\right)$$

An diesen Formeln kann man sehr schön sehen, wie bei diesem einfachen Kugelmodell die Bestimmungsstücke zum Feld beitragen. Das Potential wird durch das Produkt aus drei Faktoren gebildet. Der erste Faktor hat die Dimension Länge^3 und wird durch die geometrische Abmessung des Störkörpers bestimmt. Er stellt bei diesem Beispiel das Volumen $4\pi R^3/3$ dar. Der zweite Faktor, σ beim Schwere- und I beim Magnetfeld, kennzeichnet den physikalischen Parameter. Der dritte Faktor schließlich sagt etwas über die Lage und Entfernung des Beobachtungspunktes vom Störkörper aus. Ihn nennen wir "geometrischen Parameter".Diese begriffliche Unterscheidung, die schon W. WEBERS (1974) verwendet, ist bei der Kugel als Störkörper besonders leicht einzusehen. Weil bei diesem einfachen Modell die drei Faktoren deutlich trennbar sind, ist es auch möglich, bei bekannten σ oder I die Abmessung und den Ort des Störkörpers zu bestimmen. Jedoch sind geologische Körper in der Regel viel komplizierter aufgebaut, und dies wirkt sich entsprechend auf ihre Schwere- und Magnetfelder aus. Man kann bekanntlich zu jeder Anomalie eine unendlich große Zahl von möglichen Störkörpern angeben. Der Grund für diese Vieldeutigkeit ist, daß die räumliche Verteilung der physikalischen Parameter,in einer speziellen Weise aufsummiert, die Feldverteilung bestimmt. Aus einer Summe ist es aber im allgemeinen unmöglich, die einzelnen Terme zu isolieren. Genau das aber würde man für die Lösung dieser Aufgabe verlangen müssen.

Wir wollen die Inversionsaufgabe vom Standpunkt der Filtertheorie aus betrachten und wählen als Beispiel das Schwerefeld $\partial\delta U/\partial x_3$ einer ausgedehnten Massenverteilung mit der ortsabhängigen Dichte

$$\frac{\partial}{\partial x_3} \delta U = f \frac{\partial}{\partial x_3} \iiint \frac{\sigma(\xi_1,\xi_2,\xi_3)}{|x_i - \xi_i|} \, d\xi_1 \, d\xi_2 \, d\xi_3 \; . \qquad (4.1.1)$$

Dieses interpretieren wir als dreidimensionales Faltungsintegral

$$g(x_1 - \xi_1, \; x_2 - \xi_2, \; x_3 - \xi_3) = \frac{\partial}{\partial x_3} \frac{f}{|x_i - \xi_i|}$$

$$\delta U = \sigma * g = \iiint \sigma(\xi_1,\xi_2,\xi_3) g(x_1-\xi_1,x_2-\xi_2,x_3-\xi_3) d\xi_1 \, d\xi_2 \, d\xi_3 \qquad (4.1.2)$$

In dieser Gestalt ist die Dichte $\sigma(x_1,x_2,x_3)$ mit dem *dreidimensionalen Eingangssignal* zu vergleichen, welches in einem Filter mit der *dreidimensionalen Impulsantwort* $g(x_1,x_2,x_3)$ gegeben wird. $g(x_1,x_2,x_3)$ ist das Gravitationsgesetz der Punktmasse mit m = 1. Das Gravitationspotential entspricht dem *Ausgangssignal des Filters.*

Der Begriff des Filters wird zwar meistens für Zeitreihen wie Magnetogramme oder Seismogramme verwendet, ist aber ohne weiteres auf dreidimensionale Feldverteilungen übertragbar. Er soll hier in dem verallgemeinerten Sinne gebraucht werden. An die Stelle der Periode bei Zeitreihen tritt dann die Wellenlänge und an die der Kreisfrequenz die

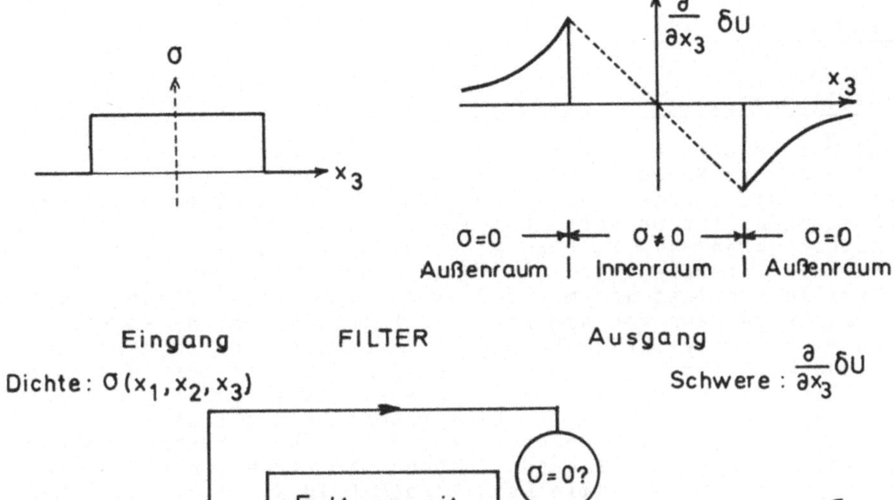

Abb. 4.1.1
Prinzipskizze der Faltung der Dichteverteilung mit $\partial/\partial x_3(f/\rho)$

Wellenzahl. Die Faltung (4.1.2) stellt eine spezielle gleitende Mittelwertbildung der Dichte mit variablen Gewichtsfaktoren dar. Die Gewichtsfunktion ist das Gravitationsgesetz. Es drückt sich darin aus, daß nahe Massen stärker zur Schwere beitragen als entfernte. Weiterhin ist bekannt, daß man aus dem Ausgangssignal das Eingangssignal eindeutig bestimmen kann, wenn die Impulsantwort des Filters bekannt ist. Das ist kein Widerspruch zur Unlösbarkeit der Inversionsaufgabe wie es zunächst scheinen mag. Geophysikalische Feldmessungen finden praktisch immer im massenfreien Außenraum statt. Gleichung (4.1.1) enthält die Einschränkung aber nicht, d. h. sie gilt für beide, den Außen- und den Innenraum. Sie sagt aus, daß das "Eingangssignal $\sigma(x_1,x_2,x_3)$" aus dem "Ausgangssignal $\partial/\partial x_3(\delta U(x_1,x_2,x_3))$" zu berechnen ist, wenn dieses für den gesamten Vollraum $-\infty < (x_1,x_2,x_3) < +\infty$ gemessen wurde. In Übertragung auf den eindimensionalen Zeitreihenfilter hieße dies, daß das Ausgangssignal auch zu jenen Zeiten gemessen werden müßte, in denen das Eingangssignal noch nicht auf Null abgeklungen ist. Das ist in der Regel bei Zeitreihenfilterung der Fall und entspricht, auf unsere Analogie angewandt, dem Messen im massenerfüllten Innenraum. Die Messung im massenfreien Raum entspricht daher der speziellen Konstruktion eines "Filters", der als vollkommene Sperre wirkt, solange am Eingang sich ein von Null verschiedenes Signal befindet. Wenn das Eingangssignal jedoch Null ist, wird die Sperre geöffnet und der Filter reagiert mit den vorgegebenen Übertragungseigenschaften. Er kann daher nur einen Teil des Ausgangssignals wiedergeben, woraus verständlicherweise das Eingangssignal nicht zurückgerechnet werden kann. Die Prinzipskizze (Abb. 4.1.1) soll die Konstruktion des speziellen Filters veranschaulichen.

4.2 ANWENDUNG DES FILTER-MODELLES

4.2.1 Zufallsverteilung der Schwere

Diese Analogie erlaubt einige interessante Betrachtungen: In der Gravimetrie liegen oft Meßwerte M_j ($j = 1, 2, \ldots m$) auf einer Ebene x_{1j}, x_{2j} in einem äquidistanten Raster vor. Durch diese Meßwerte ist eine bestanschließende stetige Kurve $\overline{M}_j$ ($j = 1, 2, \ldots m$) so gelegt worden, daß die Abweichungen $M_j - \overline{M}_j = \varepsilon_j$ eine GAUSSsche Zufallsverteilung besitzen. Für die Interpretation von $\overline{M}_j$ ist nun die Frage wichtig, welchen Informationsverlust man mit der durchgeführten "Glättung" in Kauf nimmt. Diese Frage kann man umgekehrt auch so stellen: Haben die Abweichungen v_j eine physikalische Relevanz? Dieses Problem besitzt zwei Aspekte. Zunächst einmal gibt der doppelte Meßpunktabstand die sogenannte NYQUIST-Wellenlänge an, welche die kleinste, gerade noch auflösbare Anomaliebreite darstellt. Dieser Gesichtspunkt wird in der Signalanalyse sehr gründlich behandelt und soll hier zunächst außer Acht bleiben. Es soll also zunächst angenommen werden, daß die Meßpunktdichte hoch genug ist, daß alle Details des Feldes erfaßt sind. Der zweite Aspekt ist potentialtheoretischer Art. Wenn Meßfehler als Ursache für die GAUSSsche Verteilung auszuschließen sind, also nur eine spezielle Dichteverteilung zu dieser From geführt hat, gibt es überhaupt eine solche Dichteverteilung in der Natur? Mit Hilfe der Filtertheorie ist diese Frage leicht zu beantworten: Nur dann, wenn die Massen als "ideelle störende Schicht" in der Meßebene lägen, zeigten Schwere-und Dichteverteilung einen völligen Gleichlauf, wie man aus Gleichung (2.9.4) sofort sieht. Besitzt dann das Schwerefeld eine GAUSSsche Verteilung, so besitzt die Dichteverteilung sie ebenso.Dieser völlig unrealistische Fall ist also auch der einzige, in dem die Frage mit ja zu beantworten ist. Im allgemeinen kann man jedoch sicher sein, daß die Massen sich nicht innerhalb, sondern unterhalb der Meßebene befinden. In diesem Falle muß man das Gravitationsgesetz als wirksame Übertragungsfunktion in die Betrachtung einbeziehen. Befinden sich also die Massen auf einer Ebene unterhalb der Meßebene kondensiert, so kommt man zu dem interessanten Ergebnis, daß "Signalanteile" der Dichteverteilung mit einer kleinen Wellenlänge einen weitaus geringeren Einfluß auf die Schwereverteilung, d. h. das "Ausgangssignal" besitzen, als die mit großen Wellenlängen. Besonders klar zeigt dies Gleichung (3.3.1.5) durch die spektrale Zerlegung in Signalanteile unterschiedlicher Wellenzahl k. Der "Filter" des Gravitationsgesetzes wirkt also als "Tiefpaß".

Eine GAUSSsche Zufallsverteilung der Schwere würde als Resultat der Wellenzahlanalyse ein konstantes k-Spektrum ergeben ("weißes Rauschen"). Dieses "weiße Rauschen" müßte durch die "Tiefpaßwirkung" des Gravitationsgesetzes hervorgerufen worden sein. Logischerweise hätte dann das Dichtespektrum die seltsame Eigenschaft, daß es in allen k-Bereichen mit k anwächst. Das entspräche einer äußerst unwahrscheinlichen Verteilung, die man guten Gewissens als unrealistisch ausschließen kann: Sie würde implizieren, daß die Wahrscheinlichkeit für das Auftreten von Dichteschwankungen großer Wellenlängen mit dem Abstand zur Meßebene nach einem Exponentialgesetz abnimmt!

Aus dieser Betrachtung ist der Schluß zu ziehen, daß eine GAUSSsche Zufallsverteilung der Schwerewerte mit sehr hoher Wahrscheinlichkeit nichts mit der Dichteverteilung zu tun hat. Dieser Schluß gilt streng nur, wenn die Schwere kontinuierlich, nicht an diskreten Punkten, gemessen wurde.

4.2.2 Beispiele für die Inversion eindimensionaler Modelle

Bei Potentialverfahren ist die Inversionsaufgabe im mathematisch strengen Sinne nicht lösbar. Trotzdem haben sich direkte Methoden für die Praxis bewährt, in denen man ein plausibles Anfangmodell vorgibt, dessen Gestalt man solange variiert,bis seine Feldverteilung bestens mit der gemessenen Feldverteilung übereinstimmt. Im Grunde wird damit nur die a-priori-Annahme geprüft, ob ein Modell, das nicht allzu verschieden von dem gewählten Anfangsmodell ist, durch die Meßergebnisse erklärt werden könnte. Schon die Beantwortung dieser viel bescheideneren Frage kann sehr wichtig sein. Oft wird aber der gravierende Unterschied zwischen dieser begrenzten Aussage und der Antwort, die eine strenge Inversion liefern würde, nicht klar genug gesehen. Die meisten gebräuchlichen "Inversionsmethoden" sind im Grunde nur "Hypothesentestverfahren".

Es gibt spezielle Aufgaben, die ein Zurückrechnen der Daten auf die Verteilung der Dichte bzw. Magnetisierung, also eine strenge Inversion, erlauben. Es handelt sich um Aufgaben, die auf eindimensionale Quellenverteilungen zurückführbar sind. Der Lösungsweg hat Ähnlichkeit mit dem Bau eines "inversen Filters". Es geht dabei darum, den "Filteroperator" zu finden und dieses ist möglich, wenn eine umkehrbar eindeutige Beziehung zwischen der Quellen- und der Feldverteilung existiert. Es sollen dafür einige Beispiele vorgelegt werden:

1) In der Bohrlochgravimetrie bestimmt man die lokale Dichte durch den Vertikalgradienten der Schwerebeschleunigung.

$$\frac{\partial \delta g_3}{\partial x_3} = VG - 4\pi f \Delta\sigma(x_3) \qquad\qquad (4.2.2.1)$$

mit $VG = 308\ E$ = Freiluftgradient, $\Delta\sigma(x_3)$ = Dichtevariation mit Bezug auf den festen Wert (siehe BEYER 1980). Der Term $4\pi f \Delta\sigma(x_3)$ scheint auf, weil die Messung praktisch im massenerfüllten Raum stattfindet und ist im Übrigen auch aus Gleichung (2.6.1) direkt ableitbar, sofern die Dichte nur von x_3 abhängt. Formel (4.2.2.1) gibt eine Bestimmungsgrundlage für die lokale Dichte, vorausgesetzt, daß σ unabhängig von x_1 und x_2 ist, d. h. die Bohrung muß vertikal eine horizontale Dichteschichtung durchlaufen. Wir wollen diese spezielle Voraussetzung etwas allgemeiner fassen und den Fall betrachten, daß neben der Bohrung eine vertikale Störung verläuft mit der Ebenengleichung $p_i = n_i x_i$, $n_i = (a,0,0)$. Die Dichte sei:

$$\sigma(x_3) \quad \begin{array}{llll} \sigma = 0 & \text{für} & x_1 < a \\ \sigma \neq 0 & \text{für} & x_1 \geq a \end{array}$$

Da σ nur von x_3 abhängen soll, liegt ein zweidimensionales Problem vor, das nach den im Kapitel 3.6.2 abgeleiteten Formeln behandelt werden kann. Man differenziert die Gleichung (3.6.2.2) nach x_3 und erhält

$$\frac{\partial \delta g_1}{\partial x_3} - i\,\frac{\partial \delta g_3}{\partial x_3} = 2fi \int\limits_{-\infty}^{+\infty} \int\limits_{a}^{\infty} \frac{\sigma(\xi_3)d\xi_1\,d\xi_3}{((\xi_1-x_1)+i(\xi_3-x_3))^2}$$

$$= 2fi \int\limits_{-\infty}^{+\infty} \frac{\sigma(\xi_3)\,d\xi_3}{(a-x_1)-i(x_3-\xi_3)} \qquad . \qquad\qquad (4.2.2.2)$$

Dieses ist aber ein eindimensionales Faltungsintegral, das man auch symbolisch schreiben kann:

$$\frac{\partial \delta g_1}{\partial x_3} - i \frac{\partial \delta g_3}{\partial x_3} = 2fi \; \sigma(x_3) * \frac{1}{(a-x_1) - ix_3} \; .$$

Der negative Imaginärteil von Gleichung (4.2.2.2) stellt die Anomalie des Vertikalgradienten dar:

$$\frac{\partial \delta g_3}{\partial x_3} = 2f \int_{-\infty}^{+\infty} \frac{(a-x_1)}{(a-x_1)^2 + (x_3-\xi_3)^2} \; \sigma(\xi_3) \; d\xi_3 \qquad (4.2.2.3)$$

Die Fouriertransformierte $F_{33}(k)$ von $\partial \delta g_3/\partial x_3$ ist das Produkt aus den Fouriertransformierten der Dichte $S(k)$ und der Funktion $C(k) = (a - x_1)/((a - x_1)^2 + x_3{}^2)$:

$$F_{33}(k) = S(k) \cdot C(k) \quad ;$$

daraus erhält man die Dichte im Wellenzahlbereich

$$S(k) = F_{33}(k) \cdot C^{-1}(k) \quad .$$

Es geht nun darum, $C(k)$ auszurechnen. Das ist, wenn auch unter Verwendung anderer Bezeichnungen, bereits im Beispiel 18, Seite 54ff., geschehen. Nach entsprechender Umbenennung folgt

$$C(k) = \frac{1}{2\pi} \int_{-\infty}^{+\infty} \frac{(a - x_1)e^{-ikx_3}}{(a - x_1)^2 + x_3{}^2} \; dx_3 = e^{-k(a - x_1)} \qquad (\text{für} \quad a - x_1 > 0)$$

$$S(k) = e^{k(a - x_1)} F_{33}(k) \quad . \qquad (4.2.2.4)$$

$C(k)$ kann als die Fouriertransformierte einer "$\delta g_1(x_3)$-Verteilung" aufgefaßt werden, die in der Tiefe "$(a - x_1)$" fortgesetzt wurde (Vertauschung der Koordinaten!). Dementsprechend ist die Feldfortsetzungsformel Gleichung (3.3.1.6) mit $\tau = a - x_1$ direkt auf das behandelte Problem übertragbar.

2) In der Oberflächengravimetrie benötigt man möglichst genaue Abschätzungen der Dichte des Gesteins an der Erdoberfläche. Damit verbunden ist die Frage, bis in welche Tiefe diese Dichte repräsentativ ist. Es ist durchaus zielführend, sich eine Oberflächenschicht konstanter Dichte vorzustellen, in der die Dichte wohl lateral von ξ_1 und ξ_2, nicht aber von ξ_3 abhängt. GRANSER (1985) hat gezeigt, daß diese Dichteverteilung $\sigma(\xi_1,\xi_2)$ aus einer flächenhaften Vermessung von δg_3 eindeutig bestimmt werden kann. Die Methode führt ebenfalls über eine "inverse Filterung". Das Modell setzt also eine Dichteverteilung

$$\sigma(\xi_1,\xi_2) \neq 0 \qquad \text{für} \quad h_1 \leqq \xi_3 \leqq h_2$$

voraus. Dann ist die Schwereverteilung in der Ebene $x_3 = 0$

$$\delta g_3 = f \iiint_{h_1}^{h_2} \frac{\xi_3 \; \sigma(\xi_1,\xi_2)}{\sqrt{(\xi_1-x_1)^2 + (\xi_2-x_2)^2 + \xi_3{}^2}^3} \; d\xi_1 \; d\xi_2 \; d\xi_3$$

$$\delta g_3 = f \iint \sigma(\xi_1,\xi_3) \left[\frac{1}{\sqrt{(\xi_1-x_1)^2+(\xi_2-x_2)^2+h_1{}^2}} + \right.$$
$$\left. - \frac{1}{\sqrt{(\xi_1-x_1)^2+(\xi_2-x_2)^2+h_2{}^2}} \right] d\xi_1 \; d\xi_2$$

Man muß das Fourierintegral von $f/\sqrt{x_1{}^2+x_2{}^2+h_{1,2}}$ finden. Hier ist
zu bedenken, daß ja nach Gleichung (3.2.3.2)

$$\frac{\partial}{\partial h_{1,2}} \frac{f}{\sqrt{x_1{}^2+x_2{}^2+h_{1,2}{}^2}} = - \frac{f \, h_{1,2}}{\sqrt{x_1{}^2+x_2{}^2+h_{1,2}{}^2}{}^3}$$

die Fouriertransformierte $-fe^{-k_3 h_{1,2}}/(2\pi)$ hat. Dabei ist
$k_3 = +\sqrt{k_1{}^2+k_2{}^2}$. Integration nach $h_{1,2}$ ergibt:

$$F(k_1,k_2) = F(k_3) = \frac{f}{2\pi k_3} (e^{-k_3 h_1} - e^{-k_3 h_2})$$

Mit wachsendem k_3 verschwindet $F(k_3)$ wie $e^{-k_3 h_1}/k_3$ und nähert sich
für $k_3 \to 0$ dem Grenzwert $f(h_2-h_1)/(2\pi)$. Da es auch im Endlichen keine
Singularitäten hat, repräsentiert es selbst wieder eine Fouriertransformierte; nicht so ihr reziproker Wert $F^{-1}(k_3)$, der "inverse Filter":

$$F^{-1}(k_3) = \frac{2\pi k_3}{f(e^{-k_3 h_1} - e^{-k_3 h_2})}$$

Zwar verhält sich $F^{-1}(k_3)$ bei $k_3 \to 0$ gutartig, für $k_3 \to \infty$ wächst es
jedoch über alle Grenzen. Für die praktische Anwendung ist das aber
nicht so tragisch wie es zunächst scheint. Letztlich kommt es nämlich nicht allein auf $F^{-1}(k_3)$, sondern auch auf die Feldverteilung
δg_3 mit ihrer Fouriertransformierten $F_3(k_1,k_2)$ an. Die Fouriertransformierte der zweidimensionalen Dichteverteilung ist dann

$$S(k_1,k_2) = \frac{2\pi k_3}{f(e^{-k_3 h_1} - e^{-k_3 h_2})} F_3(k_1,k_2) \qquad\qquad (4.2.2.5)$$

und stellt nach Rücktransformation in den x_1,x_2-Bereich das Ergebnis der Inversion dar. Damit das möglich ist, muß nur $F_3(k_1,k_2)$
rascher mit $k_3 \to \infty$ gegen Null streben als $F^{-1}(k_3)$ ansteigt, und zwar
so rasch, daß $F_3(k_1,k_2) \cdot F^{-1}(k_3)$ die hinreichenden Eigenschaften
einer Fouriertransformierten hat. Diese Eigenschaften erkennt man
am besten an einem Beispiel: Auf Seite 64 ist in Gleichung (3.2.3.11)
die Fouriertransformierte der Schwereverteilung über einem Quader
konstanter Dichte ausgerechnet worden, d.h. über einer speziellen
stufenförmigen Dichteverteilung der o.g. Oberflächenschicht. Wenn
wir in Gleichung (3.2.3.11) eine Umbenennung von $F(k_1,k_2)$ in
$F_3(k_1,k_2)_{Quader}$, z in h_1 und z+c in h_1 durchführen, und das Ergebnis in Gleichung (4.2.2.5) einsetzen folgt:

$$S(k_1,k_2) = F^{-1}(k_3) \; F_3(k_1,k_2)_{Quader} =$$

$$= \frac{2\pi k_3}{f(e^{-k_3 h_1}-e^{-k_3 h_2})} \cdot \frac{2f\sigma}{\pi} \frac{e^{-k_3 h_1}-e^{-k_3 h_2}}{k_3} \frac{\sin(k_1 a/2)}{k_1} \frac{\sin(k_2 b/2)}{k_2}$$

$F_3(k_1,k_2)_{Quader}$ enthält als Bauelement den Faktor

$$B(k_1,k_2) = (e^{-k_3 h_1} - e^{-k_3 h_2})/k_3 \; ,$$

der sich herauskürzt, so daß für $S(k_1,k_2)$ eine gutartige, mit $k_3 \to \infty$ rasch gegen Null strebende, Funktion herauskommt. Auf dieses $B(k_1,k_2)$ kommt es offenbar an. Wir haben gesehen, daß es die Fouriertransformierte der Summe $b = b_1 + b_2$ von zwei Punktquellen

$$b_1 = \frac{-1}{\sqrt{x_1{}^2+x_2{}^2+h_1{}^2}} \qquad \text{und} \qquad b_2 = \frac{1}{\sqrt{x_1{}^2+x_2{}^2+h_1{}^2}}$$

darstellt. Diese Punktquellen haben gleiche Quellstärke, aber entgegengesetztes Vorzeichen und liegen im Abstand $h_2 - h_1$ senkrecht übereinander.

Darum wird sich jede praktisch vorkommende diskrete δg_3-Verteilung für die o. g. Inversion eignen. Es ist jedoch angezeigt, die Meßwerte vor der Inversion mit einem Tiefpaß so zu filtern, daß der Abfall der spektralen Amplitude bei $k_3 \to \infty$ rascher als bei $B(k_1,k_2)$ vonstatten geht.

3) Näherungsweise Bestimmung der Topographie des "Grundgebirges" aus dem hierdurch verursachten Anomalien der Schwere und des Magnetfeldes (zweidimensionaler Fall).

Mit dieser wichtigen Aufgabe haben sich schon viele Autoren befaßt (L.J. PETERS 1949, M.H.D. BOTT 1960, D.W. OLDENBURG 1974 und andere). Wie die vorangegangenen Beispiele, läßt sich auch dieses Problem auf eine eindimensionale Inversion des Feldes auf das Modell zurückführen.

Man geht davon aus, daß der Störkörper in horizontaler Richtung sehr weit ausgedehnt ist und daß seine untere Begrenzungsfläche nicht berücksichtigt zu werden braucht.

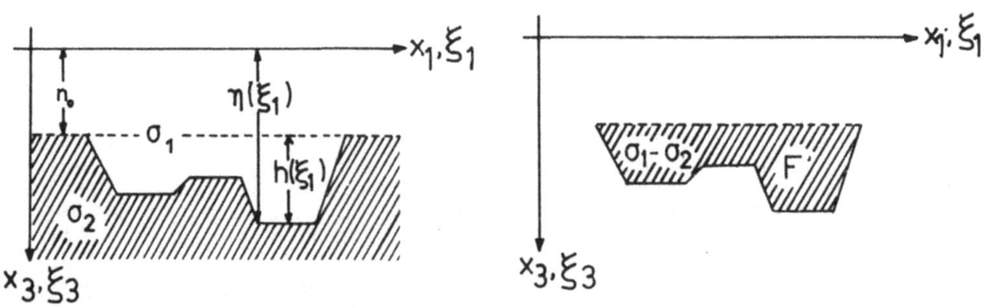

<u>Abb. 4.2.2.1</u>
Prinzipskizze der Störkörperoberfläche

Abbildung 4.2.2.1 veranschaulicht die Situation. Die Oberfläche $\eta(\xi_1)$ sei eine Funktion des Ortes ξ_1. Der Dichtekontrast gegen das Hangende sei $\sigma_1 - \sigma_2 = \sigma$ bzw. der Magnetisierungsunterschied (I_1, I_3). Durch Feldfortsetzungsmethoden sei vorweg bekannt, daß das Grundgebirge eine Mindesttiefe von n_0 besitzt. Man zeichnet die Linie

$\xi_3 = \eta_0 = $ const und teilt auf diese Weise ein Volumen F' ab (rechtsstehende Skizze in Abb. 4.2.2.1). Es genügt, die Wirkung von F' auf Schwere und Magnetfeld zu untersuchen. Wir führen die "Topographie in Bezug auf die Reduktionshöhe" $h(\xi_1) = \eta(\xi_1) - \eta_0$, eine im Vergleich zu η_0 kleine Größe,ein. Es ist für diese Untersuchung nützlich,die Fouriertransformierten der Schwereanomalie $(\delta g_1, \delta g_3)$ und der magnetischen Anomalie $(\delta H, \delta Z)$ zu bestimmen. Um das zu erreichen, müssen wir die Gleichungen (3.6.2.2) und (3.6.3.3) in Real- und Imaginärteile zerlegen und diese getrennt behandeln:

$$\delta g_1 = 2f\sigma \iint \frac{(\xi_1 - x_1)\, d\xi_1\, d\xi_3}{(\xi_1 - x_1)^2 + (\xi_3 - x_3)^2} \qquad (4.2.2.6)$$

$$\delta g_3 = 2f\sigma \iint \frac{(\xi_3 - x_3)\, d\xi_1\, d\xi_3}{(\xi_1 - x_1)^2 + (\xi_3 - x_3)^2} \qquad (4.2.2.7)$$

$$\frac{\delta H - i\delta Z}{I_1 + iI_3} =$$
$$-2\iint \left\{ \left(\frac{\partial}{\partial x_3}\, \frac{(\xi_3 - x_3)}{(\xi_1 - x_1)^2 + (\xi_3 - x_3)^2} \right) + i\, \frac{\partial}{\partial x_3}\left(\frac{(\xi_1 - x_1)}{(\xi_1 - x_1)^2 + (\xi_3 - x_3)^2} \right) \right\} d\xi_1 d\xi_3$$
$$(4.2.2.8)$$

Nach Methoden der Funktionentheorie erhält man die Fouriertransformierten

$$G_3(k) = \frac{1}{2\pi} \int \delta g_3 e^{-ikx_1}\, dx_1 = f\sigma \iint e^{-ik\xi_1 \mp k(\xi_3 - x_3)}\, d\xi_1 d\xi_3 \qquad (4.2.2.9)$$

$$G_1(k) = \frac{1}{2\pi} \int \delta g_1 e^{-ikx_1}\, dx_1 = \mp i f\sigma \iint e^{-ik\xi_1 \mp k(\xi_3 - x_3)}\, d\xi_1 d\xi_3 . \qquad (4.2.2.10)$$

Hierbei ist in Gleichung (4.2.2.10) das obere Vorzeichen für $k > 0$ und das untere für $k < 0$ zu nehmen; $\xi_3 - x_3 > 0$ wird dabei vorausgesetzt.

Um die Fouriertransformationen von Realteil und Imaginärteil von $(\delta H - i\delta Z)/(I_1 + iI_3)$, P und Q zu erhalten, wäre zu beachten, daß ja

$$\frac{\delta H - i\delta Z}{I_1 + iI_3} = \frac{1}{f\sigma} \left(\frac{\partial \delta g_3}{\partial x_3} + i\, \frac{\partial \delta g_1}{\partial x_3} \right) \cdot (-1)$$

Also braucht man in den für $G_3(k)$ und $G_1(k)$ erhaltenen Integralen nur nach x_3 zu differenzieren:

$$P(k) + iQ(k) = \frac{1}{2\pi}\, \frac{\delta H - i\delta Z}{I_1 + iI_3}\, e^{-ikx_1} dx_1 = -k(\pm 1 - i)\iint e^{-ik\xi_1 \mp k(\xi_3 - x_3)} d\xi_1 d\xi_3$$
$$(4.2.2.11)$$

Man sieht, daß bei $G_1(k)$, $G_3(k)$, P(k) und Q(k) das zweifache Integral

$$J = \iint e^{-ik\xi_1 \mp k(\xi_3 - x_3)}\, d\xi_1\, d\xi_3 \qquad (4.2.2.12)$$

vorkommt. Dieses soll nun gedeutet werden. Zunächst führen wir die

Integration nach ξ_3 zwischen den Grenzen η_0 und $\eta_0 + h(\xi_1)$ durch:

$$J = \pm \frac{1}{k} e^{\mp k(\eta_0 - x_3)} \int (1 - e^{\mp kh(\xi_1)}) e^{-ik\xi_1} \, d\xi_1$$

Da $h(\xi_1)$ eine kleine positive Zahl ist, kann der Klammerausdruck unter dem Integral in eine Taylorreihe entwickelt werden:

$$1 - e^{\mp kh(\xi_1)} = 1 - 1 - (\mp kh) - \frac{(\mp kh)}{2!} - \frac{(\mp kh)}{3!} - \dots$$

Es folgt:

$$J = e^{\mp k(\eta_0 - x_3)} \int \left(h(\xi_1) \mp \frac{kh^2(\xi_1)}{2!} + \frac{k^2 h^3(\xi_1)}{3!} \mp \dots \right) e^{-ik\xi_1} \, d\xi_1$$

$$\tag{4.2.2.13}$$

$$= J_0 + J_1 + J_2 + \dots$$

Um die Bedeutung der Terme J_i kennenzulernen, setzen wir J in Gleichung (4.2.2.9) ein und erweitern diese mit 2π :

$$G_3(k) =$$

$$2\pi f\sigma \cdot e^{\mp k(\eta_0 - x_3)} \left(\frac{1}{2\pi} \int \left(h(\xi_1) \mp \frac{kh^2(\xi_1)}{2!} + \frac{k^2 h^3(\xi_1)}{3!} \mp \dots \right) e^{-ik\xi_1} \, d\xi_1 \right)$$

$$\tag{4.2.2.14}$$

Der erste Term

$$H(k) = \frac{1}{2\pi} \int h(\xi_1) e^{-ik\xi_1} \, d\xi_1$$

ist die mit $2\pi f\sigma e^{\mp k(\eta_0 - x_3)}$ multiplizierte Fouriertransformierte. Wenn h hinreichend klein ist, folgt also:

> Das Schwerefeld δg_3 , in die größtmögliche Tiefe η_0 fortgesetzt, ergibt näherungsweise die mit $2\pi f\sigma$ multiplizierte Topographie h der Störkörperoberfläche.

Die Näherung ist gut für sehr langwellige Undulationen der Störkörperoberfläche. Sie geht dann in die bekannte Formel für die BOUGUER-Platte

$$\delta g_3 = \delta g_{3\text{BOUGUER}} = 2\pi f\sigma h$$

über. Es gibt verschiedene Möglichkeiten Gleichung (4.2.2.14) zur iterativen Bestimmung von $h(\xi_1)$ zu verwenden. Zum Beispiel könnte man sie gliedweise in den ξ_1-Bereich zurücktransformieren und dadurch eine ziemlich komplizierte, nicht lineare Differentialgleichung höherer Ordnung für $h(\xi_1)$ erhalten. Um daraus $h(\xi_1)$ zu berechnen, müßte man ein geeignetes Näherungsverfahren einsetzen. Ein anderer Weg führt über die Fouriertransformation. Da dieser schon einigermaßen gut untersucht worden ist, sei er hier kurz dargestellt.

Wir bezeichnen mit

$$H^{(\nu)}(k) = \frac{1}{2\pi} \int h^{\nu}(\xi_1)e^{-ik\xi_1} \, d\xi_1$$

die Fouriertransformierte von $h^{\nu}(\xi_1)$. Dann läßt sich durch Umordnung von Gleichung (4.2.2.14)

$$H(k) = \frac{G_3(k)}{2\pi f\sigma} \, e^{\pm k(\eta_0 - x_3)} + \sum_{\nu=1}^{\infty} \frac{(\mp k)^{\nu-1}}{\nu!} \, H^{(\nu)}(k) \quad [1] \qquad \begin{array}{l} \text{negativ für } k>0 \\ \text{positiv für } k<0 \end{array}$$

bestimmen. Wenn η_0 und σ bekannt sind, eignet sich diese Formel vorzüglich zur iterativen Berechnung von $H(k)$ und damit von $h(\xi_1)$. Da sich die Fortsetzungshöhe $x_3 = \eta_0$ außerhalb der Massen befindet, also im "erlaubten Raum", $h(\xi_1)$ seinerseits eine Fouriertransformierte besitzt, muß auch die rechtsstehende Summe konvergieren. Der mathematische Beweis für diese Konvergenz kann ähnlich geführt werden wie bei OLDENBURG 1974.

Man geht, wie OLDENBURG gezeigt hat, so vor, daß man eine $h(\xi_1)$-Verteilung als nullte Näherung annimmt und damit die rechte Seite der Iterationsgleichung bestimmt. Die linke Seite ergibt dann für eine endliche Zahl von Termen unter der Summe die Näherung erster Ordnung. Die Iteration wird fortgesetzt bis weitere Verbesserungen eine vorgegebene Schranke unterschreiten. Es ist zu beachten, daß die rechte Seite der Iterationsgleichung eine nicht lineare Funktion von $h(\xi_1)$ ist, was zweifellos die Qualität der gewonnenen Näherungen beeinflußt.

PARKER (1973) und OLDENBURG (1974) haben gezeigt, daß die Näherung auch dann noch gut ist, wenn man die Reduktionshöhe η_0 in die mittlere Tiefe der Topographie des Grundgebirges hineinlegt, obwohl dies streng genommen nicht erlaubt ist (Fortsetzung in den massenerfüllten Raum). Allerdings sorgen sie dafür, daß die Daten zuvor mit einem Tiefpaß gefiltert werden.

In Abbildung 4.2.2.2 ist ein Ergebnis OLDENBURGs, geringfügig ergänzt, dargestellt. Es handelt sich um eine Schwereanomalie δg_3 (oberer Teil der Abbildung) eines theoretischen Modellkörpers (stark ausgezogene Kurve im unteren Teil der Abbildung). Es werden Modellrechnungen für sechs verschiedene η_0 einander gegenübergestellt. Die Ergebnisse zeigen sehr verschiedene Modelle. Man beachte, daß die Mindesttiefe des ausgerechneten Störkörpers immer kleiner herauskommt, als die "Fortsetzungstiefe" η_0. Bei der unerlaubten Fortsetzung des Feldes in den massenerfüllten Raum hinein - wie es hier geschehen ist - würde man den typischen oszillatorischen Fehler erwarten, wie er auf Seite 70 bei den Abbildungen 3.3.1.3c-g besprochen wurde. Man baucht sich nicht zu wundern, daß er hier praktisch nicht auftritt und nur bei der Kurve $\eta_0 = 6$ km andeutungsweise sichtbar wird. Erstens ist die Halbwertsbreite der Schwereanomalie mit 8 km größer als die größte Fortsetzungstiefe, das heißt, das das Kriterium zur Fortsetzung nach unten (Seite 73) erfüllt ist. Zweitens sind die δg_3-Daten vor der Inversion gefiltert worden. Diese Filterung stellt sicher, daß Wellen mit Längen kleiner als 6,7 km überhaupt nicht mehr im Spektrum der Anomalie vorkommen.

---

[1] Bei OLDENBURG (1974) ist das Vorzeichen von h positiv in Richtung auf die Erdoberfläche hin, also umgekehrt als hier definiert. Bei seinem Koordinatensystem bedeutet $x_3 = 0$ die untere Begrenzung der Topograpie des Grundgebirges.

Ein direktes Verfahren zur Bestimmung der Topographie des "magnetischen Grundgebirges" geht auf PETERS (1949) zurück. Es gilt für
3-dimensionale Felder, jedoch nur für vertikale Magnetisierung.
Das oben besprochene Iterationsverfahren an 2-dimensionalen Feldern haben PARKER und HUESTIS (1974) auf magnetische Daten übertragen. Die Grundlage dafür ist Gleichung (4.2.2.11). Hier verur-
sacht der Faktor k vor dem Integral, daß das Verfahren weniger gut
konvergiert als für Schweredaten.

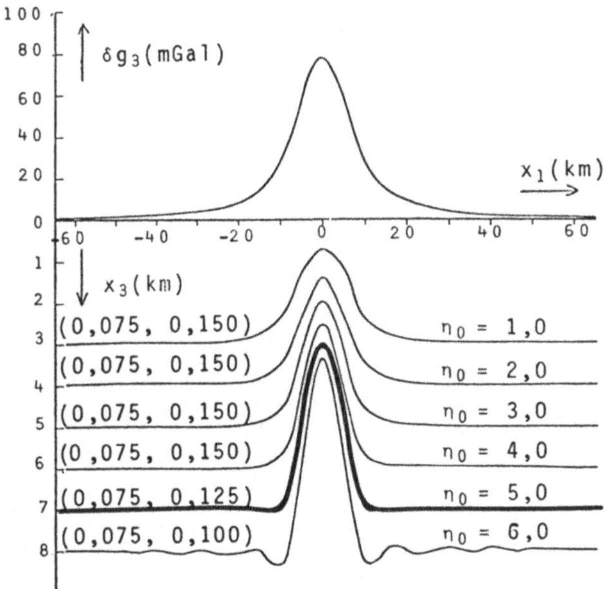

<u>Abb. 4.2.2.2</u> (umgezeichnet nach OLDENBURG (1974) mit Genehmigung
des Verfassers und der SEG).

Vieldeutigkeit der gravimetrischen Interpretation bei unterschiedlicher Wahl der Fortsetzungsstärke n_0. Die sechs Modelle in der
unteren Bildhälfte rufen Schwereanomalien hervor, die um weniger
als 0,1 mGal von der Kurve in der oberen Bildhälfte abweichen.

Es wurde ein Tiefpaßfilter der Gestalt

$$c(k) = \begin{cases} 1 & |k/(2\pi)| \leq WH \\ \frac{1}{2}\left(1 + \cos\left(\frac{k-2\pi WH}{2(SH-WH)}\right)\right) & WH \leq |k/(2\pi)| \leq SH \\ 0 & |k/(2\pi)| \geq SH \end{cases}$$

auf die Schwereanomalie angewendet und erst danach die Inversion
durchgeführt. Die beiden in Klammern an jeder Kurve des unteren
Bildes angeführten Zahlen stellen WH bzw. SH des verwendeten Filters dar. Die stark ausgezogene Kurve im unteren Bild ist die Topographie des theoretischen Modells.

4.3 DIE AUFLÖSBARKEIT VON UNTERSCHIEDEN DER PHYSIKALISCHEN PARAMETER

Unterschiede der Dichte oder anderer Parameter lassen Rückschlüsse auf
den physikalischen Zustand und die chemische bzw. mineralogische Zusam-
mensetzung des betreffenden Gesteins zu. Darum hängt die Empfindlichkeit eines Potentialverfahrens sehr eng mit der Auflösung von Unter-
schieden dieser Parameter zusammen. Zu Beginn des Kapitels 4.1 wurde
gezeigt, daß in einfachen Fällen die Anomalie des geophysikalischen
Feldes proportional einer nur von physikalischen Materialparametern
des Störkörpers abhängigen Zahl ist. Wie diese physikalischen Parameter allgemein auf das Feld wirken, soll in diesem Kapitel genau untersucht werden. Nachstehende Tabelle zeigt, in welchen Größenordnungen
die Dichte, die Wärmeleitfähigkeit, die magnetische Permeabilität und
der spezifische elektrische Widerstand in geologischen Körpern schwan-
ken können.

Dichte $g\ cm^{-3}$	Wärmeleitfähigkeit $cal\ cm^{-1}s^{-1}grad^{-1}$	rel.magnetische Permeabilität	spez.elektr. Widerstand $\Omega\ cm$
0,8 bis 15	$2 \cdot 10^{-3}$ bis $15 \cdot 10^{-3}$	-10^{-6} bis 10^2	10^{-2} bis 10^6

Man sieht,daß die Dichte und die Wärmeleitfähigkeit Unterschiede von
nur einer Größenordnung haben können.Dagegen variieren der spezifische
elektrische Widerstand und die rel. magnetische Permeabilität in extrem
weiten Grenzen. Man könnte darum zu dem Schluß verleitet werden, daß
magnetische und elektrische Gleichstromverfahren um Größenordnungen
empfindlicher arbeiten als Verfahren der Gravimetrie und Geothermik.
Der Schluß ist aus zwei Gründen falsch. Erstens hängt die Empfindlichkeit eines Verfahrens auch von der Meßmethode ab. Im Falle der Schweremessung kann man die relative Empfindlichkeit astasierter Gravimeter
nahezu beliebig hinaufsetzen. Der zweite Grund ist ein potentialtheoretischer, der jetzt untersucht werden soll.

4.3.1 Nachweis, daß beliebig große Änderungen des spezifischen elek-
trischen Widerstandes im Erdinneren nur endliche Änderungen
der Feldverteilung zur Folge haben können

Wir lassen im Folgenden die Auflösung von Längenparametern eines geologischen Körpers außer acht und beobachten nur, welche Veränderungen
das Feld erfährt, wenn Gestalt, Größe und Lage des Körpers unverändert bleiben, jedoch sein spezifischer Widerstand ρ_2 variiert. Der
Körper sei in einem Vollraum mit ρ_1 eingelagert. Er besitze weder Ecken
noch Kanten, d. h. seine Flächennormale weise keine Unstetigkeiten auf,
sei also überall eindeutig bestimmt. Abbildung 4.3.1.1 veranschaulicht
die Situation. Es sei ein primäres elektrisches Gleichspannungsfeld
P_i angelegt, von dem einige Feldlinien eingetragen sind. Das Vorhandensein des Störkörpers hat die Erzeugung eines Sekundärfeldes $S_i(1)$
und $S_i(2)$- im Außenraum (1) und im Innenraum (2) - zur Folge.Die Summe
aus Primär- und Sekundärfeld R_i erfüllt die Randbedingungen der Körperoberfläche F

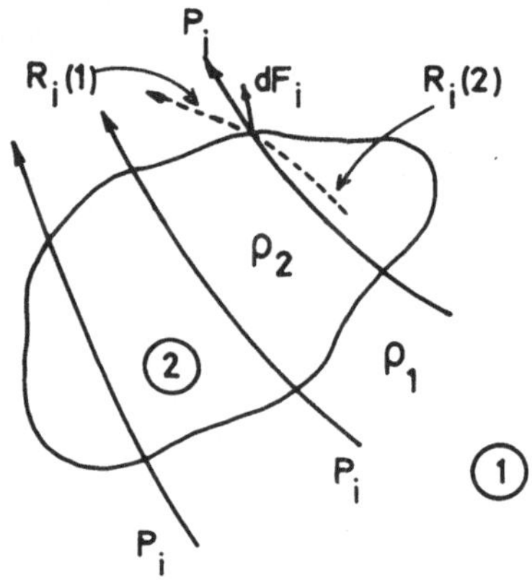

<u>Abb. 4.3.1.1</u>

Quellen des elektrischen Stromes existieren weder im Außen- noch im Innenraum noch an den Grenzflächen. Das Primärfeld sei endlich und besitze, ebenso wie das Sekundärfeld, ein Potential

$$P_i = \frac{\partial U}{\partial x_i} \;\; ; \;\; S_i^{(1)} = \frac{\partial V_1}{\partial x_i} \;\; ; \;\; S_i^{(2)} = \frac{\partial V_2}{\partial x_i} \; .$$

Man kann daher für die resultierenden Potentiale $\phi^{(1)}$ im Außen- und $\phi^{(2)}$ im Innenraum schreiben:

$$\phi^{(1)} = U + V_1 \;\; ; \;\;\;\; \phi^{(2)} = V_2 \; .$$

Um mathematisch nachzuweisen, daß das Sekundärfeld grundsätzlich für alle ρ_2 endlich bleibt, müßte man Gleichung (2.10.5.1) auf zwei Gebieten anwenden. Das erste ist der Körper K. Das zweite ist das Gebiet zwischen seiner Oberfläche und der Oberfläche einer alles umschließenden Kugel mit unendlich großem Radius. Setzt man die GREENsche Funktion $G = 1/r$, so folgt eine Integralgleichung für die Feldverteilung von V_1 bzw. V_2, die für alle ρ_2 eine endliche Lösung hat. Der strenge Endlichkeits-Nachweis ist jedoch sehr aufwendig (siehe z. B. KELLOG, 1967). Wir wollen uns daher mit einem spezielleren Nachweis begnügen, der sich nur auf solche Lösungen bezieht, wie sie beispielhaft in den vorangegangenen Kapiteln 3.4.2 und 3.4.3 dargestellt wurden. Das Besondere dieser Lösungen ist, daß man die Potentiale in einem nicht karthesischen orthogonalen Koordinatensystem $\eta_1(x_1,x_2,x_3)$, $\eta_2(x_1,x_2,x_3)$, $\eta_3(x_1,x_2,x_3)$ darstellt, in dem die Grenzflächen des Körpers durch Konstanthalten einer Koordinate erhalten werden. Es sei $\eta_3(x_1,x_2,x_3)=0$ die Körperoberfläche. Weiterhin soll vorausgesetzt werden, daß $\phi^{(1)}$ und $\phi^{(2)}$ Lösungen der LAPLACE-Gleichung sind und daß in den Koordinaten η_1,η_2,η_3 die Produktsätze

$$U = \alpha(\eta_1,\eta_2)\beta(\eta_3) \qquad V_1 = M\alpha(\eta_1,\eta_2)\gamma(\eta_3)$$

$$V_2 = P\alpha(\eta_1,\eta_2)\theta(\eta_3) \qquad\qquad\qquad (4.3.1.1)$$

zum Ziele führen. M und P sind die beiden Unbekannten, welche sich aus den 2 Randbedingungen ergeben. Die Stetigkeit der Tangentialkomponente der Feldstärke an der Grenzfläche ist gleichbedeutend mit der Stetigkeit des Potentials. Dann lauten die Randbedingungen mit $s = \rho_1/\rho_2$:

$$M\gamma(0) - P\theta(0) = - \beta(0)$$

$$M\gamma'(0) - Ps\theta'(0) = - \beta'(0) \qquad\qquad (4.3.1.2)$$

mit den Lösungen

$$P = \frac{\gamma'(0)\beta(0) - \beta'(0)\gamma(0)}{\theta(0)\gamma'(0) - s\theta'(0)\gamma(0)} \qquad M = \frac{s\theta'(0)\beta(0) - \theta(0)\beta'(0)}{\theta(0)\gamma'(0) - s\theta'(0)\gamma(0)} \; .$$

$$(4.3.1.3)$$

Man sieht aus Gleichung (4.3.1.3), daß

$$\lim_{s \to 0} P = \frac{\gamma'(0)\beta(0) - \beta'(0)\gamma(0)}{\theta(0)\gamma'(0)} \qquad (4.3.1.4)$$

$$\lim_{s \to 0} M = - \frac{\beta'(0)}{\gamma'(0)} \qquad (4.3.1.5)$$

$$\lim_{s \to \infty} P = - \frac{\gamma'(0)\beta(0) - \beta'(0)\gamma(0)}{s\theta'(0)\gamma(0)} \to 0 \qquad (4.3.1.6)$$

$$\lim_{s \to \infty} M = - \frac{\beta(0)}{\gamma(0)} \quad , \qquad (4.3.1.7)$$

sofern $\theta(0)$, $\theta'(0)$, $\gamma(0)$, $\gamma'(0) \neq 0$ und $\beta(0)$, $\beta'(0)$, $\gamma(0)$, $\gamma'(0) \neq \infty$.

$\theta(0)$ und $\gamma(0) \neq 0$ kann man durch einen angemessenen Lösungsansatz leicht erreichen, $\gamma'(0)$, $\beta'(0) \neq \infty$ ist gleichbedeutend der Bedingung, daß die Oberfläche des Körpers keine Ecken und Kanten haben soll; dies wurde aber vorausgesetzt. Darum folgt:

> Die Sekundärfelder V_1 und V_2 bleiben endlich für $\rho_2 = 0$ und $\rho_2 \to \infty$.

Eine Anmerkung verdient der theoretische Fall, daß s weder Null noch Unendlich ist, jedoch der Nenner in Gleichung (4.3.1.3) N = $\theta(0)\gamma'(0)$+ - $s\theta'(0)\gamma(0)$ verschwindet. Das Verschwinden von N ist die Bedingung dafür, daß die Randwertaufgabe eine Lösung hat, ohne daß ein Primärfeld vorliegt (homogene Lösung). Schon bei einem so einfachen Problem wie der homogenen Kugel führt N = 0 auf eine physikalische Sinnlosigkeit, nämlich $\rho_1/\rho_2 = - 2$. Obwohl dies natürlich keine mathematische Beweiskraft hat, wollen wir aufgrund des physikalischen Argumentes den Fall N = 0 ausschließen.

4.3.2 Der Sättigungseffekt bei Induktionsaufgaben

BUCHHEIM (1958) verallgemeinerte das im letzten Kapitel enthaltene Ergebnis folgendermaßen:

"Die elektrische Potentialverteilung erfährt durch das Auftreten von Leitfähigkeitssprüngen, auch wenn diese noch so groß sein mögen, zwischen aneinandergrenzenden geologischen Körpern stets nur eine beschränkte, endliche Veränderung gegenüber dem Normalfeld." (Siehe H. HAALCK, 1958).

Wenn die Anomalie des Feldes bei einer Schwankung $0 \leqq \rho_2 \leqq \infty$ des spezifischen Widerstandes des Störkörpers endlich bleibt, so muß man annehmen, daß sie sich für diese Extremfälle bestimmten Grenzwerten nähert. Sehr schön kann man das am Beispiel der Kugel im homogenen elektrischen Feld P zeigen. In Analogie zur magnetisierten Kugel definiert man das "elektrische Moment"

$$M = \frac{PR^3\left(\frac{\rho_1}{\rho_2} - 1\right)}{\frac{\rho_1}{\rho_2} + 2} = \frac{\frac{\rho_1}{\rho_2} - 1}{\frac{\rho_1}{\rho_2} + 2} M_{max} \quad ,$$

wobei R der Radius der Kugel ist. M ist proportional der Amplitude des Sekundärfeldes. Man bezeichnet $M_{max} = P \cdot R^3$ als "Sättigungsmoment", welches sich für $\rho_1/\rho_2 \to \infty$ einstellt. Größer kann M nicht werden. M hat auch ein Minimum von $- M_{max}/2$ bei $\rho_1/\rho_2 \to 0$. Abbildung 4.3.2.1 zeigt, wie M/M_{max} sich für verschiedene ρ_1/ρ_2 verhält.

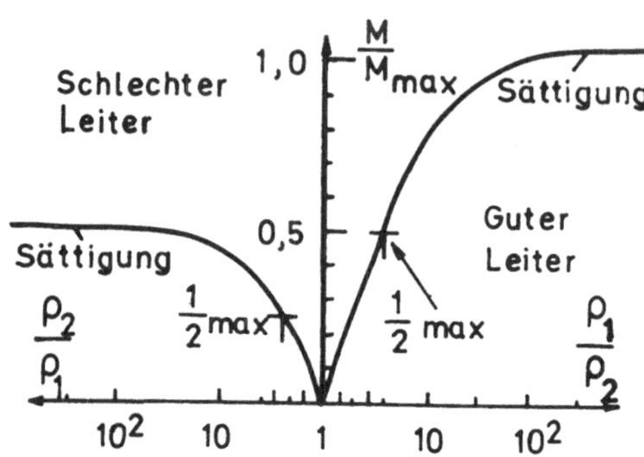

<u>Abb. 4.3.2.1</u>
Der Sättigungseffekt für die elektrisch leitfähige Kugel (umgezeichnet nach HAALCK).

An diesem Beispiel erkennt man,daß bei einem Widerstandsverhältnis von $\rho_1/\rho_2 = 10$ bereits 75% der Sättigung erreicht sind.Wenn man ρ_1/ρ_2 verzehnfacht, ändert sich nur noch wenig am elektrischen Moment, das nur 97% von M_{max} beträgt. J. N. HUMMEL (1929) führt ähnliche Rechnungen für elliptische Einlagerungen durch und erhält auch einen Sättigungseffekt.

Es sei vermerkt, daß das Sättigungsmoment mit der dritten Potenz des Kugelradius, d. h. mit dem Kugelvolumen, anwächst. Größere kugelförmige Störkörper rufen also eine stärkere Feldanomalie hervor.

Einen ähnlichen Sättigungseffekt kann man auch bei der punktförmigen elektrischen Stromquelle im Halbraum mit $\rho_1 = 1/\sigma_1$ über dem Halbraum mit $\rho_2 = 1/\sigma_2$ beobachten (siehe Kapitel 3.4.2.2). Das Störfeld wird durch

$$I' = I \frac{\rho_2 - \rho_1}{\rho_2 + \rho_1} \qquad (\rho_{1,2} = \frac{1}{\sigma_{1,2}})$$

angegeben. Für I' ergeben sich Werte für $\sigma_2 = 0$ und $\sigma_2 \to \infty$ wie in Kapitel 3.4.2.2 ausführlich diskutiert wurde.

<u>4.4 PHYSIKALISCHE, GEOMETRISCHE UND GESTALTSPARAMETER VON STÖRKÖRPERN</u>

Die Gegenüberstellung des Schwere- und Magnetfeldes einer homogenen Kugel in Kapitel 4.1 hat die Unterscheidung von drei Parametern ermöglicht. Nur in dem extrem einfachen Beispiel der Kugel stellen diese drei Parameter ein einziges Produkt dar, das leicht zu interpretieren ist. Da die Praxis komplizierter aussieht, wollen wir im folgenden Kapitel diese Fragestellung allgemein fassen. In der Inversionsaufgabe ist nach zwei durch Zahlenangaben ausdrückbaren Quantitäten gefragt, dem physikalischen Parameter und dem Ort, der diesem im Erdinneren zugeordnet ist, z. B. der Magnetisierung und den dazugehörigen Koordinaten. Diese beiden Quantitäten sind unterschiedlicher Natur. Mit dem Begriff des Ortes verbinden wir nicht nur Vorstellungen über Gestalt und Ausdehnung des Körpers, sondern auch über die Relativität seiner Position in bezug auf den Beobachtungspunkt. In Vereinfachung des Problems wollen wir einen Körper mit sehr großer Erstreckung in x_2-Richtung und mit konstanter Dichte $\sigma(\xi_1, \xi_3)$ betrachten und an seiner Schwerewirkung die eben besprochene Separierung der Begriffe untersuchen. Man hat für die Schwere gemäß Gleichung (3.6.2.2) das zweidimensionale Feld

$$\frac{\partial \delta W}{\partial x_1} - i \frac{\partial \delta W}{\partial x_3} = 2 f \sigma \iint \frac{d\xi_1 \, d\xi_3}{(\xi_1 - x_1) + i(\xi_3 - x_3)} \quad . \tag{4.4.1}$$

Das Integral hängt einmal von den Berandungen des Körpers mit konstanter Dichte durch die Integrationsgrenzen ab. Die Aufpunktskoordinaten x_1 und x_3 werden als Parameter mitgeführt. Darum kann man sagen, daß I nur von der Gestalt und Orientierung des Störkörpers im Raum und von seiner speziellen Lage in bezug auf den Aufpunkt abhängt, nicht aber von der Dichte. I gibt an, wie der Körper vom Meßinstrument "gesehen" wird. Aus verschiedenen Meßpositionen erscheint er aus unterschiedlicher "Perspektive", die in Gleichung (4.4.1) vom "physikalischen Parameter" σ als Faktor abgetrennt wurde. Diese Trennung ist natürlich nur möglich, wenn $\sigma = $ const ist. Wir wollen untersuchen, inwieweit der geometrische Parameter weiter in einen Anteil zerlegt werden kann, der nur von der Position des Meßpunktes x_1, x_3 und einen, der nur von der Gestalt und der Lage des Störkörpers abhängt. Zu diesem Ziel definieren wir den komplexen Ortsvektor zwischen Aufpunkt und Massenpunkt

$$\rho = \xi_1 - x_1 + i(\xi_3 - x_3)$$

und schreiben

$$\frac{1}{\rho} = \frac{1}{\xi_1 - x_1 + i(\xi_3 - x_3)} = \begin{cases} \displaystyle\sum_{\nu=1}^{\infty} \frac{(x_1 + i x_3)^\nu}{(\xi_1 + i \xi_3)^{\nu+1}} & \text{für } r < r' \\[2ex] -\displaystyle\sum_{\nu=0}^{\infty} \frac{(\xi_1 + i \xi_3)^\nu}{(x_1 + i x_3)^{\nu+1}} & \text{für } r > r' \end{cases}$$

$$\text{mit } r = \sqrt{x_1^2 + x_3^2} \; , \; r' = \sqrt{\xi_1^2 + \xi_3^2}$$

Damit erhält man die Reihenentwicklung

$$\frac{\partial W}{\partial x_1} - i \frac{\partial W}{\partial x_3} = 2 f \sigma \left(\sum_{\nu=0}^{\infty} \left(- \frac{A_\nu + i B_\nu}{(x_1 + i x_3)^{\nu+1}} \right) + \sum_{\nu=1}^{\infty} (C_\nu + i D_\nu)(x_1 + i x_3) \right)^{[1]} \tag{4.4.2}$$

mit

$$A_\nu + i B_\nu = \int (\xi_1 + i \xi_3)^\nu \, d\xi_1 \, d\xi_3$$

$$C_\nu + i D_\nu = \int \frac{d\xi_1 \, d\xi_3}{(\xi_1 + i \xi_3)^{\nu+1}} \quad . \tag{4.4.3}$$

---

[1] Diese Reihenentwicklung gilt für den Bereich $r > r'_{(i)}$ außerhalb des Konvergenzkreises der inneren Massen und innerhalb des Konvergenzkreises der äußeren Massen $r < r'_{(A)}$, also $r'_{(i)} < r < r'_{(A)}$.

Die Terme A_ν, B_ν, C_ν und D_ν hängen nur von der Gestalt des Störkörpers
und von seiner Orientierung im Koordinatensystem ab. Da keine Abhängigkeit vom Aufpunkt mehr besteht, ist die beabsichtigte Trennung erreicht. Wir nennen daher die A_ν, B_ν, C_ν und D_ν die "Gestaltsparameter"
des Störkörpers. Die Gestaltsparameter nullter und erster Ordnung ha-
ben eine klare geometrische Bedeutung:

$$A_0 = F \qquad \text{Querschnittsfläche des Störkörpers}$$
$$B_0 = 0$$
$$A_1 = s_1 F \qquad \text{Schwerpunktskoordinaten multipliziert mit F}$$
$$B_1 = s_3 F$$

Die Gestaltsparameter zweiter Ordnung stellen spezielle Summen der
Komponenten des Flächenträgheitstensors I_{ij} dar:

$$A_2 = I_{33} - I_{11}$$
$$B_2 = 2\, I_{13}$$

Aus diesen lassen sich zwar nicht die Komponenten des Trägheitstensors
selbst, wohl aber die Richtung seiner Hauptachsen bestimmen. Dieses
gilt auch für dreidimensionale Feldverteilungen. Die Reihenentwicklung
scheint daher einen neuen Weg zu eröffnen, aus den Gestaltsparametern
z. B. das Einfallen eines Störkörpers zu bestimmen. Dafür sind schon
verschiedene Methoden vorgeschlagen worden (F.S. GRANT 1952, K. HELBIG
1963, W. WEBERS 1975 und andere). Jedoch gibt es nur wenige Hinweise
auf eine erfolgreiche praktische Anwendung. Der Grund dafür mag wohl
an der Nichtangemessenheit der zu lösenden Aufgabe in bezug auf die
üblichen Meßanordnungen liegen. Es wäre nämlich für die o. g. Entwicklung des Schwerefeldes am besten, wenn die Messungen auf einem um den
Störkörper herumgelegten Kreis durchgeführt werden würden (im Dreidimensionalen auf einer Kugeloberfläche).Nur auf diese Weise kann man
nämlich erreichen,daß Gestaltsparameter - auch die höherer Ordnung -
im ganzen Meßgebiet etwa gleichbleibenden Einfluß haben.Wenn man dagegen die Messungen auf einen geraden Profil (im Dreidimensionalen in
einer Ebene) vorliegen hat,kommt es zu einer sehr ungleichen Verteilung des Einflusses der verschiedenen Gestaltsparameter im Meßgebiet.
Es wird in großer Entfernung die Wirkung der Gestaltsparameter niedri-
ger Ordnung, vor allem die nullter Ordnung, stark überwiegen. Bei annähernd gleichbleibender Meßpunktdichte führt das zu großen Fehlern
in der Bestimmung der Terme höherer Ordnung.

Für das Feld homogen magnetisierter Massen mit der Magnetisierung m_1,
m_3 erhält man entsprechend

$$\frac{\partial\phi}{\partial x_1} - i\,\frac{\partial\phi}{\partial x_3} = -2(m_1 + im_3)\left\{ \sum_{\nu=0}^{\infty} \frac{(\nu+1)(A_\nu + iB_\nu)}{(x_1 + ix_3)^{\nu+2}} + \right.$$
$$\left. + \sum_{\nu=2}^{\infty} (\nu+1)(C_\nu + iD_\nu)(x_1 + ix_3)^{\nu-2} \right\}\ 1 \qquad (4.4.4)$$

Hier scheint der physikalische Parameter durch den Vektor m_1, m_3 auf.
Die Darstellungen (4.4.2) und (4.4.4) ermöglichen eine einfache Berechnung der Wichtungsintegrale (oder Momente des Feldes) in Gravimetrie und Magnetik. Mit $C_\nu = D_\nu = 0$ erhält man folgende Formeln für das
Profil $x_3 = 0$:

---

1 siehe Fußnote Seite 153

$$\int_{-\infty}^{+\infty} \left(\frac{\partial W}{\partial x_1} - i \frac{\partial W}{\partial x_3} \right) = 2\pi i f F \tag{4.4.5}$$

$$\int_{-\infty}^{+\infty} \left[\left(\frac{\partial W}{\partial x_1} - i \frac{\partial W}{\partial x_3} \right) x_1 - 2 f\sigma F \right] dx_1 = 2\pi f\sigma F (s_3 - i s_1) \tag{4.4.6}$$

$$\int_{-\infty}^{+\infty} \left(\frac{\partial \phi}{\partial x_1} - i \frac{\partial \phi}{\partial x_3} \right) dx_1 = 0 \tag{4.4.7}$$

$$\int_{-\infty}^{+\infty} \left(\frac{\partial \phi}{\partial x_1} - i \frac{\partial \phi}{\partial x_3} \right) x_1 \, dx_1 = - 2\pi i F (m_1 + i m_3) \tag{4.4.8}$$

Die Vorzeichen in diesen Gleichungen ergeben sich aus der Bedingung $r > r'$, für welche die Reihenentwicklung gilt. Auf dem durch $x_3 = 0$ festgelegten Profil hat wegen $\xi_3 < 0$ z. B. $\partial W / \partial x_3$ negatives Vorzeichen und damit auch das Massenintegral, Gleichung (4.4.5).

Gleichung (4.4.6) stellt das Schwerpunktsintegral im Zweidimensionalen dar (vgl. Gleichung (2.7.1) und (2.7.5) auf Seite 28ff.). Interessant ist die Deutung von Gleichung (4.4.7). Sie besagt:

> Die Integrale der zweidimensionalen magnetischen Anomalien $\delta H = -\partial \phi / \partial x_1$ und $\delta Z = -\partial \phi / \partial x_3$ verschwinden.

Diese wichtige Beziehung wird sich, obwohl sie auch im Dreidimensionalen gilt, nicht vollständig verifizieren lassen, weil es unmöglich ist, das Meßgebiet so groß zu wählen, daß äußere Massen zu vernachlässigen sind. Demnach kann man Gleichung (4.4.8) zur Prüfung verwenden, ob man den regionalen Anteil der Anomalie wirklich korrekt eleminiert hat. Die Entfernung des regionalen Trends gehört zu den wichtigsten Vorarbeiten zur Interpretation. Jedoch kann man bei diesem Schritt schon Fehler machen, die starke Auswirkungen auf die Deutung haben. Das Schwerpunktsintegral, angewendet auf die magnetische Anomalie, ergibt:

$$\int_{-\infty}^{+\infty} \frac{\partial \phi}{\partial x_1} \, x_1 \, dx_1 = 2\pi F m_3$$

$$\int_{-\infty}^{+\infty} \frac{\partial \phi}{\partial x_3} \, x_1 \, dx_1 = 2\pi F m_1$$

In Worten:

> Das Schwerpunktsintegral der Horizontalkomponente δH ist 2π mal der Vertikalkomponente des magnetischen Momentes des Störkörpers. Das Schwerpunktsintegral der Vertikalkomponente δZ ist 2π mal der Horizontalkomponente des magnetischen Momentes des Störkörpers.

Die Anomalie der Totalintensität

$$\delta T = - n_1 \frac{\partial \phi}{\partial x_1} - n_3 \frac{\partial \phi}{\partial x_3}$$

mit $(n_1, n_2, n_3) = (\cos I \cos D, \cos I \sin D, \sin I)$ = Richtungsvektor des Erdmagnetfeldes und mit $m_3 = m \sin I'$, $m_1 = m \cos I'$, I' = Richtung der
Magnetisierung, hat dann das Schwerpunktsintegral

$$\int_{-\infty}^{+\infty} \delta T(x_1) \; x_1 \; dx_1 = 2\pi F m (\sin I' \cos I \cos D + \cos I' \sin I)$$

und für $D = 0$:

$$\int_{-\infty}^{+\infty} \delta T(x_1) \; x_1 \; dx_1 = 2\pi F m \; \sin(I + I')$$

Hieraus folgt eine sehr eigenartige Aussage des Schwerpunktsintegrals
der Totalintensität

> Das Schwerpunktsintegral der Totalintensität im
> Zweidimensionalen ist proportional dem magneti-
> schen Moment des Störkörpers und für kleine D
> annähernd dem Sinus der Winkelsumme zwischen Ma-
> gnetisierungs- und Erdfeldrichtung.

Über die Magnetisierungsrichtung des Störkörpers bekommt man also nur
über die Wichtungsintegrale der Feldkomponenten δH und δZ Auskunft. δT
kann diese Aussage nicht verschaffen, weil sein Schwerpunktsintegral
Fm und I' als zwei Unbekannte enthält.

4.5 ANWENDUNG DES POISSONschen THEOREMS

Geologische Körper, die sich sowohl in ihrer Dichte als auch in ihrer
Magnetisierung von ihrer Umgebung abheben, rufen eine Anomalie der
Schwere und des Magnetfeldes hervor. Zwischen diesen beiden Anomalien
gibt es Beziehungen, die man zur Interpretationshilfe heranziehen kann.
Unter gewissen vereinfachenden Bedingungen kann man sogar das Magnetfeld des Störkörpers, ohne dessen Gestalt zu kennen, aus seinem Schwerefeld ausrechnen und umgekehrt. Es liegt auf der Hand, daß die Kombination von gravimetrischen und magnetischen Feldmessungen einen un-
schätzbaren Informationsgewinn gegenüber den "klassischen Methoden"
bringt, die Schwere- und Magnetfeldmessungen getrennt deuten. Für die
Anwendung ist allerdings erforderlich, daß mit der Variation der Dichte auch eine Variation der Magnetisierung vorliegt. Für die jetzt folgenden Betrachtungen soll das vorausgesetzt werden.

4.5.1 Das POISSONsche Theorem

Das Potential des Magnetfeldes eines Körpers mit der volumsbezogenen
Magnetisierung m_i ist gemäß Gleichung (2.3.7) (Seite 16)

157

$$\sigma = \sigma_0 + \sigma_1(m) \qquad\qquad m = |m_i|$$

$$m_i = m_i{}^0 + m_i{}^1(\sigma) \qquad ,$$

wobei σ_0 unabhängig von m und $m_i{}^0$ unabhängig von σ_0 ist. Wir erhalten dann für den Vertikalgradienten der Schwere $\partial\delta g_3/\partial x_3 = \delta g_{33}$ und die auf den Pol reduzierte δZ-Verteilung δZ_{90} unter Anwendung der letzten von den Gleichungen (4.5.1.2)

$$\delta g_{33} = \delta g_{33}{}^0 + \delta g_{33}{}^1$$

$$\delta Z_{90} = \delta Z_{90}{}^0 + \alpha\delta g_{33}{}^1$$

(4.5.2.1)

Hierbei bedeuten $\delta g_{33}{}^0$ den durch σ_0 erzeugten und $\delta g_{33}{}^1$ den durch σ_1 erzeugten Schweregradienten. $\delta Z_{90}{}^0$ wird durch $m_i{}^0$ hervorgerufen. Gleichung (4.5.2.1) zeigt, daß die $\delta g_{33}{}^1$, $\delta g_{33}{}^0$ und $\delta Z_{90}{}^0$ grundsätzlich nicht getrennt bestimmt werden können. In der Praxis wird man daher so vorgehen, daß man die δZ_{90}- und die δg_{33}-Verteilung miteinander vergleicht und nur, wenn man starke Ähnlichkeit feststellt, eine Auswertung in Betracht zieht. Diese Auswertung kann dann unter gewissen vernünftigen Annahmen, z.B. daß $\delta g_{33}{}^0 = 0$ sein soll, erfolgen. Nachfolgend werden zwei Beispiele vorgestellt.

1. Beispiel: <u>Das Serpentinvorkommen von Kraubath</u> [1]

Das Serpentinvorkommen von Kraubath, ca. 10 km von Leoben an der Mur gelegen, ist wegen seiner bergbaulich interessanten Chromvererzung sowohl geologisch, als auch geophysikalisch und lagerstättenkundlich vielfach untersucht worden. Daher liegen von dieser Seite her viele Informationen vor, die der geophysikalischen Exploration zugute kommen.

Das Vorkommen besteht aus steil NNW einfallenden,langgestreckten,linsenförmigen Dunitkörpern mit horizontalen Längen bis zu 6 km und Dicken von 0,2 km bis 3 km. Umgeben sind diese Körper von Amphiboliten, Granodiorit und Schiefergneis. An der Erdoberfläche sind die Dunitkörper zersetzt und angeschnitten. Die Grenze gegen das Nebengestein läßt sich im Gelände genau angeben. Der Olivin ist an der Erdoberfläche und entlang eines tiefreichenden Störungsnetzes in verschiedenen Graden zu Serpentin umgewandelt und weiter zu Magnesit verwittert.

Abbildung 4.5.2.1 zeigt die Grenzen des Meßgebietes. Innerhalb desselben ist die Totalintensität des Erdmagnetfeldes gemessen worden. D_1, D_2 und D_3 sind zusätzlich angelegte gravimetrische Profile. Hier soll als Beispiel nur das Profil D_2 betrachtet werden. Die hier erhaltenen δT- und $\delta g''$-Anomalien sind in Abb. 4.5.2.2 einander gegenübergestellt. Es ergibt sich folgender Befund: δT und $\delta g''$ zeigen einen im Ganzen ähnlichen Verlauf, insofern nämlich,als starke Schwankungen etwa in den gleichen Teilen des Profils vorkommen. Die Halbwertsbreiten beider, der Bouguer- und der magnetischen, Anomalien sind ungefähr gleich,obwohl sie in ihrer speziellen Gestalt keineswegs deckungsgleich sind. Diese Ähnlichkeiten treten noch klarer hervor, wenn man die auf den Pol reduzierten Werte δT_{90} und die berechneten Vertikalgradienten der Bouguer-Anomalie δg_{33} miteinander vergleicht. Die negative δT_{90}-Anomalie besitzt die Gestalt der δg_{33}-Anomalie.Ähnliches wird auch auf den Profilen D_1 und D_3 beobachtet.

---

[1] Dieses Kapitel ist unter Mitwirkung von S. Sirri SEREN entstanden und verwendet Teile seiner Dissertation: "Geophysikalische Untersuchung des Kraubather Serpentins", Wien 1980.

$$\phi = - \frac{1}{4\pi} \iiint m_i \frac{\partial}{\partial x_i} \frac{1}{\rho} \, dV \qquad (\text{mit } dV = d\xi_1 d\xi_2 d\xi_3).$$

Wir gehen davon aus, daß der Körper konstante Magnetisierung (m_i = const) und konstante Dichte σ besitzt. Wegen der Beziehung

$$U = f \iiint \frac{\sigma}{\rho} \, dV$$

für das Schwerepotential einer ausgedehnten Masse kann man schreiben:

$$\phi = - \frac{1}{4\pi} \cdot \frac{m_i}{f\sigma} \frac{\partial U}{\partial x_i} = - \frac{|m|}{4\pi f\sigma} n_i \frac{\partial U}{\partial x_i} \qquad (\text{mit } m_i = |m| n_i) \qquad (4.5.1.1)$$

Diese Gleichung ist in der geophysikalischen Literatur als das POISSON-sche Theorem bekannt. Es besagt, daß das magnetische Potential proportional dem Skalarprodukt der Magnetisierung mit dem Schwerevektor ist. Der Proportionalitätsfaktor wird aus dem Quotienten Magnetisierung und Dichte mal $4\pi f$ gebildet. Magnet- und Gravitationsfeld sind durch eine partielle Differentialgleichung erster Ordnung miteinander verbunden. In der Formel (4.5.1.1) lassen sich die Komponenten des magnetischen Feldvektors direkt aus dem Schwerefeld bestimmen, aber nicht umgekehrt. Man erhält ausgeschrieben mit den Abkürzungen

$$\alpha = - \frac{|m|}{4\pi f\sigma} \qquad \frac{\partial U}{\partial x_1} = U_1 \quad u.s.w.$$

$$\frac{\partial \phi}{\partial x_1} = \alpha(n_1 U_{11} + n_2 U_{12} + n_3 U_{13})$$

$$\frac{\partial \phi}{\partial x_2} = \alpha(n_1 U_{12} + n_2 U_{22} + n_3 U_{23}) \qquad\qquad (4.5.1.2)$$

$$\frac{\partial \phi}{\partial x_3} = \alpha(n_1 U_{13} + n_2 U_{23} + n_3 U_{33})$$

Die dritte Gleichung aus (4.5.1.2) stellt eine lineare Beziehung zwischen der Vertikalkomponente $\delta Z = - \partial\phi/\partial x_3$ des Magnetfeldes und den Ableitungen der vertikalen Schwere $U_3 = \partial U/\partial x_3$ her. Diese Relation kann als Test für die Anwendbarkeit des POISSONschen Theorems benutzt werden, wenn in einem Meßgebiet δZ und die Schwere gemessen wurden. Die Ableitungen U_{31}, U_{32} und U_{33} sind rechnerisch zu ermitteln (siehe z.B. SEIBERL, FRANKE, GUTDEUTSCH und STEINHAUSER, 1978).

4.5.2 Die integrierte Deutung magnetischer und gravimetrischer Anomalien

Im allgemeinen wird man mit drei Arten von Störkörpern zu rechnen haben. Solche, die sich nur in ihrer Dichte, nicht aber in ihrer Magnetisierung von der Umgebung abheben, solche, bei denen der umgekehrte Fall vorliegt und solche, die sowohl Dichte- als auch Magnetisierungskontraste aufweisen. Darum müssen sich beide, die Störungen des Magnet- und des Schwerefeldes aus jeweils zwei Anteilen zusammensetzen. Für die Dichte $\sigma(\xi_1,\xi_2,\xi_3)$ und die Magnetisierung $m_i(\xi_1,\xi_2,\xi_3)$ macht man den Ansatz

Aus diesem Ergebnis ist erstens abzulesen, daß die δT- und δg_{33}-Anomalie vorwiegend durch einen Körper hervorgerufen werden, der sich in seiner Dichte und Magnetisierung vom Nebengestein abhebt. Zweitens spricht vieles dafür, daß mit einer verringerten Dichte in diesem Körper eine hohe Magnetisierung verbunden ist. Darum wird angenommen, daß der Störkörper aus mehreren Teilkörpern besteht, in denen die Magnetisierung und die Dichte konstant sind. Da die Anomalien in E-W-Richtung sehr langgestreckt sind, können Methoden der zweidimensionalen Modellrechnung angewendet werden. Damit ergibt sich für Profil D_2 das in Abb. 4.5.2.1 unten wiedergegebene, bestens angepaßte Modell.

Die Gegenüberstellung der auf den Pol reduzierten magnetischen und der Schweregradienten-Werte ermöglicht weitere interessante Schlüsse. Das in Gleichung (4.5.1.1) formulierte POISSONsche Theorem soll daher vorerst in eine Form umgeschrieben werden, die nur meßbare Größen enthält. Die Reduktion auf den Pol bedeutet $n_1 = n_2 = 0$, $n_3 = 1$. Durch Erweiterung der letzten Gleichung (4.5.1.2) mit μ_0 erhält man links die magnetische Induktion $\delta T_{90} = \mu_0 \partial\phi/\partial x_3$ in Tesla (T). Wir setzen weiterhin für den k-ten Störkörper

$$\mu_0 \frac{\partial\phi}{\partial x_3} = (\delta T_{90})_k \qquad U_{33} = (\delta g_{33})_k \qquad \sigma = \Delta\sigma_k \qquad \text{(Dichtekontrast gegenüber dem Nebengestein)}$$

und erhalten

$$\delta T_{90}[T] = \frac{\mu_0 m_k}{4\pi f \Delta\sigma_k} \, \delta g_{33} \qquad . \qquad\qquad (4.5.2.1)$$

In SI-Einheiten ist zu beachten, daß:

$$f = \frac{2}{3} \cdot 10^{-10} [m^3 \ s^{-2} \ kg^{-1}]$$

$$\sigma_k \ [kg \ m^{-3}] = 10^{-3} \ \Delta\sigma_k \ [g \ cm^{-3}]$$

$$m_k \ [A \ m^{-1}]$$

$$\delta g_{33} \ [s^{-2}] \qquad .$$

Für die Wirkung von N Störkörpern unterschiedlicher Dichte σ_k und Magnetisierung m_k ergibt sich nach dem Superpositionsprinzip

$$\delta T_{90} \ |T| = \frac{\mu_0}{4\pi f} \sum_{k=1}^{N} \frac{m_k}{\Delta\sigma_k} (\delta g_{33})_k \qquad\qquad (4.5.2.2)$$

Links steht δT_{90}, eine bekannte Größe, rechts dagegen ein Ausdruck, der proportional dem gewichteten Mittelwert des Vertikalgradienten ist. Die Gewichtsfaktoren sind die $m_k/\Delta\sigma_k$. Es ist nicht möglich, daraus den resultierenden Vertikalgradienten auszurechnen, der ja die Summe

$$\delta g_{33} = \sum_{k=1}^{N} (\delta g_{33})_k \qquad\qquad (4.5.2.3)$$

darstellt.

Im vorliegenden Fall jedoch kann davon ausgegangen werden, daß mit
der Zunahme der Dichte $\Delta\sigma_k$ eine Verringerung der Magnetisierung verbunden ist. Die Annahme kann quantitativ formuliert werden durch den
Ansatz

$$m_k = m_{ok} + \left(\frac{\partial m}{\partial\sigma} \right)_0 \Delta\sigma_k \quad . \tag{4.5.2.4}$$

Gleichung (4.5.2.4) kann als Approximation einer beliebigen unbekannten Funktion $m_k = f(\Delta\sigma_k)$ durch ein TAYLOR-Reihe 1. Ordnung interpretiert werden. m_{ok} bedeutet darin jene von k abhängige Magnetisierung,
welche keine Korrelation mit der Dichte zeigt. $(\partial m/\partial\sigma)_0$ ist eine für
alle Störkörper gleiche Konstante, die den linearen Zusammenhang zwischen Magnetisierung und Dichte anzeigt. Entsprechend Gleichung
(4.5.2.2) erhält man zwei Anteile für das Feld

$$\delta T_{90} = \frac{\mu_0}{4\pi f} \sum_{k=1}^{N} \frac{m_{ok}}{\Delta\sigma_k} (\delta g_{33})_k + \frac{\mu_0}{4\pi f} \sum_{k=1}^{N} \left(\frac{\partial m}{\partial\sigma} \right)_0 (\delta g_{33})_k \quad , \tag{4.5.2.5}$$

die physikalisch interpretierbar sind. Der erste Term in Gleichung
(4.5.2.5) stellt das Magnetfeld der N Körper dar, falls diese die
Magnetisierung m_{ok} allein gehabt hätten. Wir nennen diesen, mit der
Dichte nicht korrelierenden Anteil, $\delta T_{90}{}^0$. Im zweiten Term kann man
die Konstante $(\partial m/\partial\sigma)_0$ vor das Summenzeichen ziehen und erhält wegen Gleichung (4.5.2.3)

$$\delta T_{90} = \delta T_{90}{}^0 + \frac{\mu_0}{4\pi f} \left(\frac{\partial m}{\partial\sigma} \right)_0 \delta g_{33} {}^{[1]} \tag{4.5.2.6}$$

Da $\delta T_{90}{}^0$ nicht mit der Dichte korreliert, darf man mit gewissen Vor-
behalten annehmen, daß es auch keine Korrelation mit δg_{33} aufweist.
Die einfachste Prüfung dafür kann man dadurch erhalten, daß man δT_{90}
gegen δg_{33} graphisch aufträgt. Streuen die Werte um eine Gerade mit
nicht zu großen systematischen Abweichungen, so darf die Voraussetzung
als gegeben angesehen werden. Abbildung 4.5.2.3 zeigt diese graphische
Darstellung aller gemessener Punkte. Die Korrelation ist mit r=0,9032
sehr hoch, d. h. die Voraussetzung war begründet.

Wenn die Magnetisierung nur durch Induktion zustande gekommen ist,
kann man mit $m = \kappa T/\mu_0$ (T = Totalintensität des erdmagnetischen Feldes) schreiben:

$$\delta T_{90}{}^0 = \delta T_{90}{}^0 + \frac{T}{4\pi f} \left(\frac{\partial\kappa}{\partial\sigma} \right)_0 \delta g_{33} \tag{4.5.2.7}$$

Man entnimmt Abb. 4.5.2.3 die Neigung der Kurve

$$\frac{\Delta(\delta g_{33})}{\Delta(\delta T_{90})} = -\frac{1,25 \text{ mgal}/50\text{m}}{500 \text{ nT}} = -\frac{1,25 \text{ mgal/m}}{2500 \text{ nT}}$$

$$= -\frac{1,25\cdot 10^{-3} \text{ gal/m}}{2,5\cdot 10^{-5} \text{ T}} = -\frac{1,25\cdot 10^{-5} \text{ s}^{-2}}{2,5\cdot 10^{-5} \text{ T}} \quad .$$

---

[1] Man hätte mit dem Ansatz $\Delta\sigma_k = \Delta\sigma_{ok} + (\partial\Delta\sigma/\partial m)_0\cdot\Delta m_k$ eine entsprechende Formel für δg_{33} finden können.

Daher ist:

$$\frac{T}{4\pi f} \left(\frac{\partial \kappa}{\partial \sigma} \right)_0 = 2,00 \ T \ s^2 \quad .$$

Mit $T = 4,7 \cdot 10^{-5} \ T$ ergibt sich

$$\frac{T}{4\pi f} = \frac{4,7 \cdot 10^{-5} \cdot 3}{4\pi \cdot 2 \cdot 10^{-10}} = 0,561 \ 10^5 \quad .$$

Demnach erhält man durch Anwendung des POISSONschen Theorems:

$$\left(\frac{\partial \kappa}{\partial \sigma} \right)_0 = - 3,56 \cdot 10^{-5} \ m^3 \ kg^{-1} \quad . \tag{4.5.2.8}$$

Zum Vergleich sei auch das entsprechende Ergebnis einer Gesteinsuntersuchung angeführt. Es ist nämlich an 9 Proben κ und σ gemessen worden. Abbildung 4.5.2.4 zeigt das Resultat in graphischer Darstellung. Ein gewisser Trend ist daraus abzulesen, nach dem σ mit wachsendem κ abfällt. Jedoch ist diese Angabe sehr unsicher. Die Neigung der bestanschließenden Geraden beträgt

$$\frac{\Delta\kappa}{\Delta\sigma} = - \frac{56000 \cdot 10^{-6}}{0,25 \ g \ cm^{-3}} = - \frac{5,6 \cdot 10^{-2}}{2,5 \cdot 10^2 \ kg \ m^{-3}} = - 2,24 \cdot 10^{-4} \ m^3 \ kg^{-1} \quad .$$
$$\tag{4.5.2.9}$$

$\Delta\kappa/\Delta\sigma$ - aus Proben gemessen - ist um den Faktor 6 größer als der aus Feldmessungen erhaltene Wert $\Delta\kappa/\Delta\sigma$. Diese Diskrepanz hat ihre Ursache wahrscheinlich darin, daß die Gerade in Abb. 4.5.2.4 nicht über den Bereich $4000 \cdot 10^{-6} < \kappa < 35000 \cdot 10^{-6}$ interpoliert werden darf.

Diese Vermutung wird auch durch die Art der Magnetisierung erhärtet. Olivin wird durch Oxidation und Wasseraufnahme zu Serpentin und Magnetit durch folgende chemische Reaktion zersetzt:

$$3 \ Mg_3 \ Fe \ Si_2 \ O_8 + 6 \ H_2O \rightarrow 3 \ H_4 \ Mg_3 \ Si_2 \ O_9 + Fe_3 \ O_4 \quad .$$

Zur Magnetisierung trägt vor allem der ferrimagnetische Magnetit Fe_3O_4 bei. Die Dichteverringerung bei zunehmender Serpentinisierung ist auf die wachsende Aufnahme der leichten Elemente H und O zurückzuführen. Bei weiterer übermäßiger Zufuhr von Sauerstoff geht der Zerfall jedoch weiter: Serpentin zerfällt zu Magnesit und Magnetit in Maghemit und Hämatit. Der Maghemit ist im Vergleich zu Magnetit nur sehr schwach magnetisierbar. Der Hämatit ist antiferromagnetisch. Darum ist zu erwarten, daß bei hochgradiger Serpentinisierung und neuerlichem Zerfall des Serpentins noch weitere Dichteverkleinerungen, gleichzeitig aber auch eine Abnahme der Magnetisierung, eintreten.

Die Beziehung zwischen dem Serpentinisierungsgrad und der Dichte ist den Mineralogen bekannt. Man kann daher aus der kombinierten Messung des Schwere- und Magnetfeldes direkte Schlüsse über den Serpentinisierungsgrad ziehen. Dort, wo jedoch keine Antikorrelation zwischen einer magnetischen und einer gravimetrischen Anomalie vorhanden ist, muß man damit rechnen, daß - möglicherweise bergbaulich interessante - geologische Körper die Ursache sind.

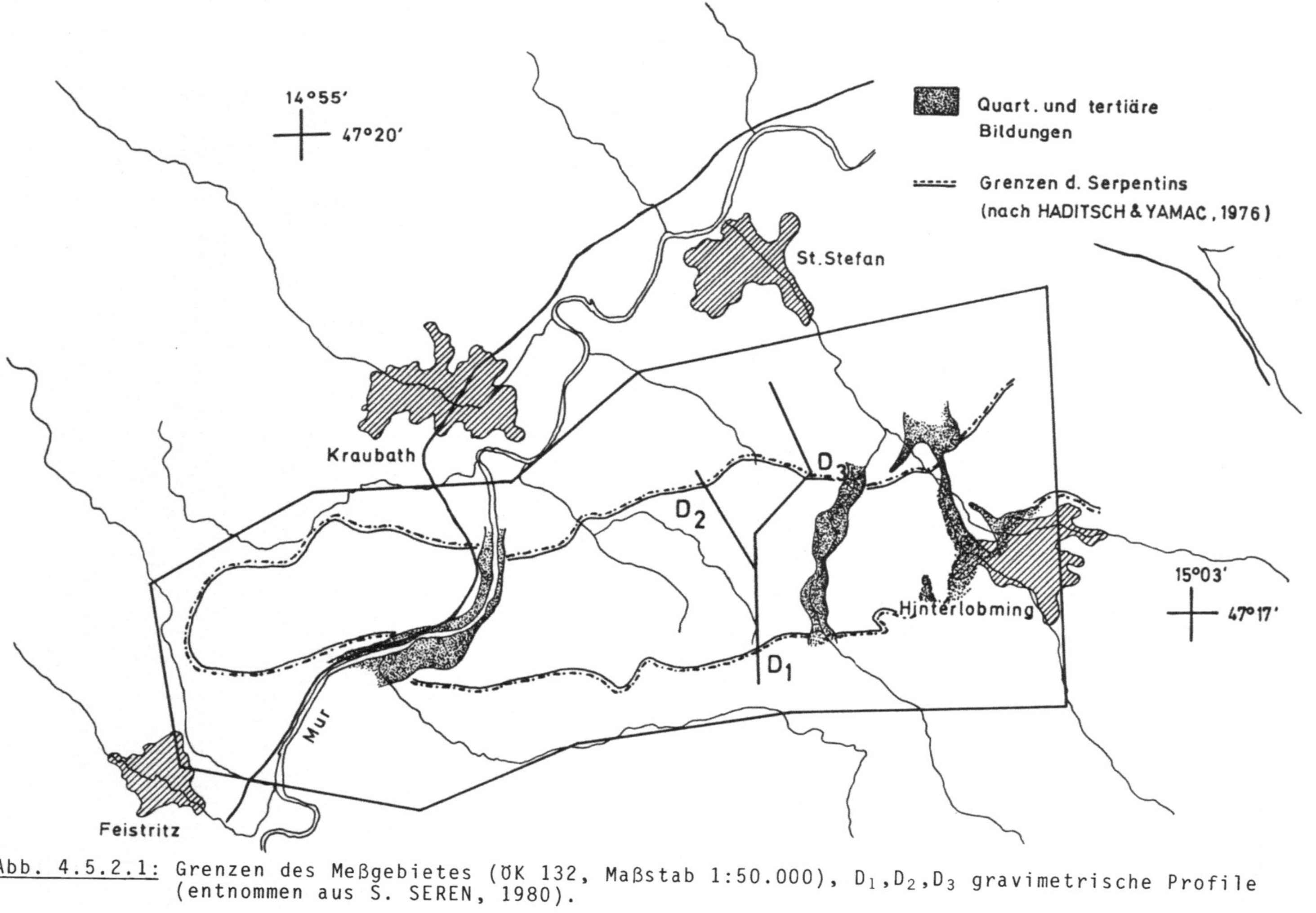

Abb. 4.5.2.1: Grenzen des Meßgebietes (ÖK 132, Maßstab 1:50.000), D_1, D_2, D_3 gravimetrische Profile (entnommen aus S. SEREN, 1980).

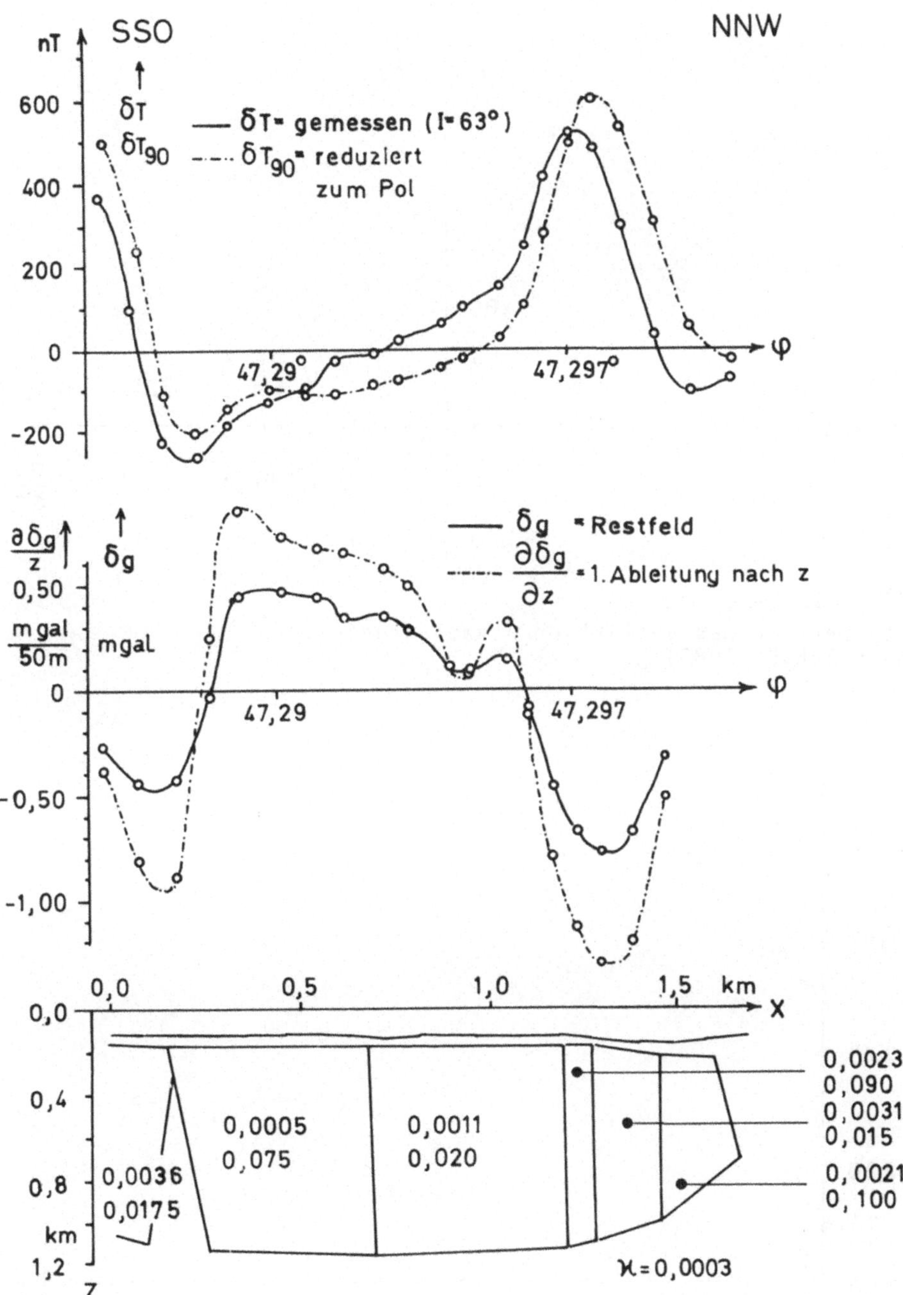

<u>Abb. 4.5.2.2:</u> Profil D_2, (κ in cgs-Einheiten), (entnommen aus SEREN, 1980).

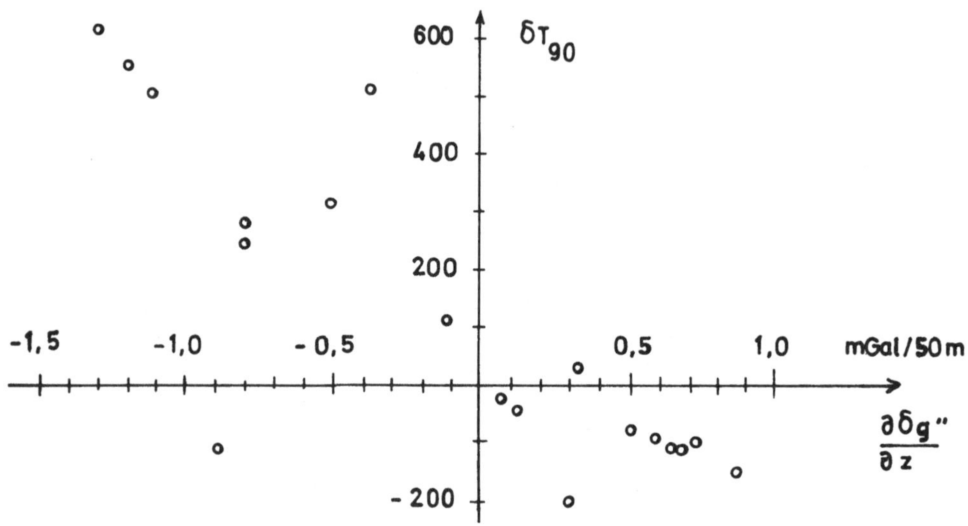

<u>Abb. 4.5.2.3</u>

Zusammenhang des vertikalen Schweregradienten $\frac{\partial \delta \rho}{\partial z}$ und T_{90} (nach SEREN, 1980).

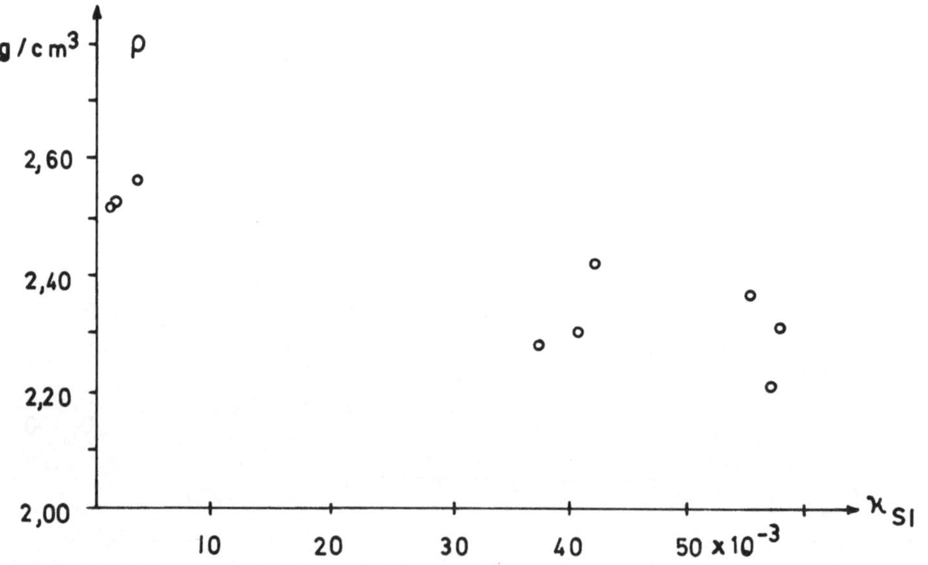

<u>Abb. 4.5.2.4</u>

Zusammenhang zwischen den Suszeptibilitäten und den Dichten der Proben aus dem Kraubather Serpentin (entnommen aus SEREN, 1980).

2. Beispiel: <u>Das Basaltvorkommen Pauliberg/Burgenland</u> [2]

Das Basaltvorkommen Pauliberg, ca. 2,5 km nördlich der Ortschaft Land-
see gelegen, bildet eine Basaltdecke von 5 m bis 30 m Mächtigkeit. Die
langgestreckte Gestalt des Vorkommens deutet darauf hin, daß zähflüs-
sige Lava an einem System von Schloten oder einer Spalte aufgedrungen
ist. Die kombinierte Messung der Schwere und der Totalintensität des
erdmagnetischen Feldes auf einem zentralen Profil führte auf das in
Abb. 4.5.2.5 dargestellte Ergebnis.

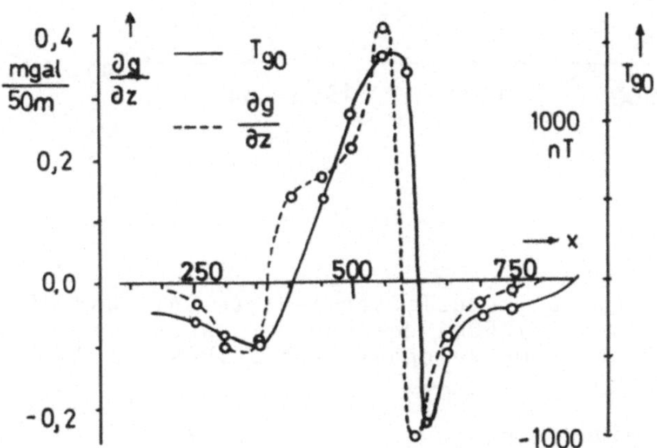

<u>Abb. 4.5.2.5</u> (umgezeichnet nach SEIBERL, 1979)
Vertikalgradient (mGal/50m) der Bouguerschwere und die zum Pol redu-
zierten T-Werte (nT) entlang eines zentralen Profils am Pauliberg im
Burgenland.

Im Gegensatz zu dem vorangegangenen Beispiel aus Kraubath besteht
hier eine direkte Korrelation zwischen δg_{33} und δT_{90}. Es ist daraus
zu erkennen, daß mit einer Zunahme der Magnetisierung eine Zunahme
der Dichte verbunden ist. Diese Deutung ist naheliegend, weil der Basalt im Vergleich zum Nebengestein verhältnismäßig viel Magnetit enthält und auch eine höhere Dichte besitzt. Abbildung 4.5.2.6 zeigt,
daß die Korrelation zwischen den δg_{33}- und den δT_{90}-Werten sehr gut
ist. Unter der Annahme, daß nur ein einziger Störkörper mit der Magnetisierung m und dem Dichtekontrast $\Delta\sigma$ gegenüber dem Nebengestein
die Anomalie hervorruft, kann man Gleichung (4.5.2.2) einfacher darstellen:

$$T_{90} = \frac{\mu_0 m}{4\pi f \Delta\sigma} \, \delta g_{33} \qquad\qquad (4.5.2.10)$$

Wenn man weiters annimmt, daß die Magnetisierung durch das Erdfeld induziert ist, d. h. $m = \kappa H$, kann man die Analogie zu Gleichung (4.5.2.7)
schreiben:

$$T_{90} = \frac{T}{4\pi f} \left(\frac{\kappa}{\Delta\sigma} \right) \delta g_{33} \qquad\qquad (4.5.2.11)$$

---

[2] Dieses Kapitel ist unter Mitwirkung von W. SEIBERL entstanden und
verwendet Ergebnisse seiner Habilitation: "Die Transformation des
Schwere- und Magnetfeldes im Bereich der Ostalpen", Wien 1979.

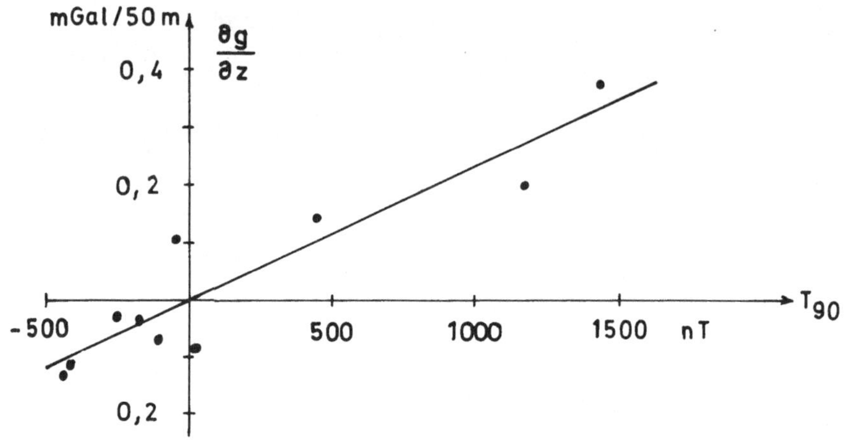

Abb. 4.5.2.6
Regressionsgerade für die zum Pol reduzierten T-Werte (nT) und die
Werte des Vertikalgradienten (mgal/50m) der Bouguerschwere im Bereich
des Pauliberges im Burgenland. (Umgezeichnet nach SEIBERL, 1979)

Aus Abb. 4.5.2.6 entnimmt man die Neigung der Geraden zu

$$\frac{T}{4\pi f} \left(\frac{\kappa}{\Delta\sigma} \right) = \frac{1000 \text{ nT}}{0,23 \text{ mGal/50m}} = \frac{5000\cdot10^{-9} \text{ T}}{0,23 \text{ mGal/m}}$$

$$= \frac{5\cdot10^{-5} \text{ T}}{0,23\cdot10^{-3}\cdot10^{-2} \text{ s}^2} = 21,7 \text{ T s}^2 \quad .$$

Mit dem schon berechneten Wert $T/4\pi f = 0,561\cdot10^5$ folgt dann :

$$\frac{\kappa}{\Delta\sigma} = 3,87\cdot10^{-4} \text{ m}^3 \text{ kg}^{-1} \quad . \tag{4.5.2.12}$$

Unter der Voraussetzung, daß die Dichtedifferenz Basalt gegen Nebengestein $0,25\cdot10^3$ kg m^3 beträgt, kommt man für κ auf den Wert

$$\kappa = 0,097 \text{ SI-Einheiten} \quad .$$

MAGNETISCHES POTENTIAL IN DER UMGEBUNG EINER KANTE EINES HOMOGEN
MAGNETISIERTEN KÖRPERS

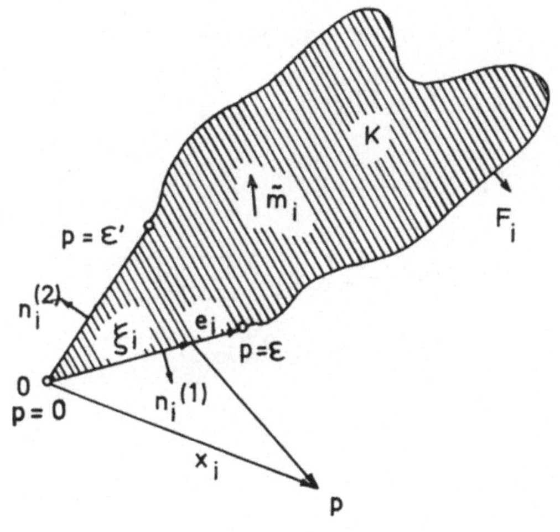

Entsprechend der nebenstehenden Skizze wird ein Körper mit
Kante betrachtet (in der Skizze der Punkt 0). Der Aufpunkt
P befindet sich im Abstand r
in unmittelbarer Nähe der Kante. Die Oberfläche F_i des körpers K sei mit Ausnahme der
Kante so glatt, daß man sie
aus der Sicht des Aufpunktes
P näherungsweise durch zwei
einander in einer geraden Kante
schneidenden Ebenen beschreiben darf. Abweichungen von diesem ebenen Verlauf werden erst
in größeren Entfernungen wirk-
sam. Die beiden Ebenen haben
die Flächennormalen $n_i^{(1)}$ und
$n_i^{(2)}$. Unter den gegebenen Umständen darf man das Feld
näherungsweise als ein zweidimensionales betrachten. Das
Potential ϕ in Gleichung (3.6.3.2) stellt sich dann nach Rückumwand-
lung in ein Oberflächenintegral durch das logarithmische Potential

$$\phi = - 2\tilde{I}_i \iint\limits_{F_i} \ln\rho \ dF_i \qquad \rho = |\xi_i - x_i| \qquad \tilde{I}_i = \tilde{m}_i / 4\pi$$

dar. Hier ist F_i die Normale des Wegelementes der Körperquerschnitts-
begrenzung mal Wegelement:

$$dF_i = n_i \ dF \quad .$$

Wir verlegen den Koordinatenursprung in die Kante 0 und bezeichnen mit
p die Länge der Wege, über die dann zu integrieren ist. Um das Verhalten des Potentials in der Nähe von 0 kennenzulernen, genügt es an,Stel-

le des ganzen Integrationsweges F_i, nur die beiden Teilstücke von $p = \varepsilon$ bis $p = 0$ und von 0 bis $p = \varepsilon'$ zu betrachten. Da die Normale in 0 unstetig ist, muß man das Integral

$$\phi = - 2\tilde{I}_i \left(\int\limits_{p=\varepsilon}^{p=0} \ln\rho \; dF_i^{(1)} + \int\limits_{p=0}^{p=\varepsilon'} \ln\rho \; dF_i^{(2)} \right)$$

in zwei Integrale aufteilen; diese Integrale sind analytisch lösbar mit

$$dF_i^{(1)} = n_i^{(1)} dp \qquad \xi_i^{(1)} = (p \, e_1^{(1)}, \, p \, e_2^{(1)})$$

$$dF_i^{(2)} = n_i^{(2)} dp \qquad \xi_i^{(2)} = (p \, e_1^{(2)}, \, p \, e_2^{(2)})$$

$$\rho^{(1)} = |\xi_i^{(1)} - x_i| = |p \, e_i^{(1)} - x_i| = \sqrt{p^2 - 2p(e_i^{(1)} x_i) + x_i^2}$$

$$\rho^{(2)} = |\xi_i^{(2)} - x_i| = |p \, e_i^{(2)} - x_i| = \sqrt{p^2 - 2p(e_i^{(2)} x_i) + x_i^2}$$

Wir lösen zunächst das erste Integral mit der Substitution

$$Q = p - e_i^{(1)} x_i \; ; \; dQ = dp$$

$$\phi^{(1)} = - \tilde{I}_i n_i^{(1)} \int \ln(Q^2 + x_i^2 - (e_i^{(1)} x_i)^2) dQ$$

$$= - I_i n_i^{(1)} \left[Q \, \ln(Q^2 + x_i^2 - (e_i^{(1)} x_i)^2) - 2Q + \right.$$

$$\left. + 2\sqrt{x_i^2 - (e_i^{(1)} x_i)^2} \; \arctan(Q/\sqrt{x_i^2 - (e_i^{(1)} x_i)^2}) \right] \Big|_{p=\varepsilon}^{0}$$

Hier interessiert uns nur jener Beitrag, der von der Kante $p = 0$ herrührt:

$$\phi^{(1)} = 2 I_i n_i^{(1)} \left[e_i^{(1)} x_i \ln x_i - e_i^{(1)} x_i \right] +$$

$$+ \sqrt{x_i^2 - (e_i^{(1)} x_i)^2} \; \arctan(e_i^{(1)} x_i / \sqrt{x_i^2 - (e_i^{(1)} x_i)^2} + K'$$

wobei K' den Beitrag der unteren Grenze $p = \varepsilon$ darstellt. Wir führen Polarkoordinaten ein und schreiben für $\phi^{(1)}$ und $\phi^{(2)}$ mit

$$x_i = r \lambda_i \qquad \lambda_i = \cos\psi, \, \sin\psi \qquad \tilde{I}_i = \tilde{I} \cos\tau, \, \tilde{I} \sin\tau$$

$$n_i^{(1)} = \cos\gamma_1, \, \sin\gamma_1 \qquad n_i^{(2)} = \cos\gamma_2, \, \sin\gamma_2$$

$$e_i^{(1)} = - \sin\gamma_1, \, \cos\gamma_1 \qquad e_i^{(2)} = - \sin\gamma_2, \, \cos\gamma_2$$

$$e_i^{(1)} x_i = r \sin(\psi - \gamma_1) \qquad e_i^{(2)} x_i = r \sin(\psi - \gamma_2)$$

$$\phi^{(1)} = 2\tilde{I}\cos(\tau-\gamma_1)((r\ln r - r)\sin(\psi-\gamma_1) + r(\psi-\gamma_1)\cos(\psi-\gamma_1))$$

$$\phi^{(2)} = -2\tilde{I}\cos(\tau-\gamma_2)((r\ln r - r)\sin(\psi-\gamma_2) + r(\psi-\gamma)\cos(\psi-\gamma_2))$$

Wenn man r gegen Null streben läßt, verschwindet das Potential

$$\phi = \phi^{(1)} + \phi^{(2)} \,,$$

nicht aber seine Ableitungen. Das liegt an dem Term mit $r\cdot\ln r$, der zwar selbst an der Stelle $r = 0$ verschwindet, dessen Ableitung aber $d(r\cdot\ln r)/dr = \ln r + 1$ unendlich wird. Es genügt für unsere Untersuchungen daher, nur diesen Term zu betrachten. Nach einigen Umformungen kommt man auf die Komponenten des Feldvektors

$$H_r = -\frac{\partial\phi}{\partial r} = -\lim_{r\to 0}(2\tilde{I}\cos(\psi + \tau - 2\gamma_0)\sin 2\Delta\gamma\cdot\ln r)$$

$$H = -\frac{1}{r}\frac{\partial\phi}{\partial\psi} = -\lim_{r\to 0}(2\tilde{I}\sin(\psi + \tau - 2\gamma_0)\sin 2\Delta\gamma\cdot\ln r)$$

mit den Abkürzungen $\gamma_0 = (\gamma_1+\gamma_2)/2$, $\Delta\gamma = (\gamma_2-\gamma_1)/2$.

Der Betrag des Feldstärkevektors ist

$$\sqrt{H_r^2 + H_\psi^2} = \lim_{r\to 0}(2\tilde{I}\sin 2\Delta\gamma\cdot\ln r) \to \infty \qquad q.e.d.$$

ANHANG II

TRANSFORMATION IN SPHÄRISCHE POLARKOORDINATEN r, ϕ, θ

$$x_1 = r\cos\phi\,\sin\theta \ , \quad x_2 = r\sin\phi\,\sin\theta \ , \quad x_3 = r\cos\theta$$

$$r = \sqrt{x_i^2} \ , \quad \phi = \arctan\frac{x_2}{x_1} \ , \quad \theta = \arctan\frac{x_1^2 + x_2^2}{x_3} \tag{II.1}$$

Die Gradientenvektoren

$$\frac{\partial r}{\partial x_i} = (\cos\phi\cos\theta,\ \sin\phi\sin\theta,\ \cos\theta)$$

$$\frac{\partial \phi}{\partial x_i} = (-\frac{\sin\phi}{r\sin\theta}\ ,\ \frac{\cos\phi}{r\sin\theta}\ ,\ 0)$$

$$\frac{\partial \theta}{\partial x_i} = (\frac{\cos\phi\cos\theta}{r}\ ,\ \frac{\sin\phi\cos\theta}{r}\ ,\ -\frac{\sin\theta}{r}\ ) \tag{II.2}$$

sind orthogonal.

Wegelement: $ds_i = (ds_1,\ ds_2,\ ds_3) = d\vec{s}$

$$d\vec{s} = (dr,\ r\sin\theta\,d\phi,\ rd\theta) \tag{II.3}$$

Gradient: $\dfrac{\partial U}{\partial x_i} = (\ \dfrac{\partial U}{\partial x_1}\ ,\ \dfrac{\partial U}{\partial x_2}\ ,\ \dfrac{\partial U}{\partial x_3}\ ) = \text{grad } U$

$$\text{grad } U = (\ \frac{\partial U}{\partial r}\ ,\ \frac{1}{r\sin\theta}\frac{\partial U}{\partial \phi}\ ,\ \frac{1}{r}\frac{\partial U}{\partial \theta}\ ) = \text{grad } U \tag{II.4}$$

LAPLACE-Operator: $\dfrac{\partial^2 U}{\partial x_i^2} = \dfrac{\partial^2 U}{\partial x_1^2} + \dfrac{\partial^2 U}{\partial x_2^2} + \dfrac{\partial^2 U}{\partial x_3^2} = \Delta U$

$$\Delta U = \frac{1}{r^2}\frac{\partial}{\partial r}(r^2\frac{\partial U}{\partial r}) + \frac{1}{r^2\sin^2\theta}\frac{\partial^2 U}{\partial \phi^2} + \frac{1}{r^2\sin\theta}\frac{\partial}{\partial \theta}(\sin\theta\frac{\partial U}{\partial \theta}) \tag{II.5}$$

Allgemeine Lösung der LAPLACE-Gleichung $\Delta U=0$ mit zugeordneten Kugelfunktionen 1. Art und mit dem Produktsatz

$$U = \sum_{n=0}^{\infty} \sum_{m=0}^{n} \frac{1}{r^{n+1}} \left[(A_n^m \cos m\lambda + B_n^m \sin m\lambda) + r^n (C_n^m \cos m\lambda + D_n^m \sin m\lambda) \right] P_n^m (\cos\theta) .$$

$$(II.6)$$

A_n^m, B_n^m, C_n^m und D_n^m sind Konstanten, P_n^m ist die zugeordnete oder tesserale Kugelfunktion der Ordnung n,m.

Differentialgleichung der tesseralen Kugelfunktion:

$$\frac{1}{\sin\theta} \frac{d}{d\theta} \left(\sin\theta \frac{dP_n^m}{d\theta} \right) + \left(n(n+1) - \frac{m^2}{\sin^2\theta} \right) P_n^m = 0 \qquad (II.7)$$

$P_n^0 = P_n$ nennt man zonale Kugelfunktionen. Ihre Differentialgleichung lautet:

$$\frac{1}{\sin\theta} \frac{d}{d\theta} \left(\sin\theta \frac{dP_n}{d\theta} \right) + n(n+1) P_n = 0 \quad .$$

Orthogonalität:

$$\int_0^\pi P_k^m(\cos\theta) P_j^m(\cos\theta) \sin\theta \; d\theta = \begin{cases} 0 & \text{für } k \neq j \\[2mm] \dfrac{1}{k + \frac{1}{2}} & \text{für } k = j, \; m = 0 \\[2mm] \dfrac{4}{2k+1} & \text{für } k = j, \; m \neq 0 \end{cases} \qquad (II.8)$$

Entwicklungsformel:

$$P_n^m(\cos\theta) = \sqrt{\frac{2(k-m)!}{(k+m)!}} \; \sin^m\theta \; \frac{d^m P_k(\cos\theta)}{d(\cos\theta)^m} \qquad (II.9)$$

mit $P_k = P_k^0$, $P_0 = 1$.

Die rechte Seite von Gleichung (II.8) und der Faktor $S_{k,m} = \sqrt{2 \frac{(k-m)!}{(k+m)!}}$ in Gleichung (II.9) folgen aus der SCHMIDTschen Normierung. Diese Normierung verhindert, daß die zugeordneten Kugelfunktionen mit großem m zu stark anwachsen.

$$P_1^0 = \cos\theta$$

$$P_1^1 = S_{1,1} \; \sin\theta$$

$$P_2^0 = \frac{1}{2}(3\cos^2\theta - 1)$$

$$P_2^1 = S_{2,1} \cdot \frac{3}{2} \sin 2\theta$$

$$P_2^2 = S_{2,2} \cdot \frac{3}{2}(1 - \cos 2\theta)$$

$$P_3^0 \;=\; \frac{1}{8}\,(5\cos 3\theta + 3\cos\theta)$$

$$P_3^1 \;=\; S_{3,1} \cdot \frac{3}{8}\,(\sin\theta + 5\sin 3\theta)$$

$$P_3^2 \;=\; S_{3,2} \cdot \frac{15}{4}\,(\cos\theta - \cos 3\theta)$$

$$P_3^3 \;=\; S_{3,3} \cdot \frac{15}{4}\,(3\sin\theta - \sin 3\theta)$$

Aus Gleichung (II.9) lassen sich wichtige Rekursionsformeln ableiten, z.B.

$$\frac{dP_k^m}{d\theta} \;=\; \frac{1}{2}\,(k+m)(k-m-1)\sqrt{\frac{k+m}{k-m}}\;P_{k-1}^{m-1} \;-\; \sqrt{\frac{k-m-1}{k+m+1}}\;P_{k-1}^{m+1} \qquad .$$

$$(II.10)$$

ANHANG III

Programm "dG-dZ-dT 85" zur Berechnung des Schwere- und Magnetfeldes
zweidimensionaler Massenverteilungen nach TALWANI für Tischrechner.

Programmsprache: BASIC
Speicherbedarf: 13.600 bytes
Rechner: SHARP MZ 700 oder MZ 800 mit Floppy- oder Quick-disk
                 und mit Plotter CE-156 P. Mit geringfügigen Änderungen
                 der Plotter-Befehle läuft das Programm auch auf dem
                 SHARP-Taschenrechner PC 1500 A.

"dG-dZ-dT 85" erlaubt die schrittweise Verbesserung eines Modelles
durch visuellen Vergleich des theoretischen Feldes mit den Meßdaten
im Dialog mit dem Rechner. Bis zu 15 offene und bis zu 5 geschlossene,
nicht verschachtelte Polygonzüge können gerechnet werden. Im letzten
Falle müssen erster und letzter Polygonpunkt übereinstimmen, d. h.
die Zahl der eingelesenen Punkte muß um eins größer sein als die tat-
sächliche Zahl der Polygonpunkte.

Es ist mit geringem Rechenaufwand möglich, Felder bei veränderter
Dichte und Suszeptibilität oder bei Verlagerung, Hinzufügen oder
Entfernen eines Polygonpunktes auszurechnen. Die Beiträge der ein-
zelnen Schichten bzw. Teilkörper zum Gesamtfeld sind einzeln aufrufbar.

```
10   PRINT CHR$(22)
20 PRINT"            M E N U E"
30 PRINT" 1  Programmanfang mit CLR"
40 PRINT" 2  Alle Daten von Platte einlesen"
50 PRINT" 3  Zeichnen der Daten von Platte"
60 PRINT" 4  Alle Daten auf Platte schreiben"
70 PRINT" 5  Zusaetzlicher Eckpunkt"
80 PRINT" 6  Entfernung eines Eckpunktes"
90 PRINT" 7  Aenderung eines Eckpunktes"
100 PRINT" 8  Aenderung von Dichte und Kappa ei-       ner Schicht"
110 PRINT" 9  Einlesen neuer erdmagnetisch Ele-        mente"
120 PRINT"10  Neues Profil ueber altem Modell"
130 PRINT"11  Neue Messdaten einlesen"
140 PRINT"12  Auslisten der Messdaten"
150 PRINT"13  Auslisten der Ergebnisse"
160 PRINT"14  Auslisten der Beitraege einzelner       Schichten zum Ergebnis (I
nitor)
170 PRINT"15  Liste des Modelles, weiterrechnen"
180 PRINT"16  Modell, Datum, Uhrzeit":PRINT"":PRINT"Bei <Ready>→ GOTO 10: Zuru
k zum Menue"
190 GOTO 4360
200 MODE TN:PCOLOR 0:PRINT/P"dG UND dT ODER dZ EINER 2D-VERTEILUNG"
210   CLR:LO=0
220 PRINT/P"----------------------------------------"
230 INPUT"NUR dG-FELD RECHNEN?";SF$
240 INPUT"DATUM =";TV$
250 INPUT "ZEITANGABE IN STD-MIN-SEC";TT$:TI$=TT$
260 INPUT"WINKEL D. PROFILES GEGEN STREICHEN FI=";FI
270 INPUT"EXPERIMENTELLE DATEN?";A$
280 IF A$="JA" GOSUB 2170
290 FI=RAD(FI)
300 T=SIN(FI)
310   INPUT "ANZAHL DER SCHICHTEN N=";N:
320   INPUT "ANZAHL DER AUFPUNKTE M=";M
330 DIM S(N),X(N,15),Y(N,15),Z(N),G(M),RE(M,N),DZ(M),RU(M,N),KP(N)
340 DIM XA(5),YA(5),XB(N),YB(N),E(50),C(N),D(N),SU(N)
350 PRINT/P "WINKEL DES PROFILES GEGEN STREICHEN FI=";FI*180/π;"GRAD":SKIP1
360 SKIP 1
370 SKIP 1: INPUT "STAUCHUNG DES Y-MASZSTABES ST =";ST
380 GOSUB 2340
390 FOR I=0 TO N
400 FOR K=0 TO M : RE(K,I)=0:RU(K,I)=0: NEXT K: NEXT I
410 S(0)=0:C(0)=0:SU(0)=0
420 FOR I=1 TO N
430 C$=STR$(I):T$="SUSZEPTIBILITAET SU("+C$+")="
440 O$="DICHTE S("+C$+")="
450 PRINT O$;:INPUT S(I)
460 IF SF$="JA" THEN GOTO 480
470 PRINT T$;: INPUT SU(I)
480 T$="ANZAHL Z("+C$+")="
490 PRINT T$;:INPUT Z(I)
500 NZ=Z(I)
510 FOR J=1 TO NZ
520 U$=STR$(J)
530 T$="X("+C$+","+U$+")="
540 PRINT T$;:INPUT X(I,J)
550 T$="Y("+C$+","+U$+")="
```

```
560 PRINT T$;:INPUT Y(I,J)
570 NEXT J
580 NEXT I
590 SKIP 1
600 GOTO 750
610 MODE TN: PCOLOR 0
614 INPUT"PARAMETER AUSDRUCKEN ?";T$
616 IF T$="NEIN" THEN GOTO 740
620 PRINT/P "PARAMETER DES MODELLES:"
630 PRINT/P"I    S,SU   J      X(I,J)    Y(I,J)"
640 FOR I=1 TO N
650 C$=STR$(I):D$=STR$(S(I)):D2$=STR$(SU(I))
660 PRINT/P " ";C$;"        ";D$:IF SF$="JA" THEN GOTO 680
670 PRINT/P " ";C$;"        ";D2$
680 C1=C(I)
690 FOR J=1-C1 TO Z(I)+C1
700 C$=STR$(J): D$=STR$(Y(I,J))
710 PRINT/P"                ";C$;"      ";X(I,J);"         ";D$
720 NEXT J
730 NEXT I
740 RETURN
750 FOR I=1 TO N
760 NZ=Z(I):IF ABS(X(I,NZ)-X(I,1))+ABS(Y(I,NZ)-Y(I,1))=0 THEN GOTO 810
770 X(I,NZ+1)=X(I,NZ)+100000
780 Y(I,NZ+1)=Y(I,NZ)
790 X(I,0)=X(I,1)-100000: Y(I,0)=Y(I,1)
800 C(I)=0: GOTO 840
810 X(I,0)=X(I,NZ-1):Y(I,0)=Y(I,NZ-1)
820 NZ=NZ-2:Z(I)=NZ: C(I)=1
830 X(I,NZ+1)=X(I,0): Y(I,NZ+1)=Y(I,0)
840 NEXT I
850 IF ZC=1 THEN GOTO 900
860 GOSUB 610
870 MODE TN: SKIP 1
880 IF SF$="NEIN"THEN GOTO 4070
890 PRINT"PROFIL:"
900 INPUT "MESSPUNKTABSTAND DK=";DK
910 INPUT"ERSTER MESSPUNKT X0=";X0
920 INPUT "ERSTER MESSPUNKT Y0=";Y0
930 INPUT"NEUE ZEICHNUNG:ZC=0 SONST ZC=1";ZC:MA=0:MX=0:Q=960/M/DK:SS=Q/ST
940 IF ZC=1 THEN GOTO 980
950 PRINT/P "X0=";X0;"  Y0=";Y0;" DK=";DK"  M=";M
960 MA=0:MX=0:Q=960/M/DK: SS=Q/ST
980 GOTO1010:FOR I=1 TO N
990 XB(I)=X(I,1)+5/Q:YB(I)=Y(I,1)+9/SS
1000 NEXT I
1010 FOR K=0 TO M
1020 GG=0:HH=0
1030 FOR I=1 TO N
1040 RA=0:RB=0:GOSUB 3970
1050 NZ=Z(I):GS=0: RE(K,I)=0:RU(K,I)=0:HS=0
1060 FOR J=0 TO NZ
1070 XI=T*(X(I,J)-K*DK-X0): X1=T*(X(I,J+1)-K*DK-X0)
1080 ZI=Y(I,J)-Y0: Z1=Y(I,J+1)-Y0
1090 GOSUB 2980
1100 RA=RA+GU:RB=RB+HU
1110 NEXT J
```

```
1120 RE(K,I)=RA:RU(K,I)=RB
1130 NEXT I
1140 PRINT"G(";K;")=";GG;" X=";K*DK+X0
1150 PRINT KO$+"("+STR$(K)+")="+STR$(HH)
1160 IFK>0 THEN GOTO 1180
1170 GI=GG:HI=HH
1180 G(K)=GG:DZ(K)=HH
1190 IF MA>ABS(G(K)-GI) GOTO 1210
1200 MA=ABS(G(K)-GI)

1210 IF MX>ABS(DZ(K)-HI) GOTO 1230
1220 MX=ABS(DZ(K)-HI)
1230 NEXT K
1240 IF ZC=1 THEN GOTO 1260
1250 GOSUB 2340
1260 PRINT "MAXIMALES DG=";MA;"MGAL"
1270 IF SF$="JA" THEN GOTO 1290
1280 PRINT"MAXIMALES ";KO$;"=";MX;"nT"
1290 INPUT "LAENGE DER DG-ACHSE=";LG
1300 IF SF$="JA" THEN GOTO 1320
1310 INPUT "LAENGE DER DZ-ACHSE=";LZ
1320 INPUT "ERGEBNIS AUSLISTEN?";S$
1330 IF S$ = "NEIN" THEN GOTO  1420
1340 MODE TN: SKIP 1:PCOLOR 1
1350 PRINT/P "I       X(I)     DG(MGAL) ";KO$;"(nT)"
1360 FOR K=0 TO M
1370 C$=STR$(K)
1380 PRINT/P C$;"   ";USING"#####.##";X0+DK*K;G(K)-G(0);DZ(K)-DZ(0)
1390 NEXT K
1400 IF L3<>13 THEN GOTO 1420
1410 GOTO 10
1420 INPUT "DICHTEBESCHRIFTUNG FESTLEGEN?";M$
1430 INPUT "SKALENABSTAND D=";D
1440 P=440/LG:PZ=440/LZ
1450 IF ZC=1 THEN GOTO 1630
1460 MODE TN
1470 MODE GR:PCOLOR 0
1480 MOVE 450, -60: HSET
1490 LINEx1,0, -960
1500 HSET
1510 ND=INT(M*DK/D)
1520 FOR I=1 TO ND-1
1530 XS=X0+I*D:MOVE 2,Q*I*D-1: X$=STR$(XS)
1540 GPRINT[0,3],"I":MOVE -8,Q*I*D+3:GPRINT[0,3],X$
1550 NEXT I
1560 MOVE 30,850:GPRINT[1,3],"→ X(KM)"
1570 MOVE 0,0:SI$=STR$(LG):AXIS1,-44,10:MOVE -430,20:GPRINT[1,3],SI$
1580 MOVE  -210,20:SI$=STR$(LG/2):GPRINT[1,3],SI$
1590 MOVE -320,55:LINEx1,-320,150:GPRINT[1,3]," = dG  *"
1600 IF SF$="JA"THEN GOTO 1620
1610 MOVE -300,55:LINEx3,-300,150:KL$=" = "+KO$+"   +"   :GPRINT[1,3],KL$
1620 MOVE -400,10:GPRINT[1,3],"↑ dG(MGAL)"
1630 MOVE-0,0:AXIS 1, 44,10
1640 MOVE 440,960:AXIS 1, -44,20
1650 MOVE -400,840:SI$="↑ "+KO$+"(nT)":GPRINT[1,3],SI$
1660 SI$=STR$(LZ):MOVE -430,930:GPRINT[1,3],SI$
1670 SI$=STR$(LZ/2):MOVE -210,930:GPRINT[1,3],SI$
```

```
680 IF SF$="JA" THEN GOTO 1750
690 FOR I=0 TO M
700 IF I>0 THEN GOTO 1730
710 MOVE PZ*(DZ(0)-DZ(I)),Q*I*DK
720 GOTO 1740
730 LINE*3,PZ*(DZ(0)-DZ(I)),Q*I*DK
740 NEXT I
750 MOVE 0,0
760 FOR I=1 TO M
770 LINE*1,P*(G(0)-G(I)),Q*I*DK
780 NEXT I
790 IF ZC=1 THEN GOTO 2160
800 SS=Q/ST
810 FOR I=1 TO N
820 NZ=Z(I)
830 XZ=X(I,1-C(I))-X0: YZ=Y(I,1-C(I))-Y0
840 MOVE YZ*SS, XZ*Q
850 FOR J=1-C(I)TO NZ+C(I)-1
860 XZ=X(I,J)-X0: YZ=Y(I,J)-Y0
870 XX=X(I,J+1)-X0:YX=Y(I,J+1)-Y0
880 LINE YZ*SS,XZ*Q,YX*SS,XX*Q
890 NEXT J
900 NEXT I
910 ST$="STRECKUNGSFAKTOR="+STR$(ST)
920 MOVE 420,20:GPRINT[1,3],ST$
930 FOR J=1 TO N: J$=STR$(J)
940 T$="XB("+J$+")=":C$="YB("+J$+")="
950 IF M$="NEIN" GOTO 1980
960 PRINT T$;:INPUT XB(J)

970 PRINT C$;:INPUT YB(J)
980 NEXT J
990 FOR I=1 TO N
000 YZ=YB(I)-Y0:G$=STR$(S(I))+", "+STR$(SU(I))
010 MOVE YZ*SS+5,XB(I)*Q:GPRINT[0,3],G$
020 NEXT I
030 IF L=0 THEN GOTO 2090
040 I=0
050 XS=XR(I)-X0:AS=R(I)-R(0)
060 MOVE 3-AS*P,XS*Q-3
070 GPRINT[1,3],"*"
080 I=I+1:IF I<L THEN GOTO 2050
090 IF LT=0 THEN GOTO 30
100 I=0
110 XS=XM(I)-X0:AS=RM(I)-RM(0)
120 MOVE 3-AS*PZ,XS*Q-3
130 GPRINT[1,3],"+"
140 I=I+1:IFI<LTTHEN GOTO 2110
150 PCOLOR 1
160 GOTO30
170 INPUT "ANZAHL DER dG-DATEN L=";L
180 DIM XR(L),R(L)
190 FOR I=0 TO L-1
200 T$="XR("+STR$(I)+")="
210 PRINT T$;:INPUT XR(I)
220 T$="R("+STR$(I)+")="
230 PRINT T$;:INPUT R(I)
```

```
2240 NEXT I
2250 IF SF$="JA" THEN GOTO 2330
2260 PRINT "ANZAHL  DER ";KO$;"-DATEN LT=";:INPUT LT:DIM XM(LT),RM(LT)
2270 FOR I=0 TO LT-1
2280 T$="XM("+STR$(I)+")="
2290 PRINT T$;:INPUT XM(I)
2300 T$="RM("+STR$(I)+")="
2310 PRINT T$;:INPUT RM(I)
2320 NEXT I:IF L3=11 THEN GOTO 10

2330 RETURN
2340 MODE TN: T$ =TI$:HV$=LEFT$(T$,2)
2350 MV$=MID$(T$,3,2):SV$=RIGHT$(T$,2)
2360 PRINT/P TV$;"   ";HV$;" UHR ";MV$;" MIN ";SV$;"SEC"
2370 IF L3<>16 THEN GOTO 2390
2380 GOTO 10
2390 RETURN
2400 INPUT "SCHICHT-NR IA=";IA
2410 INPUT "LFD.NR VON X: JA=";JA
2420 INPUT "NEUES X(IA,JA)=";XC
2430 INPUT "NEUES Y(IA,JA)=";YC
2440 RETURN
2450 MODE TN:PCOLOR 1
2460 PRINT "ZUSAETZLICHER ECKPUNKT DES MODELLES"
2470 GOSUB 2400
2480 ZU=1: Z(IA)=Z(IA)+1
2490 FOR O=Z(IA) TO JASTEP -1
2500 X(IA,O+1)=X(IA,O):Y(IA,O+1)=Y(IA,O)
2510 NEXT O
2520 GOTO 2660
2530 MODE TN:PCOLOR 1
2540 PRINT "WEGNAHME EINES ECKPUNKTES DES MODELLES": ZU=2
2550 INPUT "SCHICHT-NR IA="; IA
2560 INPUT "LFD. NR. VON X JA=";JA
2570 XC=X(IA,JA):YC=Y(IA,JA)
2580 Z(IA)=Z(IA)-1
2590 FOR I=JA TO Z(IA)+1
2600 X(IA,I)=X(IA,I+1): Y(IA,I)=Y(IA,I+1)
2610 NEXT I
2620 GOTO 2660
2630 MODE TN:PCOLOR 1
2640 PRINT "AENDERUNG EINES ECKPUNKTES DES MODELLES"
2650 ZU=0: GOSUB 2400
2660 GOSUB 2340
2670 MA=0
2680 XA(1)=X(IA,JA-1):YA(1)=Y(IA,JA-1)
2690 XA(5)=XA(1):YA(5)=YA(1)
2700 IF ZU<2 THEN GOTO 2740
2710 XA(2)=X(IA,JA): YA(2)=Y(IA,JA)
2720 XA(3)=XC: YA(3)=YC: XA(4)=XA(5):YA(4)=YA(5)
2730 GOTO 2780
2740 XA(2)=XC: YA(2)=YC: XA(3)=X(IA,JA+1): YA(3)=Y(IA,JA+1)
2750 XA(4)=X(IA,JA): YA(4)=Y(IA,JA)
2760 IF ZU=0 THEN GOTO 2780
2770 XA(4)=XA(3): YA(4)=YA(3)
2780 I=IA:MA=0:MX=0
2790 FOR K=0 TO M-1
```

```
2800 GG=0:HH=0:HS=0:GS=0
2810 FOR I1=1 TO 4
2820 XI=XA(I1)-X0-K*DK: ZI=YA(I1)-Y0:X1=XA(I1+1)-X0-K*DK: Z1=YA(I1+1)-Y0
2830 GOSUB 2980
2840 NEXT I1
2850 RE(K,IA)=RE(K,IA)+GS:RU(K,IA)=RU(K,IA)+HS
2860 G(K)=G(K)+GG:DZ(K)=DZ(K)+HH
2870 IF K>0 THEN GOTO 2890
2880 ME=G(0):MF=DZ(0): GOTO2930

2890 IF ABS (G(K)-ME)<MA THEN GOTO 2910
2900 MA=ABS(ME-G(K))
2910 IF ABS(DZ(K)-MF)<MX THEN GOTO 2930
2920 MX=ABS(MF-DZ(K))
2930 NEXT K
2940 IF ZU=2 THEN GOTO 2960
2950 X(IA,JA)=XC:Y(IA,JA)=YC
2960 PRINT/P "X(";IA;",";JA;")=";X(IA,JA);"    Y(";IA;",";JA;")=";Y(IA,JA)
2970 GOTO 1250
2980 DX=X1-XI:DZ=Z1-ZI
2990 DD=DX*DX+DZ*DZ: IF DD<10↑-9 THEN GOTO 3100
3000 U=Z1*XI-ZI*X1: W=XI*X1+ZI*Z1
3010 IF W< 0 THEN GOTO 3050
3020 IF W> 0 THEN GOTO 3050
3030 P=I/2*SGN(U)
3040 GOTO 3060
3050 P=ATN(U/W)+I/2*(1-SGN(W))*SGN(U)
3060 RI=SQR(XI*XI+ZI*ZI):R1=SQR(X1*X1+Z1*Z1):A7=LN(R1/RI)
3070 GU=40/3*(X1*DZ-Z1*DX)*(-P*DX+DZ*A7)/DD
3080 IF SF$="NEIN" THEN GOSUB 4180
3090 GG=GG+GU*D(I):GS=GS+GU:HH=HH+HU*KP(I):HS=HS+HU
3100 RETURN
3110 MODE TN: PRINT "AENDERUNG VON DICHTE ODER KAPPA EINER SCHICHT"
3120 INPUT "LAUFENDE NR DER SCHICHT IA=";IA
3130 INPUT "NEUE DICHTE S(JA)=";S(IA):PRINT/P "S(";IA;")=";S(IA)
3140 INPUT"NEUE SUSZEPTIBILITAET SU(JA)=";SU(IA): PRINT/P "SU(";IA;")=";SU(IA)
3220 MA=0:MX=0:K=-1
3230 K=K+1:PRINT K
3240 GG=0:HH=0
3250 FOR I=1 TO N
3260 GOSUB 3970
3270 GG=GG+RE(K,I)*D(I):HH=HH+RU(K,I)*KP(I)
3280 NEXT I
3290 IF K>0 THEN GOTO 3310
3300 GJ=GG:HJ=HH
3310 G(K)=GG:DZ(K)=HH:IF ABS(G(K)-GJ)<MA THEN GOTO 3330
3320 MA=ABS(G(K)-GJ)
3330 IF ABS(DZ(K)-HJ)<MX THEN GOTO 3350
3340 MX=ABS(DZ(K)-HJ)
3350 IF K<M-1 THEN GOTO 3230
```

```
3360 GI=GJ:HI=HJ
3370 GOTO 1260
3380 MODE TN:PRINT/P" GEMESSENE WERTE"
3390 PRINT/P "          NR.   X(KM)       DG(MGAL)"
3400 FOR I=0 TO L-1
3410 PRINT/P " ";USING"######.##";I,XR(I),R(I):NEXT I
3420 IF SF$ ="JA" THEN GOTO 3460
3430 PRINT/P "          NR.   X(KM)       ";KO$;"(nT)"
3440 FOR I=0 TO LT-1
3450 PRINT/P " ";USING"######.##";I,XM(I),RM(I):NEXT I
3460 NEXT J
3470 GOTO 10
3480 PRINT "DATEN SOLLEN AUF QD"
3490 INPUT "DATUM";D$
3500 INPUT "NAME DES DATENSATZES=";P$
3510 WOPEN #2,P$
3520 PRINT #2,D$,N,M,L,MA,SS,Q,ST,P,T,DK,NA,SF$,KO$,X0,Y0,D,PZ,LZ,LG,M$,IX,IZ,
,DE,IN,LT,MX,FI,E1,E3
3530 FOR I=0 TO N
3540 PRINT #2, S(I),D(I),Z(I),XB(I),YB(I),C(I),SU(I),KP(I)
3550 FOR J=0 TO Z(I)+C(I)+1
3560 PRINT #2, X(I,J),Y(I,J)
3570 NEXT J
3580 NEXT I
3590 FOR K=0 TO M
3600 PRINT #2,G(K),DZ(K): NEXT K:IF L=0 THEN GOTO 3620
3610 FOR K=0 TO L-1:PRINT #2,XR(K),R(K):NEXT K
3620 IF LT=0 THEN GOTO 3640
3630 FOR K=0 TO LT-1:PRINT #2,XM(K),RM(K):NEXT K
3640 FOR K=0 TO M
3650 FOR I=1 TO N
3660 PRINT#2, RE(K,I),RU(K,I)
3670 NEXT I
3680 NEXT K
3690 CLOSE #2
3700 GOTO 10
3710 CLR:PRINT "DATEN WERDEN VOM QD EINGELESEN!"
3720 INPUT"NAME DES DATENSATZES P$=";P$
3730 ROPEN #2, P$
3740 INPUT #2,D$,N,M,L,MA,SS,Q,ST,P,T,DK,NA,SF$,KO$,X0,Y0,D,PZ,LZ,LG,M$,IX,IZ,
,DE,IN,LT,MX,FI,E1,E3
3750 DIM S(N),D(N),X(N,15),Y(N,15),Z(N),G(M),RE(M,N),XB(N),YB(N),C(13),RU(M,N)
3760  DIM XA(5),YA(5),XB(N),YB(N),E(50),C(N),D(N),SU(N),G(M),DZ(M),XR(L),R(L),
(N),XM(LT),RM(LT)
3770 FOR I=0 TO N
3780 INPUT#2,S(I),D(I),Z(I),XB(I),YB(I),C(I),SU(I),KP(I)
3790 FOR J=0 TO Z(I)+C(I)+1
3800 INPUT#2,X(I,J),Y(I,J)
3810 NEXT J
3820 NEXT I
3830 FOR K=0 TO M
3840 INPUT #2,G(K),DZ(K): NEXT K: IF L=0 THEN GOTO 3860
3850 FOR K=0 TO L-1:INPUT #2,XR(K),R(K):NEXT K
3870 FOR K=0 TO LT-1:INPUT #2,XM(K),RM(K):NEXT K
3880 FOR K=0 TO M
3890 FOR I=1 TO N
3900 INPUT#2, RE(K,I),RU(K,I)
3910 NEXT I
```

```
920 NEXT K
930 CLOSE #2
940 PRINT"ES WURDE DATENSATZ";P$;"EINGELESEN"
950 PRINT"DATUM ";D$
960 GOTO 10
970 IF C(I-1)=0 THEN GOTO 4050
980 R5=C(I-1)-1: IF R5+C(I-2)=0 THEN GOTO 4040
990 R2=C(I-2)-1: IF R5+R2+C(I-3)=0 THEN GOTO 4030
000 R3=C(I-3)-1: Q1=R5+R2+R3+C(I-4)
010 IF Q1=0 THEN GOTO 4020
020 D(I)= S(I)-S(I-4):KP(I)=SU(I)-SU(I-4): GOTO 4060
030 D(I)= S(I)-S(I-3):KP(I)=SU(I)-SU(I-3): GOTO 4060
040 D(I)= S(I)-S(I-2):KP(I)=SU(I)-SU(I-2): GOTO 4060
050 D(I)= S(I)-S(I-1):KP(I)=SU(I)-SU(I-1)
060 RETURN
070 PRINT"EINGABE DER MAGNETISCHEN PARAMETER:"
080 INPUT"TOTALINTENSITAET T0(nT)=";T0
090 INPUT"INKLINATION IN=";IN
100 INPUT"WINKEL DES PROFILS GEGEN MAGNETISCH N DE=";DE
110 INPUT"SOLL dT ODER dZ GERECHNET WERDEN?";KO$
120 WE=PAI(IN)/180:WI=PAI(DE)/180
130 IX=T0*COS(WE)*COS(WI):IZ=T0*SIN(WE):E1=IX/T0:E3=IZ/T0
140 PRINT/P"TOTALINTENSITAET T0(nT)=";T0
150 PRINT/P"INKLINATION IN=";IN
160 PRINT/P"WINKEL DES PROFILS GEGEN MAGNETISCH N DE=";DE
170 GOTO 890
180 DD=SQR(DD):SV=DZ/DD:CV=-DX/DD
190 HZ=-2*SV*(IX*(SV*A7+P*CV)+IZ*(CV*A7-P*SV))
200 HX=2*SV*(IX*(CV*A7-P*SV)-IZ*(SV*A7+P*CV))
210 IF KO$="dT"THEN GOTO 4230
220 HU=HZ:GOTO 4240
230 HU=E1*HX+E3*HZ
240 RETURN
250 INPUT"LFD. NR. DER SCHICHT IN=";IN
260 PRINT" I          X(I)        DG             ";KO$:F=1000
270   PRINT"--------------------------------------------"
280 FOR I=0 TO M
290 S2=(RE(I,IN)-RE(0,IN))*D(IN):S2$=STR$(1/F*INT(F*S2)):IF S2<.1/F THEN S2$=".
00"
300 S3=(RU(I,IN)-RU(0,IN))*KP(IN):S3$=STR$(1/F*INT(F*S3))
310 PRINT I, X0+I*DK,S2$,S3$
320 NEXT I
330 INPUT"WEITERE SCHICHTEN?";S$
340 IF S$="JA" THEN GOTO 4250
350 GOTO 10
360 INPUT L3
370 ON L3 GOTO 200,3710,1260,3500,2450,2530,2630,3110,4080,900,2170,3380,1340,4
50,860,2340
380 END
```

```
PARAMETER DES MODELLES:
I   S,SU   J      X(I,J)     Y(I,J)
 1      .1
 1      .0001
                 0       3.5        1.005
                 1       3.5         .005
                 2       4.5         .005
                 3       4.5        1.005
                 4       3.5        1.005
 2      .17
 2      .0002
                 0       4.8        1.4
                 1       4.8         .2
                 2       5.9         .2
                 3       5.9        1.4
                 4       4.8        1.4
 3      .21
 3      .00012
                 0       6.1         .6
                 1       6.1         .4
                 2       8           .4
                 3       8           .6
                 4       6.1         .6
 4      .23
 4      .000001
                 1       0          2
                 2       4          2
                 3       4          2.4
                 4       6          2.4
                 5       7          2
                 6      10          2

TOTALINTENSITAET T0(nT)= 60000
INKLINATION IN= 63
WINKEL DES PROFILS GEGEN MAGNETISCH N DE= 0
X0= 0  Y0= 0 DK= .25  M= 40
8.10.85  11 UHR 38 MIN 55SEC
```

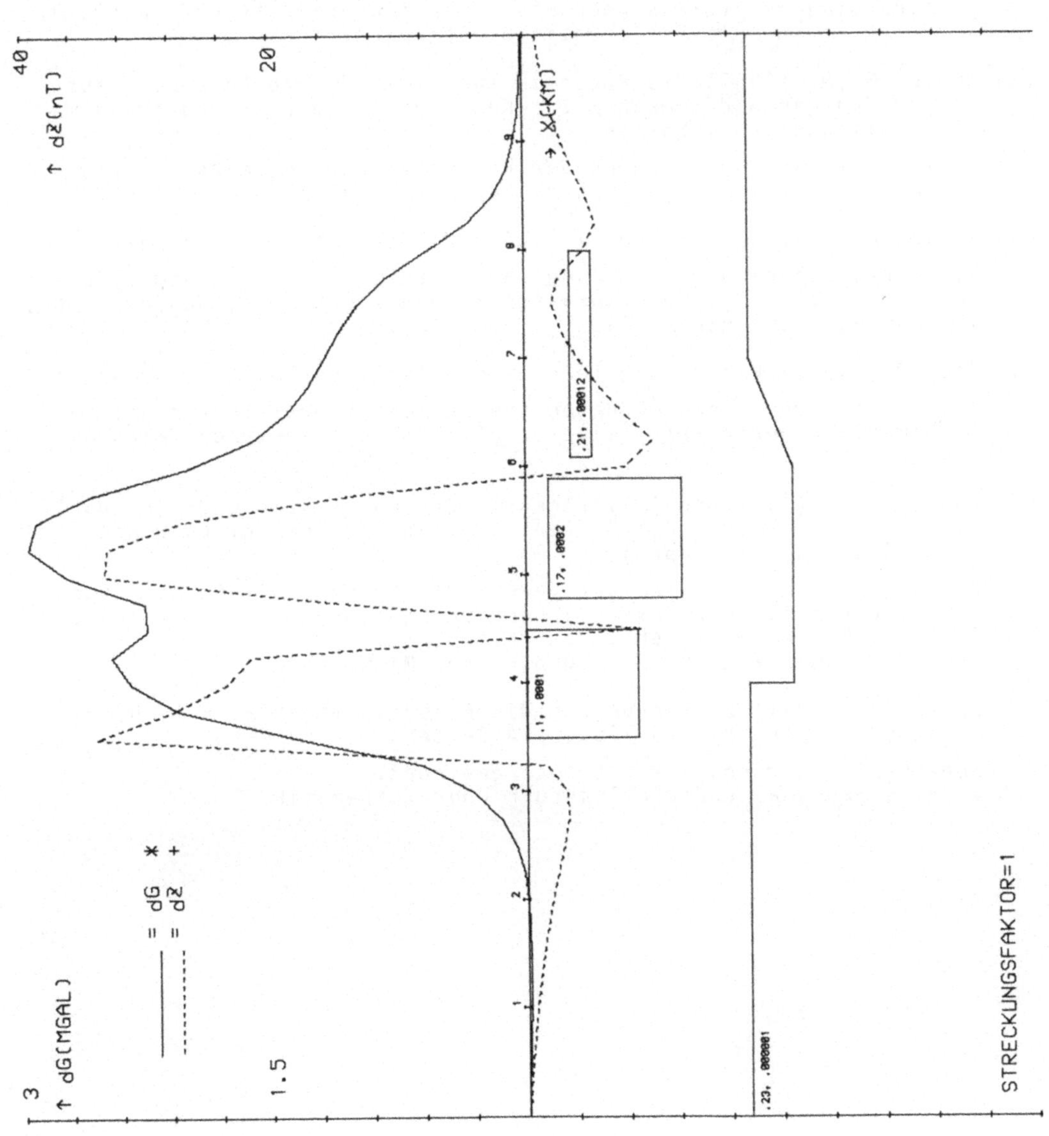

X0= 0 Y0= 0 DK= .25 M= 40
8.10.85   11 UHR 00 MIN 41SEC
8.10.85   11 UHR 10 MIN 14SEC
↑ d2(nT)
40
20
↑ dG(MGAL)
3
1.5
= dG *
= d2 +
X(KM)
STRECKUNGSFAKTOR=1

STANDARDWERKE UND LEHRBÜCHER ZUM THEMA

(1) Courant R. and Hilbert D. (1953 mit Neuauflage 1962):Methods of
    Mathematical Physics. 1. Band 561 Seiten, 2. Band 830 Seiten.

Enthält u. a. die Potentialtheorie in komprimierter Darstellung.
Nur als Nachschlagwerk, weniger als Lehrbuch zu empfehlen.
Voraussetzungen: Vorlesungen über Funktionsanalysis und partiel-
le Differentialgleichungen.

(2) Günter N. M. (1957):Die Potentialtheorie und ihre Anwendung auf
    Grundaufgaben der mathematischen Physik (Übersetzung aus dem
    Russischen). 341 Seiten.

Schwerpunkt auf Anwendungen der Potentialtheorie, mathematisch
umständlich. Als Nachschlagwerk zu empfehlen.

(3) Kellog O. D. (1967):Foundation of Potential Theory. 384 Seiten.

Wichtiges Standardwerk des angloamerikanischen Sprachraumes, aus-
führlicher als (1). Wenn Voraussetzungen wie bei (1) gegeben sind,
als Lehrbuch und Nachschlagwerk geeignet.

(4) Sigl R. (1973):Einführung in die Potentialtheorie. Ca. 200 Seiten.

Geschrieben von einem Geodäten und an den interessierten Nicht-
mathematiker gerichtet. Keine originalen Beiträge,aber leicht
lesbar.

(5) Wangerin A. (1909 und 1921):Theorie des Potentials und der Kugel-
    funktion. 1. Band 255 Seiten, 2. Band 268 Seiten, (nur noch
    antiquarisch zu haben).

Ausführliche und breite, gut verständliche Darstellung der Grundlagen, daher als einführendes Lehrbuch geeignet, jedoch vom Stand.
1921, d. h. neuere Ergebnisse fehlen.
Voraussetzungen: Grundvorlesungen über Mathematik.

(6) Walter W. (1971):Einführung in die Potentialtheorie. B.I. Hoch-
    schulskripten No 765/765a, 174 Seiten.

Moderne Einführung, als Lehrbuch geeignet.
Voraussetzungen: Grundvorlesungen über Mathematik.

FÜR SPEZIELLE THEMEN:

(7) Baranov V. (1975) Potential Fields and their Transformation in
     Applied Geophysics. 121 Seiten.

    Die auf Seite 75 ff dieses Skriptums dargestellte Methode der
    Reduktion auf den Pol ist an (7) angelehnt und ausführlicher als
    dort abgeleitet.

(8) Bolt B.A., Alder B., Fernbach S., Rotenberg M. (Editors) (1973)
     Methods in Computational Physics. Vol. 13, Geophysics, Academic
     Press, New York and London, 473 Seiten.

    Zusammenstellung von zehn Übersichtskapiteln, von denen die von
    M.H. Bott (Inverse Methods in the Interpretation of Magnetic and
    Gravity Anomalies, Seite 133ff) und M. Talwani (Computer Usage in
    the Computation of Gravity Anomalies, Seite 344ff) speziell für
    diese Vorlesung wichtig sind.

(9) Kertz W. (1971) Einführung in die Geophysik, 2 Bände. BI-Hochschul-
     taschenbücher, Bd. 275 und 535a/b.

    Komprimierte, gut verständliche Darstellung der Geophysik. Es wird
    nur Bezug genommen auf die Kapiteln über den Erdmagnetismus.
    Voraussetzungen: Grundlagen in Mathematik und Physik

(10) Jung K. (1961) Schwerkraftverfahren in der angewandten Geophysik.
      348 Seiten.

    Gut verständliche, anwendungsbetonte Darstellung der Gravimetrie
    und Potentialtheorie der Schwere, soweit dafür erforderlich; al-
    lerdings Stand von 1961.
    Voraussetzungen: Grundvorlesungen über Mathematik und Physik.

(11) Morris J. L. (1983) Computational Methods in Elementary Numerical
      Analysis, John Wiley & Sons, Chichester-New York-Brisbane-Toronto-
      Singapore, 410 Seiten.

    Praxisbetontes Lehrbuch mit vielen numerischen Beispielen (z. B.
    GAUSS-SEIDEL) und gründlicher Behandlung von Konvergenzfragen.

(12) Stiefel E. (1976)(5. Auflage) Einführung in die numerische Mathe-
      matik, B. G. Teubner, Stuttgart, 257 Seiten-

    Wichtiges Standardwerk, ausführliche Darstellung von Relaxations-
    verfahren (z. B. GAUSS-SEIDEL).

LITERATURVERZEICHNIS

Baranov, W. (1975) Potential Fields and their Transformation in Applied Geophysics. Series 1, No. 6, Editors: R. G. van Nostrand - S. Savox, 8º.XVI, 121 p.

Beyer, L.A. (1982) Interpretation and Applications or bore hole gravity surveys. SEG short course, printed in USA.

Bott, M.H.P. (1960) The Use of Rapid Computing Methods for Direct Gravity Interpretation of Sedimentary Basis. Geophys. Jour., 3, 63-67.

Buchheim, W. (1958) Die elektrischen Aufschlußverfahren. Lehrbuch der angewandten Geophysik, Teil II, bearb. von W. Buchheim, H. Haalck, H. Menzel, K. Strobach, Editor: H. Haalck, Berlin-Nikolassee, Gebrüder Borntraeger.

Chapman, S. und Bartels, J. (Nachdruck 1951) Geomagnetism. Oxford 1940.

Cianciara, B. and Marcak, H. (1976) Interpretation of gravity anomalies by means of local power spectra. Geophys. Prosp. 24, 273-286.

Gauß, F. (1839) Allgemeine Lehrsätze in Beziehung auf die im verkehrten Verhältnisse des Quadrates der Entfernung wirkenden Anziehungs- und Abstoßungskräfte. Resultate aus den Beobachtungen des magnetischen Vereins im Jahr 1839. Ges. Werke V, Seite 194-242.

Götze, H.-J. (1976) Zum Verlauf des Vertikalgradienten der Schwere und der Freiluftanomalie eines digital-simulierten Modells. Arch. Met. Geoph. Biokl., Ser. A, 25, 67-77.

Grant, F.S. (1952) Three Dimensional Interpretation of Gravitational Anomalies, Part II, Geophys. XVII, 4, 756-789.

Grant, F.S. and West, G.F. (1965) Interpretation Theory in Applied Geophysics. International Series in Earth Sciences, McGraw-Hill Book Company, New York-St. Louis-San Francisco-Toronto-London-Sydney.

Green, G. (1828) An Essay on the Application of Mathematical Analysis to the Theories of Electricity and Magnetism (published at Nottingham, in 1828). Mathematical Papers of the late, Editor: N.M.Ferrers, M. A., Paris, Librairie Scientifique A. Hermann, 1903.

Granser, H. (1985) Deconvolution of gravity data due to lateral density distributions. Geoexploration (im Druck).

Gutdeutsch, R. (1983) Der Vertikalgradient der Schwere in der Umgebung einer Ecke des Störkörpers. Alpen-Gravimetrie-Kolloquium, Leoben. (im Druck).

Haalck, J. (1958) Lehrbuch der angewandten Geophysik, Teil II, Berlin-Nikolassee, Gebrüder Borntraeger.

Hahn, A., Kind, E.G. and Mishra, D.C. (1976) Depth estimation of magnetic sources by means of Fourier amplitude spectra. Geophys. Prosp. $\underline{24}$, 287-308.

Helbig, K. (1963) Some Integrals of Magnetic Anomalies and their Relation to the Parameters of the Disturbing Body. Zeitschrift für Geophysik $\underline{13}$, 45-67.

Hummel, J. N. (1929) Der scheinbare spezifische Widerstand. Zeitschrift für Geophysik $\underline{5}$, 89.

Jung, K. (1961) Geophysikalische Monographien, Schwerkraftverfahren in der angewandten Geophysik. Akademische Verlagsgesellschaft Geest & Portig K.-G., Leipzig.

Kis, K. (1981) Transfer properties of reduction of the magnetic anomalies to the magnetic pole and to the magnetic equator. Annales Univ. Sci. Budapestiensis. Sectio Geologica, $\underline{13}$, 67-80.

Kis, K. (1983) Derivation of coefficients reducing magnetic anomalies to the magnetic pole and to the magnetic equator. Acta Geodaet., Geophys. et Montanist. Hung., $\underline{18}$ (1-2), 173-186.

Lagrange, J.-L. (1853) Mechanique Analytique, première partie. - La statique. Tome première, Paris, Mallet Bachelier, Grende et Successeur de Bachelier, 30-32.

Laplace,P.S.(1843) Mécanique celeste. Ouevres de Laplace, première partie, livre deuxième, Paris, Imprimerie royale, 156-161.

Lipskaya, N. V. (1949) The Field of a Point Electrode Observed on the Earth's Surface near a Buried Conducting Sphere. Izw. Akad. Nauk S.S.S.R., Ser. Geogr. i Geofiz., $\underline{8}$, 409-427.

Oldenburg, D. W. (1974) The Inversion and Interpretation of Gravity Anomalies. Geophysics, $\underline{39}$, 4, 526-536

Parker, R. L. (1972) The rapid calculation of potential anomalies. Geophys. J. R. Astr. Soc. $\underline{31}$, 447-455.

Parker, R. L. and Huestis, S. P. (1974) The Inversion of Magnetic Anomalies in the Presence of Topography. JGR, $\underline{79}$, 11, 1587-1593.

Peters, L. J. (1949) The Direct Approach to Magnetic Interpretation and its Practical Application. Geophysics, $\underline{14}$, 290-320.

Schmucker, U. (1964) Anomalies of geomagnetic variations in the southwestern United States. J. Geomagn. Geoelectr. $\underline{15}$, 193-221.

Seiberl, W., Franke, A., Gutdeutsch, R. und Steinhauser, P. (1978)
    Zur Korrelation zwischen der Vertikalintensität des erdmagneti-
    schen Feldes und dem Schwerefeld im ostalpinen Raum. J. Geophys.
    44, 639-650.

Seiberl, W. (1979) Die Transformation des Schwere- und Magnetfeldes
    im Bereich der Ostalpen. Sitzungsber. d. Österr. Akad. d. Wiss.,
    math.-naturwiss. Kl., Abt. II, 187. Bd., 1. bis 3. Heft.

Seren, S. Sirri (1980) Geophysikalische Untersuchung des Kraubather
    Serpentins. Diss. Univ. Wien.

Sommerfeld, A. (1947) Vorlesungen über theoretische Physik, Bd. II,
    Mechanik der deformierbaren Medien, Dieterich'sche Verlagsbuch-
    handlung Wiesbaden.

Sommerfeld, A. (1948) Vorlesungen über theoretische Physik, Bd. III,
    Elektrodynamik, Dieterich'sche Verlagsbuchhandlung, Inh. W. Klemm,
    Wiesbaden.

Stefanescu, S. S. and Schlumberger C. and M. (1930) Sur la distribu-
    tion électrique potentielle autour d'une prise de terre ponctuelle
    dans un terrain à couches horizontales, homogènes et isotropes.
    Jour. Physique et le Radium, 1, 132-140.

Talwani, M., Worzel, J. L. und Landisman, M. (1959) Rapid gravity
    computations for twodimensional bodies with application to the
    Mendocino submarine fracture zone. JGR 64, 49-59.

Tomoda, Y. und Aki, K. (1955) Use of the function sin x/x in gravity
    prospecting. Proc. of the Jap. Acad. Tokyo 31, 443-448.

Wangerin, A. (1921) Sammlung Schubert LIX, Theorie des Potentials und
    der Kugelfunktion, II. Bd., Berlin und Leipzig, Vereinigung wissen-
    schaftlicher Verleger, Walter de Gruyter & Co.

Webers, W. (1974) Mathematisch-physikalischee Aspekte eines Reihen-
    testverfahrens. Diss., Potsdam.

Webers, W. (1975) Die Verwendung des Konvergenzbereiches von Reihen-
    entwicklungen bei der Behandlung inverser Aufgaben in Geophysik.
    Numerische Methoden in der Geophysik, Geoph. Inst. Czech. Acad. Sci.
    Prague, 29-40.